세계환경광학노트

세계환경광학노트

초판 1쇄 인쇄일 2023년 5월 10일
초판 1쇄 발행일 2023년 5월 20일

지은이 한주엽
펴낸이 양옥매
디자인 송다희 표지혜

펴낸곳 도서출판 책과나무
출판등록 제2012-000376
주소 서울특별시 마포구 방울내로 79 이노빌딩 302호
대표전화 02.372.1537 **팩스** 02.372.1538
이메일 booknamu2007@naver.com
홈페이지 www.booknamu.com
ISBN 79-11-6752-267-2 (03420)

세계환경광학노트

한주엽 * 지음

지구환경과 인공환경
관리의 기초, 환경광학

책과나무

일러두기

책의 내용 중 용어, 수식, 도표 및 그림 등을 『Wikipedia』, 「위키백과」에서 참고하였습니다.

본문 사진 중 일부는 '사진 상세보기'(377쪽)에 컬러 사진으로 수록되었으니 참고하시기 바랍니다.

머리말

환경광학은 전자기파와 사물 간 상호작용 정도를 측정하고 그 원리를 규명하는 과학분야라 간단히 말할 수 있다. 멀리 떨어진 사물의 특성을 파악하는 원격탐사의 이론적 기반이기도 하다.

저자가 대학을 다닐 때 지도학 및 원격탐사, 기후학, 자연지리학, 도시지리학 등의 강의에서 환경광학 개념들이 언급되었지만, 독립적 과목으로 다루어지지 않았다. 유타대학교 데니슨 교수의 「환경광학」 강의를 통해서야 정리의 시간을 가질 수 있었다. 바로 이 강의를 통해 대학생들이 환경광학의 개념체계를 일찍 세운다면 자기 학문 발전에 큰 수단을 가질 수 있는 점을 깨닫기도 했다. 이와 같은 반성을 통해 미흡하나마 저자가 필기한 데니슨 교수의 수업 내용을 바탕으로 책을 내게 되었다. 이 책에서 인용되지 않는 부분은 데니슨 교수의 판서 및 수업 내용인 점을 밝힌다.

지구환경 및 인공환경의 관리는 에너지수지 계산문제라 할 수 있다. 이 에너지측정에 환경광학적 도구가 사용된다. 게다가 환경광학 자료는 빅데이터이기도 하다. 그런데 인터넷 및 AI 시대에 쉽게 접근할 수 있는 빅데이터는 바로 사용할 수 없다. 왜냐하면, 관련 분야의 기본 개념체계가 형성된 이후에 빅데이터에서 자신에게 필요한 정보를 추출해 낼 수 있기 때문이다.

사람이 보는 행위 대부분은 빛을 통해 이루어지는 것이며, 이 빛깔은 주위 환경 및 공간에 의미를 부여하는 표현도구로도 쓰인다. 보여주는 것을 주로 다루는 오늘날 인터넷 가상세계에서 가상공간의 분위기와 나타내고자 하는 의미를 빛깔로 표현하는 작업이 중요하게 된 것은 모두가 알고 있다. 이에 환경광학적 개념을 이해하는 것만으로도 오늘날 어떤 직업 활동을 하더라도 분명히 많은 도움을 받게 될 것이라 본다.

만약 환경광학 분야의 기본 개념 간의 연결 및 관계적 이해를 하고 있으면 인터넷에서 환경광학 분야의 자료들을 훨씬 더 활용하기 쉬울 것이라 본다. 그러므로 되도록이면 온라인 자료를 많이 소개하고 있다. 독자는 관련 개념들 간의 연결 개념도를 그려보고, 스프레드시트 등의 상용 프로그램, 전자계산기를 사용하여 실제로 계산활동을 하면서 개념들을 이해해 나가기 바란다. 이 책의 각 장은 다음과 같이 구성된다.

1. 전자기복사의 일반 개념들을 기술한다.
2. 태양의 위치를 구한다.
3. 전자기복사량 표기를 살펴본다.
4. 전자기복사와 물질 간의 상호작용을 기술한다.
5. 전자기복사와 대기 간의 상호작용을 기술한다.
6. 지표면 에너지수지에 대하여 기술한다.
7. 혼합화소에 대하여 간략하게 다룬다.
8. 정리를 위한 문제풀이를 한다.

한균형(韓均衡) 교수, 이민부(李敏富) 교수, 리처드 아알. 포오스터(Richard R. Forster) 교수, 필립 이이. 데니슨(Philip E. Dennison) 교수, 빈센트 브이. 샐로몬손(Vincent V. Salomonson) 연구교수께 감사드립니다. 군복무 중 인공위성 사진을 구경시켜준 미군 동료들에게 감사합니다.

책의 모든 내용은 저자가 이해한 수준에서 기술되었기에, 혹 잘못 기술하거나 잘못 계산하여 오해를 일으키는 부분이 있을 수 있다. 물론 저자의 책임인 것이고, 그에 대한 지도편달(指導鞭撻)을 기꺼이 받을 것이다.

2023년 5월

한주엽(韓周燁) PhD

차례

1장

전자기복사 개관

사람이 지구 공간에서 물체를 관찰하는 것은 전자기복사(電磁氣輻射, electromagnetic radiation)와 사물(事物, matter, 물체物體, 물질物質) 간의 상호작용에 의해 사람의 눈으로 반사되어온 빛의 양을 보는 것이다. 인간의 시각기관(視覺器官)을 대신하여 전자기복사량에 감응하는 감지기(感知器, sensor)를 사용하여 전자기복사와 물질 간의 상호작용을 수치적으로까지 파악하게 되었다[1]

인류를 포함한 지구상의 모든 생물들은 전자기복사라는 보편적 환경요소에 적응해 살며, 모든 물질은 복사에너지와 상호작용한다. 이 상호작용은 에너지 흐름으로 볼 수 있다. 이 상호작용의 정도를 수치적으로 나타낼 수 있다면 사물의 특성까지 밝힐 수 있다. 바로 환경광학(環境光學, Environmental Optics) 분야가 하는 일이다. 환경광학은 에너지 흐름을 측정하고 그 양을 계산하는 분야인 것이다.[2]

환경원격탐사(環境遠隔探査, environmental remote sensing) 분야는 자연 및 인문 현상에서 발생한 전자기복사를 먼 거리에서 감지 및 수집, 처리하여 유용한 정보를 획득한다.[3] 이때 복사에너지가 관측되는 정도와 한계에 대한 이론적 배경을 환경광학이 제공하게 된다. 환경광학과 원격탐사의 실제 활동은 현장(現場, in-situ, 현지現地)과 실험실 측정, 자료의 처리 및 가설검정, 지상검증(地上檢證, ground truth) 등이라 할 수 있다.

1 Optical instrument – Wikipedia[접근: 2022.04.15.]

2 Optics Express (optica.org); Optics – Wikipedia; Atmospheric optics – Wikipedia [접근: 2022.04.15.]

3 Remote sensing – Wikipedia[접근: 2022.03.19.]

〈그림 1〉 부산항 연안여객터미널, 위도: 35.103°, 경도: 129.038°

그림 1 왼쪽 그림의 뒷배경이 흐리게 보인다. 중앙 그림은 밝지 않지만 구름이 덮인 산을 제외한 뒷배경이 비교적 뚜렷하게 보인다. 오른쪽 그림은 뒷배경이 밝지만 흐린 경관을 보인다. 바다색도 하늘색을 반영한다. 이 현상들을 환경광학적 개념들로 해석할 수 있을 것이다. 이 장에서는 전자기복사의 기본 개념들을 소개할 것이다.

1. 전자기복사

태양과 같은 물질에서 에너지(전자기)가 나와 주위로 바퀴살처럼 퍼져나가는 현상을 복사(輻射, radiation, 방사放射)라 한다. 전자기를 방사하는 물체를 복사체(輻射體, 방사체放射體)라 한다. 절대영도(絕對零度, 0 K, 혹은 −273℃) 이상의 온도에서, 물체의 원자 혹은 분자는 진동하거나 운동을 하며, 전자기를 복사한다. 사람을 포함한 지구상의 모든 사물이 복사체인 것이다.

전자(電子, electron)가 고에너지 상태에서 저에너지 상태가 될 때, 여분의 에너지가 전자기복사로 방출된다. 물체의 온도가 낮을 때도 눈에 보이지 않는 전자기복사가 일어나는데 열로써 느낄 수 있다. 이를 열복사(熱輻射)라 한다. 온도가 높은 것은 전자 등이 진동하는 속도가 큰 것을 의미한다(고토 나오히사, 2018). 어떤 물질이 가진 전기의 양을 전하(電荷, electric charge)라고 하며, 전하를 띠는 입자를 하전입자(荷電粒子, charged particle)라 하는데, 양성자(陽性子)와 전자가 있다. 이들이 가속될 때 전자기복사가 발생한다. 전자기복사의 크기는 하전입자가 가속되는 시간의 길이에 따라 결정된다. 전하 주위에는 전자기장이 발생하며 광속으로 전파된다. 전자기복사를 입자로 보면, 전자기력이 '광자(Photon)'라는 양자(量子)를 교환함으로써 전파된다고 한다. 원자핵(原子核)의 방사능붕괴(放射能崩壞, radioactive decay, 방사성붕괴放射性崩壞)로 전자기복사가 발생하기도 한다. 방사성붕괴란 어떤 원소가 방사선을 방출하고 다른 원소로 되는 것을 말한다.[4]

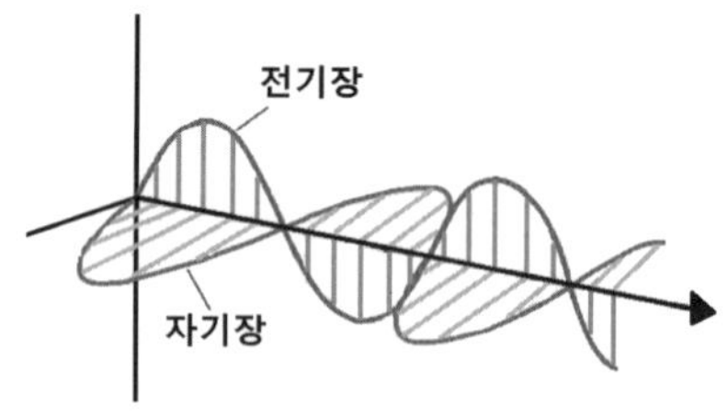

〈그림 2〉 전자기파의 진행 형태

전자기파(電磁氣波, electromagnetic wave)는 전자기복사가 파동의

4 히로세 타치시게 · 호소다 마사타카(2019); 닛타 히데오(2021); 오노 슈(2018); Radioactive decay – Wikipedia; 방사성 붕괴 – 위키백과, 우리 모두의 백과사전 (wikipedia.org); 전하 – 위키백과, 우리 모두의 백과사전 (wikipedia.org); Electric charge – Wikipedia[접근: 2022.04.09.]

형태로 퍼져나가는 모습을 일컫는다. 전자기파는 두 개의 장(field, 場), 즉 전기장(電氣場, 전계電界)과 자기장(磁氣場, 자계磁界) 각각의 면에서 전기적 파동과 자기적 파동을 일으키며 진행한다(그림 2). 장이란 특정 시각에 각 장소에 특정 물리적 양이 분포하는 공간을 의미한다. 전기장은 전하를 가진 물질 주위에 전기작용이 존재하는 공간이고, 자기장은 자기를 띤 물체 주위에 자기가 작용하는 공간을 의미한다(나카츠카 고키, 노자키 히로시, 2020). 이 두 개의 장은 파의 진행 방향과 직각으로, 서로에게 직각으로 교차하면서 진행한다. 전기장과 자기장이 번갈아 상대를 발생시키면서 진행하는 것이다. 파원으로부터 멀리 진행할수록 혹은 파원과의 거리가 증가할수록 복사에너지가 반비례로 감소한다.[5]

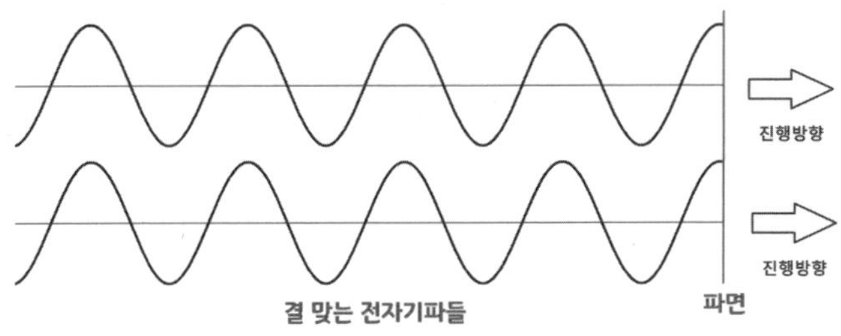

〈그림 3〉 두 개의 결 맞는 정현파, 평면파

그림 3과 같은 파동을 정현파(正弦波)라 한다. 두 개의 정현파는 위상(파의 각각의 부분 위치)이 동일하고 주파수가 같기에 결 맞는다고 한다.

5 고야마 게이타(2018); 谷腰欣司(2004), 도쿠마루 시노부(2013); 전자기파 – 위키백과, 우리 모두의 백과사전 (wikipedia.org); Electromagnetic radiation – Wikipedia[접근: 2022.04.09.]

이 두 개의 파가 같은 파원에서 발생해 퍼졌다고 가정할 때 파동의 주기가 동일하므로 일정 시간에는 똑같은 위상을 가지게 된다. 두 전자기파의 동일한 위상을 연결하여 각 파의 진행방향에서 직각으로 평면을 이루게 되는데 이를 파면(波面)이라 한다. 전자기파의 파면이 구면(球面) 형태이면 구면파(球面波, spherical wave)라 하고 평면이면 평면파(平面波, plane wave)라고 한다. 태양과 같은 구체(球體)인 파원(波源)에서 나온 구면파는 파원에서 상당히 멀리 떨어진 곳에서는 평면파로 볼 수 있다(그림 4). 평면파는 파의 부분(위상)이 진행 방향과 직교하는 평면으로 직진하는 것으로 본다.[6]

〈그림 4〉 태양에서 구면파로 출발한 전자기파가 지구에서는 평면파가 되는 모식도

6 고토 나오히사(2019); 도쿠마루 시노부(2013); 위상 – 위키백과, 우리 모두의 백과사전 (wikipedia.org); 파동 – 위키백과, 우리 모두의 백과사전 (wikipedia.org); 정현파 (ktword.co.kr); 파면(wave front) | 과학문화포털 사이언스올 (scienceall.com)에서 그림 3의 파면에 대한 설명을 접할 수 있다. 또한 그림 3의 '결 맞는' 전자기파들에 대한 간단한 설명을 코히어런트 (ktword.co.kr) 에서 볼 수 있다[접근: 2022.03.31]; 천문단위 – 위키백과, 우리 모두의 백과사전 (wikipedia.org)[접근: 2022.04.22]

〈그림 5〉 양산 신도시 어느 아침

그림 5는 아파트 단지에 햇살이 비치는 모습을 보인다. 대기의 입자, 빛의 진행 특성에 의해 다양한 광학 현상을 볼 수 있다. 전자기파의 진행 형태에 관련된 개념들로 설명할 수 있을 것이다.

2. 전자기파의 진행 형태

전자기복사의 진행 형태를 파형(波形, wave: 물결 모양)으로 볼 때, 파장(波長, wavelength), 진동수(振動數, frequency, 주파수周波數), 진폭(振幅, amplitude)으로 표현된다. 잔잔한 수면 상에서 어떤 물체의 상하 운동으로 인하여 발생하는 물결(water wave, 수파水波, 수면파水面波)로 기술해 보자(그림 6).[7]

7 Dispersion (water waves) – Wikipedia[접근: 2021.10.16.]

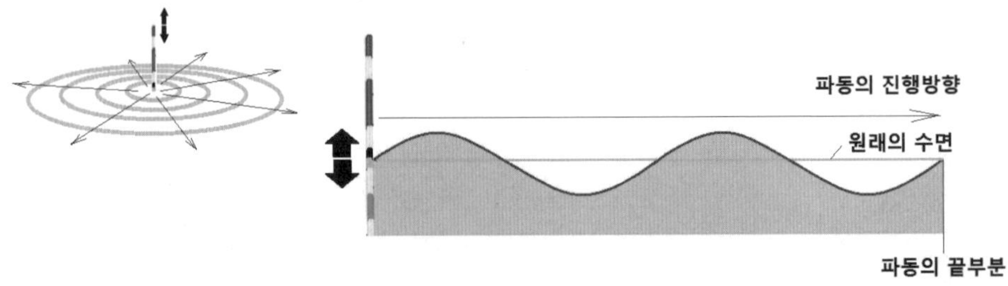

〈그림 6〉 찌의 규칙적인 상하운동에 의한 물결의 생성과 단면 가상도(고토 나오히사, 2019, 〈그림 2〉와 〈그림 3〉에서 수정)

반세기 전만 하더라도 농업용수 확보를 위해 시골 동네마다 저수지가 있었는데, 낚시를 할 수 있었다. 매끄러운 저수지의 수면에서 찌(fishing float)가 상하운동을 하면 낚시찌에서부터 미세한 물결이 퍼지는 것을 볼 수 있었다. 그 모습을 가상적으로 표현하면, 그림 6과 같을 것이다. 그림에서 찌가 2번 상하운동하면서 2개의 물결이 발생한 것을 표현한 것이다. 찌가 상하운동하여 처음 위치로 되돌아오는 시간(時間)을 주기(週期)라 한다. 그래서 주기의 단위는 시간(예: 초秒, s)이다. 물결도 같은 주기를 가진다. 초당 진동하는 정도를 주파수(周波數)라고 하며, 찌가 초당 2번 수직진동하기에 2 s^{-1}가 된다. 하나의 물결은 공간적으로 한 주기의 길이를 가지는 데 이를 파장(波長, 예: 미터, m)이라 한다. 파장과 주파수를 곱하여 물결의 진행속도를 구할 수 있게 된다[8]($\mathrm{m} \times s^{-1} = ms^{-1}$).

물결의 진행 형태에서 다룬 개념들로 전자기파의 진행 형태를 기술할 수 있다. 단지 물결의 진행 속도를 상황마다 계산하는 것과는 달리, 전자

8 고토 나오히사(2019); 초 (시간) – 위키백과, 우리 모두의 백과사전 (wikipedia.org); 미터 – 위키백과, 우리 모두의 백과사전 (wikipedia.org)[접근: 2022.04.23.]

기파의 진행속도는 일정하다고 가정한다.

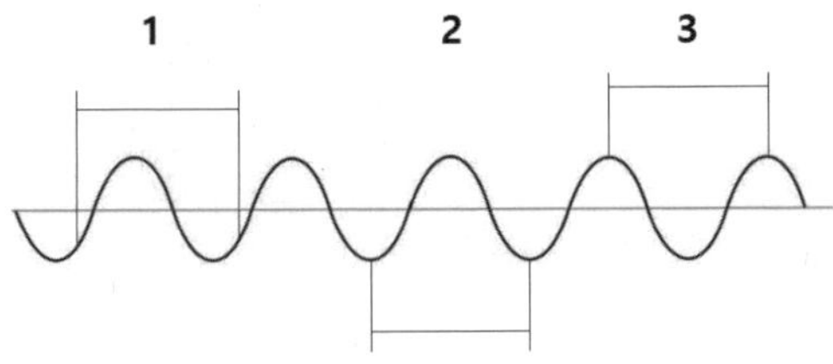

〈그림 7〉 λ: 1) 한 위상에서 다음 위상까지, 2) 골에서 다음 골까지, 3) 마루에서 다음 마루까지의 거리

파장(wavelength, 기호: λ)은 파동에서 같은 위상(位相, phase: 파형波形의 한 주기에서 한순간의 위치)을 가진 서로 이웃한 두 점 사이의 거리로, 파동의 마루에서 다음 마루까지 혹은 골에서 다음 골까지의 거리를 예로 들 수 있다(그림 7). 파장의 단위는 미터(m, 10^0 m), 센티미터(cm, 10^{-2}m), 밀리미터(mm, 10^{-3}m), 마이크로미터(μm, 10^{-6} m), 나노미터(nm, 10^{-9} m) 등이 있다.[9]

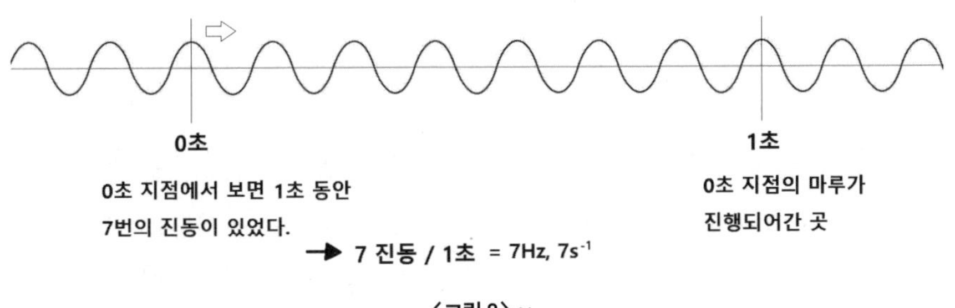

〈그림 8〉 v

9 Unit prefix – Wikipedia; Metric prefix – Wikipedia; SI 접두어 – 위키백과, 우리 모두의 백과사전 (wikipedia.org); SI prefixes – BIPM; 파장 – 위키백과, 우리 모두의 백과사전 (wikipedia.org); Wavelength – Wikipedia; 위상 – 위키백과, 우리 모두의 백과사전 (wikipedia.org); Phase (waves) – Wikipedia[접근: 2022.04.09.]

주파수(frequency, 기호: ν)는 파동이 1초 동안 같은 상태로 주기적으로 반복하는 횟수를 뜻한다(그림 8). 단위는 헤르츠(Hz, s^{-1})로, 처음으로 라디오파를 발생시키고 검파(檢波)한 독일 물리학자 하인리히 루돌프 헤르츠(Heinrich Rudolf Hertz)를 기리기 위한 것이다. 1Hz는 1초에 한 번, 300Hz는 1초당 300번 진동(振動)한 것이다. 단위로는 헤르츠(Hz, 10^0s^{-1}), 헥토헤르츠(hHz, 10^2s^{-1}), 메가헤르츠(MHz, 10^6s^{-1}), 기가헤르츠(GHz, 10^9s^{-1}), 테라헤르츠(THz, $10^{12}s^{-1}$) 등이 있다.[10]

〈그림 9〉 진폭의 예

진폭(振幅, amplitude)은 주기적으로 진동하는 파동의 폭을 의미한다(그림 9).[11] 진폭은 파의 에너지 크기를 나타내는데, 진폭이 클수록 높은 에너지를 가진 것이다. 그림 6에서 찌의 수직 운동이 커질수록 물결의 진폭이 커지는 것과 같다.

전자기복사는 진공(眞空, vacuum: 거시적 세계에서 원자, 원자핵, 소립자 등의 물질이 존재하지 않는 공간)에서 지구를 초당 7바퀴 반을 도는 속도로 진행한다(히로세 타치시게 · 호소다 마사타카, 2019). 이 속도

10 Hertz – Wikipedia; Frequency – Wikipedia; 헤르츠 – 위키백과, 우리 모두의 백과사전 (wikipedia.org)[접근: 2022.04.09.]

11 Amplitude – Wikipedia[접근: 2022.04.23.]

를 광속(光速)이란 물리상수로 표현하는데, 표기는 c이다. 광속과 관련된 길이 단위로 미터(meter)를 들 수 있는데, 미터 단위가 광속으로부터 정의되기 때문이다.[12]

$$c = 2.9979248 \times 10^8 ms^{-1} \approx 3.00 \times 10^8 ms^{-1}$$

전자기파가 1초 동안 진행한 거리를 잠시 생각해 보자. 0K보다 높은 온도의 우리 몸에서 끊임없이 전자기파가 나가는 것을 상상해 보자. 전자기복사는 어디에도 있지만 언제나 엄청난 속도로 항상 이동하는 것이다!

이 광속은 파장과 주파수 간의 변환에 이용된다. 물결의 진행속도=물결의 파장×주파수처럼, 광속= 전자기파 파장 × 주파수인 것이다(Jurgen R. Meyer-Arendt, 1989).

$$c = \lambda \cdot \nu$$

그러므로 주파수에서 파장으로의 변환은 다음과 같다.

$$\lambda = \frac{c}{\nu}$$

파장에서 주파수로의 변환은 다음과 같다.

12 빛의 속력 - 위키백과, 우리 모두의 백과사전 (wikipedia.org); The SI - BIPM[접근: 2022.04.13.]

$$\nu = \frac{c}{\lambda}$$

계산 연습을 해 보자. 파장 **600nm**를 주파수로 바꾸어 보자. 이 책에서는『엑셀』스프레드시트를 사용한다(그림 10). $\lambda = 600nm = 6.0 \times 10^{-7}m$이므로 주파수는 다음과 같이 계산될 것이다.

$$\nu = \frac{c}{\lambda} = \frac{3.00 \times 10^{8} ms^{-1}}{6.0 \times 10^{-7} m} = 5 \times 10^{14} s^{-1} = 5 \times 10^{14} Hz$$

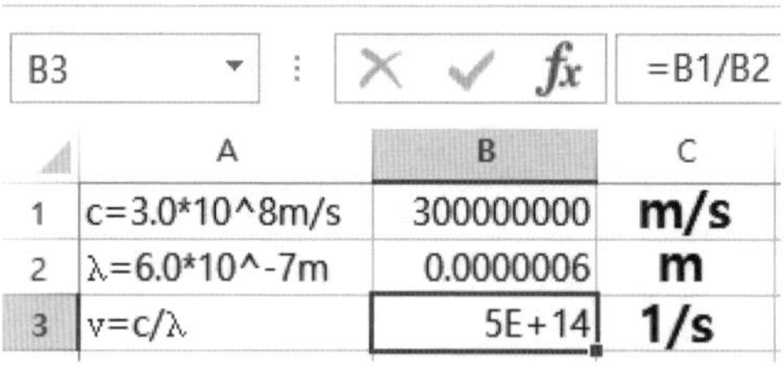

B3 | =B1/B2

	A	B	C
1	c=3.0*10^8m/s	300000000	**m/s**
2	λ=6.0*10^-7m	0.0000006	**m**
3	ν=c/λ	5E+14	**1/s**

〈그림 10〉 엑셀에서 파장 600nm를 주파수로 바꾸기

그림 10에서와 같이 계산을 할 때 관련 개념의 기호와 단위를 같이 기록하여 계산 검증의 한 방편으로 사용할 수 있다. 또한 혼자서 계산 연습을 하는 것보다 학교의 컴퓨터실 등에서 2~3명이 '서로' 계산 값을 비교해보면 상호 검증도 가능할 것이다.

3. 전자기스펙트럼

전자기스펙트럼(電磁氣----, electromagnetic spectrum, 전자기분광電磁氣分光, 전자기분광대電磁氣分光帶)은 전자기파의 파장들을 인위적인 구간으로 나눠 배열한 것이다.[13] 전자기스펙트럼으로 파장대별로 전자기파 강도의 분포를 나타낼 수 있다(고야마 게이타, 2018). 전자기스펙트럼의 파장대는 복사체의 온도에 따라 그 강도의 분포가 달라지는데, 물체의 원자나 분자의 운동이 온도에 따라 달라져 전자기복사의 분포가 달라지기 때문이다. 태양 복사에너지의 대부분은 0.2~4μm의 파장대에 분포하며, 태양 복사에너지 전체의 스펙트럼의 약 반은 가시광선대가 차지한다(郭宗欽 · 蘇鮮燮, 1987). 지구의 경우는 어떤가?

스펙트럼은 연속되어 있지만 사람이 사용하는 용도에 따라 구간으로 나눌 수 있으며, 각 구간에는 각각 이름이 붙여져 있다. 표 1은 전자기스펙트럼 구간의 한 예를 보여준다.

〈표 1〉 전자기스펙트럼의 구간

이름	λ	ν	비고
감마선	< 0.01nm	> 30EHz	원자핵
X-선	0.01nm~10nm	30EHz~30PHz	원자
자외선	10nm ~400nm	30EHz~790THz	분자
가시광선	400nm~700nm	790THz~430THz	
근적외선	0.75μm ~1.4μm	214THz~400THz	
단파장적외선	1.4μm~3μm	100THz~214THz	

13 전자기 스펙트럼 - 위키백과, 우리 모두의 백과사전 (wikipedia.org)[접근: 2022.04.23.]

중파장적외선	$3\mu m \sim 8\mu m$	37THz~100THz
장파장적외선	$8\mu m \sim 15\mu m$	20THz~$37THz$
원적외선	15μm~30μm	20THz~300GHz
마이크로파	1mm~1m	300GHz~300MHz
라디오파	> 1m	300MHz~3Hz

* 구간의 설정이 참조에 따라 다양할 수 있다.[14] 예, 가시광선 파장대, 0.38~0.78μm, 0.39~0.78μm(769~384THz), 근적외선대, 780nm~1μm.
* 단파: $\lambda < 2,500nm$, 장파: $\lambda > 2,500nm$
* 광학적 파장대(optical wavelengths): 0.3 ~ 15.0 μm(Karl-Heinz Szekielda, 1988)
* 스펙트럼선: 스텍트럼에 나타나는 흡수 및 방출이 발생한 파장대선.[15]
* 볼로미터(bolometer), 열전기쌍(thermoelectric couple, thermocouple, 열전쌍, 열전대) 등의 전자기 검출기를 검색하여 살펴보자.[16]

파장 600nm를 주파수로 변환한 값, $5 \times 10^{14} Hz = 500 \times 10^{12} Hz = 500THz$를 보면, 가시광선대에 속한 전자기파인 것을 표 1에서 확인할 수 있다. 가시광선대는 사람의 눈에 보이는 전자기스펙트럼을 의미하며, 빛이라 부르는 것이다. 만약 어느 땅이 농지로 정해지면 그 땅은 다른 용도로 쓰일 수 없는 것처럼, 특정 파장이 휴대폰 통신 목적으로 사용되게 정해지면, 다른 용도로 쓰일 수 없게 된다(고토 나오히사, 2019).

14 오노 슈(2018); 조규전 • Gottfried Konecny(2005); 大内和夫(2010); Infrared – Wikipedia; Far infrared – Wikipedia; Electromagnetic spectrum – Wikipedia[접근: 2022.04.09.]

15 Spectral line – Wikipedia; 스펙트럼선(spectral line) | 과학문화포털 사이언스올 (scienceall.com)[접근: 2022.04.06.]

16 적외선 검출기 – 위키백과, 우리 모두의 백과사전 (wikipedia.org); Bolometer – Wikipedia; 열전기쌍(thermoelectric couple / thermocouple) | 과학문화포털 사이언스올 (scienceall.com); 열전대 – 위키백과, 우리 모두의 백과사전 (wikipedia.org)[접근: 2022.04.27.]

4. 전자기복사와 사물과의 작용

전자기복사는 파(wave)와 입자(particle)의 특성을 모두 가지고 있다. 두 개의 특성 모두 전자기복사와 사물 간의 상호작용을 설명하는 데 쓰인다. 파동의 특성은 전자기파의 굴절(屈折, refraction), 회절(回折, diffraction), 간섭(干涉, interference) 현상을 설명할 때 쓰인다(Gwynn H. Suits, 1983; EUGENE HECHT, 2021; 고야마 게이타, 2018).

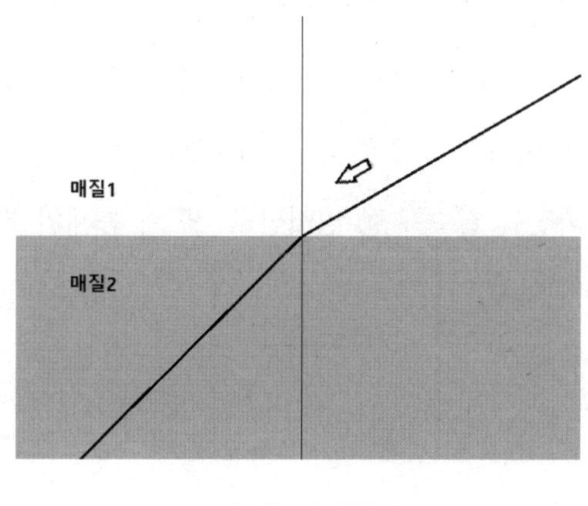

〈그림 11〉 굴절

굴절은 전자기파가 다른 매질(媒質=힘이나 파동 등의 물리적 작용을 전하는 매개물媒介物 혹은 공간 따위)로 나아갈 때, 그 경계면에서 진행 방향이 바뀌는 현상을 말한다(그림 11). 전자기파는 각 파장에 따라 굴절되는 정도가 다르다. 파장이 짧을수록 굴절이 많이 된다.[17]

17 굴절 – 위키백과, 우리 모두의 백과사전 (wikipedia.org); Refraction – Wikipedia[접근: 2022.04.09.]

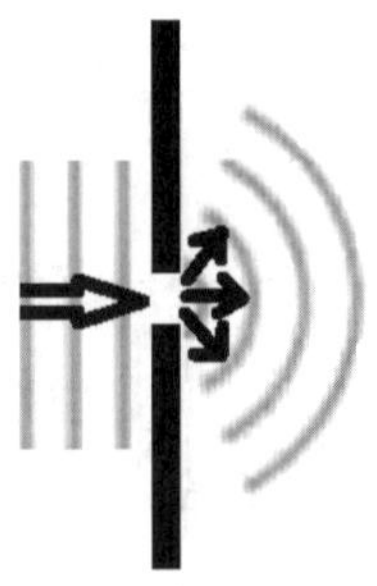

〈그림 12〉 회절

회절은 파동이 장애물로 가로막혔을 때 그 물체의 뒷면으로 파동이 돌아드는 현상을 가리킨다(그림 12). 전자기파가 어떤 틈을 지나갈 때 파동이 직선경로뿐만 아니라 그 주위의 일정범위까지 돌아 들어가는 것을 말한다. 회절은 파장이 길수록 잘 일어난다. 또한, 틈새의 폭이 좁을수록 회절이 잘 일어난다.[18]

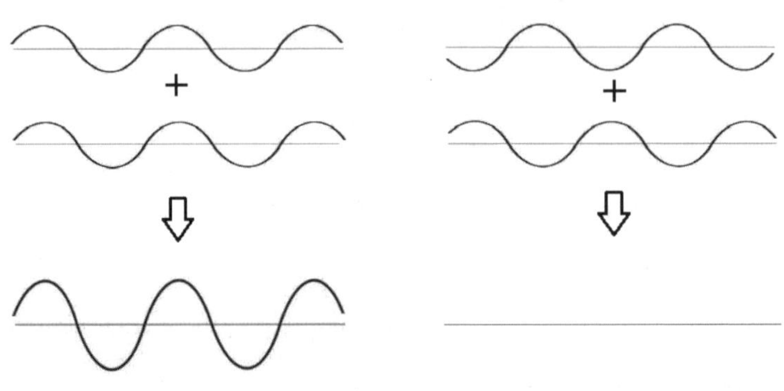

〈그림 13〉 간섭의 예

18 도쿠마루 시노부(2013); 谷腰欣司(2004); 회절 – 위키백과, 우리 모두의 백과사전(wikipedia.org); Diffraction – Wikipedia[접근: 2022.04.09.]

간섭은 두 개 이상의 파가 동시에 한 점에 도달했을 때 그 점에서 이들의 파가 강하게 혹은 약하게 합쳐지는 현상을 말한다.[19] 같은 파장과 진폭을 가진 두 개의 파동을 가정할 때(결이 맞을 때), 파의 마루와 다른 파의 마루가 같이 정렬되면 진폭이 증가하고, 파의 마루가 다른 파의 골과 정렬되면 진폭이 0으로 된다(그림 13).

전자기복사를 입자의 특성으로 보는 것은 최소 에너지양을 가진 입자를 다루는 것이다. 입자 각각이 가진 에너지를 합칠 수도 있다. 입자는 특정 수준의 에너지 값을 가지는데, 이를 광자(光子, photon)라는 양자(量子, quantum, 광양자光量子)이자 매개입자로 표현한다. 광자는 질량을 가지지 않기 때문에 장거리에서의 상호작용이 가능하다. 광자는 파동과 양자 특성을 가지고 있어 어떤 역학적 모델로도 설명할 수 없다고 한다. 왜냐하면 전자기파의 양자의 위치는 공간적으로 국한되지 않기 때문이라 한다.[20]

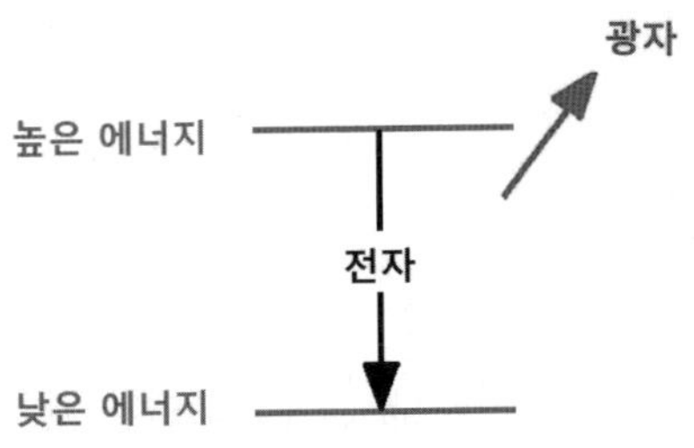

〈그림 14〉 전자의 에너지 상태 및 광자 발생 모식도[21]

19 간섭 (파동 전파) – 위키백과, 우리 모두의 백과사전 (wikipedia.org); Optics – Wikipedia[접근: 2022.04.09.]

20 광자 – 위키백과, 우리 모두의 백과사전 (wikipedia.org); Photon – Wikipedia[접근: 2022.04.09.]

21 후쿠시마 하지메(2017) 〈그림 5-10〉에서 수정; 플랑크 상수 – 위키백과, 우리 모두의 백과사전 (wikipedia.org); Emission spectrum – Wikipedia[접근: 2022.03.12.]

높은 에너지 상태인 전자가 낮은 상태로 떨어질 때 광자 1개를 방출한다고 한다(그림 14). 낮은 에너지 상태의 전자가 광자를 흡수하면 높은 에너지 상태가 된다. 광자의 흡수와 방출은 특정 에너지양과 관련되므로, 특정 파장에서 흡수가 잘 되면 그 특정 파장에서 방출도 잘 일어나게 된다(Iain H. Woodhouse, 2006).

복사에너지(radiant energy, Q)는 전자기복사에 실린 에너지를 뜻한다. 복사에너지는 광자들의 에너지라 할 수 있다. 전자기파 에너지 덩어리가 광자인 것이다. 또한 광자는 전기적 힘의 운반꾼이며, 운동량을 갖는다. 복사에너지의 단위는 J(줄, Joules)이다. 전자기파의 진폭은 한 묶음의 광자들의 수에 따른다고 할 수 있다. 광자 한 개의 복사에너지를 다음과 같이 나타낼 수 있다.[22]

$$Q = h\nu$$

여기서 h: 플랑크 상수(Planck常數), $\mathrm{h} = 6.626 \times 10^{-34} J \cdot s$, ν: 주파수 이다.[23]

위의 식을 보면, 파장이 짧아질수록(주파수가 높을수록), 복사에너지가 커지는 것을 알 수 있다. 위의 식에 $\nu = \frac{c}{\lambda}$을 대입하면, 다음과 같이 된다.

22 Radiant energy – Wikipedia[접근: 2022.04.23.]; 나카츠카 고키, 노자키 히로시(2020); 오노 슈(2018).

23 플랑크 상수 – 위키백과, 우리 모두의 백과사전 (wikipedia.org); Defining constants – BIPM[접근: 2022.04.13.]

$$Q = \frac{hc}{\lambda}$$

계산 연습을 해 보자. 파장이 400nm, 800nm일 때 복사에너지를 각각 구하고 비교해 보자.

$$Q_{\lambda=400\times10^{-9}} = \frac{hc}{\lambda} = \frac{6.626\times10^{-34}J\cdot s\ 3\times10^{8}ms^{-1}}{4.0\times10^{-7}m(=400nm)} = 4.97\times10^{-19}J$$

$$Q_{\lambda=800\times10^{-9}} = \frac{hc}{\lambda} = \frac{6.626\times10^{-34}J\cdot s\ 3\times10^{8}ms^{-1}}{8.0\times10^{-7}m} = 2.48\times10^{-19}J$$

D7 | =$B$2*$B$4/B7

	A	B	C	D	
1	플랑크상수	J*s			
2	6.626*10^-34	6.626E-34			
3	광속	m*s^-1			
4	3*10^8	300000000			
5	파장	m			
6	400nm	0.0000004		4.9695E-19	J
7	800nm	0.0000008		2.48475E-19	J

〈그림 15〉 엑셀을 이용한 파장별 복사 에너지 비교

광자의 에너지는 파장이 짧을수록 커지는 것을 알 수 있었다. 빨강의 전자기파장대보다 파랑의 전자기파장대가 더 큰 에너지와 관련되어 있다(이와나미 요조, 2019).

여러 광자를 다룰 때에는 광자의 수만큼 곱하여 광자들의 복사에너지를 구할 수 있다.

$$Q = n\cdot h\cdot \nu = \frac{nhc}{\lambda}$$

여기서 n: 광자의 수이다.

사물 간의 상호작용에서 전자기복사의 입자적 특성은 방사(放射, emission, 방출放出, 복사輻射)와 흡수(吸收, absorption)를 기술하는 데 사용된다. 방출은 물체로부터 전자기파가 사방으로 바큇살처럼 나가는 현상이다. 흡수는 전자기파가 물질을 통과할 때 물질 속으로 빨려 들어가서 사라지는 현상을 말한다. 대표적인 예가 흑체(黑體, black body)의 흡수이며, 흑체는 파장에 상관없이 모든 전자기복사를 흡수하며, 흑체의 온도에 따라 전자기파를 방출한다.[24]

전자기복사의 파동적 특성은 반사(反射, reflection), 산란(散亂, scattering)을 설명할 때에도 쓰인다. 반사(反射)는 전자기파가 물체의 표면에 부딪혀서 되돌아가는 현상이며, 산란은 전자기파가 물체에 부딪혀 여러 방향으로 불규칙하게 흩어지는 현상을 말한다. 반사의 형태에는 거울반사(정반사, 경면반사)와 확산반사(난반사)가 있다. 거울반사(specular reflection)는 거울과 같은 고른 면에 투사된 전자기파가 입사면에서 입사각과 반사각이 같게 일정한 방향으로 반사되는 현상을 말한다. 산란은 복사에너지의 파장, 복사에너지와 상호작용하는 물질(기체, 먼지 및 수증기 등)의 크기에 따라 레일리 산란(Rayleigh scattering), 미 산란(Mie scattering), 비선택적 산란(Nonselective scattering)으로 구분된다.[25]

24 흑체 – 위키백과, 우리 모두의 백과사전 (wikipedia.org)[접근: 2022.04.09.]

25 Reflection (physics) – Wikipedia; Scattering – Wikipedia[접근: 2022.04.23.]

〈그림 16〉 부산역 근처 빌딩

그림 16에서 빌딩의 유리면에 저녁때의 하늘 빛을 거울반사하고 있는 것을 볼 수 있다.

〈그림 17〉 좌: 부산광역시 회동저수지, 우: 밀양시 국전저수지35.464°128.900°

그림 17 왼쪽 그림에서는 비교적 잔잔한 저수지 수면에 거울반사 현상이 발생하고 있다. 오른쪽 그림에서도 저수지 수면이 안정된 곳에서는 거울반사가 발생하고 그렇지 않는 곳에서 확산반사가 일어나는 것을 볼 수 있다.

〈그림 18〉 나들이. 좌: 부산 회동저수지, 35.264°129.114°, 우: 원동역 전

그림 18 왼쪽 그림에서, 폴(강아지 이름)과 아름다운 두 여인의 나들이 모습을 볼 수 있다. 그늘진 부분을 볼 수 있는 것은 무엇 때문인가? 폴의 털을 볼 때 바람이 불고 있으며 호수의 수면이 거울반사하지 않는 것을 볼 수 있다. 배경을 이루는 그늘진 곳은 흰색 차량들을 제외하곤 사물의 구분이 쉽지 않다. 오른쪽 그림의 건물 천정에 바닥이 반사된 듯이 보인다. 지금까지 언급된 개념들로 설명할 수 있을 것이다.

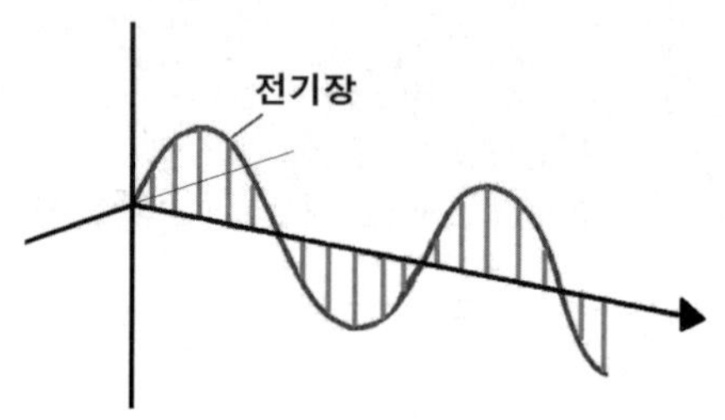

〈그림 19〉 전기파의 진행 형태

그림 19에서는 전기파만을 보여주고 있다. 자연 사물과 전자기파가 상호작용할 때, 전기장만이 직접적으로 변형되는 것을 강조하기 위해서다

(Iain H. Woodhouse, 2006). 전기파의 진행 형태로 파장, 주파수, 진폭 등을 알아보았다. 이 전자기 평면파가 직진하는 진행과 관련하여 위상(phase)과 편광(polarization)의 개념들도 있으며 차차 언급될 것이다. 전자기복사는 에너지의 한 형태인 것을 알았다. 그래서 전자기 복사에너지 표기와 단위에 대하여 제3장에서 다룰 것이다. 다음 장에서는 태양계에서 강력한 전자기 복사체인 태양의 하늘 속 위치에 대하여 알아볼 것이다.

2장

태양의 위치

꿀벌은 태양의 위치를 통해 꽃과 벌집의 위치를 파악한다고 한다.[1] 태양의 위치를 파악할 수 없으면 꿀벌은 수분(受粉, 가루받이)을 할 수 없고 씨앗으로 번식하는 식물(종자식물種子植物, 현화식물顯花植物)은 곤란하게 된다고 한다.[2] 태양의 전자기파가 지상의 모든 생명 현상에 중요한 역할을 하는 것은 주지의 사실이다(예, 광주기성).

광학원격탐사(optical remote sensing, 광학계원격탐사)는 가시광선 혹은 단파장 적외선 센서를 이용하여 지상에서 반사된 태양의 복사에너지와 지표면에서 방출되는 복사에너지를 측정하여 지표의 환경상태를 측정하는 과학분과다. 주로 지표물에서 반사되는 태양 복사에너지를 측정하므로 태양의 위치를 고려하게 된다.

지평선을 기준으로 해가 떠서 질 때까지의 시간 길이, 즉 일출과 일몰 사이의 시간 길이를 그 날의 가조시간(可照時間)이라 하며, 태양의 직사광이 지표면에 비친 시간을 일조시간(日照時間)이라 한다. 가조시간은 하루의 낮을 규정하며, 일조시간과 낮 동안의 태양의 위치는 지구의 생명 활동에 막대한 영향을 끼친다. 하늘에서의 태양의 위치는 매시간, 매일 혹은 연중으로 변하기에 지표면에 도달하는 태양의 복사에너지양은 시시각각 차이가 난다(그림 20).[3]

1 "집 못찾겠어요" 꿀벌의 눈물, 왜? – 노컷뉴스 (nocutnews.co.kr)[접근: 2022.02.13.]

2 이와나미 요조(2019); 꿀벌에 대한 심각한 현상을 다룬 기사가 많다. 예: 1) "[멸종저항보고서③] 꿀벌이 사라지면 인간도 사라진다", –시사위크, https://www.sisaweek.com/news/curationView.html?idxno=131817; 2) "[과학을읽다]①꿀벌 멸종하면, 인류는 4년내 멸망?" – 아시아경제 (asiae.co.kr)[접근: 2022.02.13.]

3 일조시간 – 위키백과, 우리 모두의 백과사전 (wikipedia.org); Daytime – Wikipedia; Sunshine duration – Wikipedia[접근: 2022.04.22.]

〈그림 20〉 같은 위치에서 같은 방향으로 본 태양의 위치

태양기하(太陽幾何, solar geometry)는 연도 시작일에서부터의 누적된 날짜의 수 등을 따져, 특정 시간과 특정 장소에서의 하늘 속 태양의 위치를 태양천정각(solar zenith), 태양방위각(solar azimuth)으로 나타내는 것이다. 이를 통해 가조시간(day length) 등을 알 수 있게 된다.

태양의 위치를 알기 위해서 먼저 알아야 할 개념들을 살펴보자. 매시간 혹은 매일, 태양의 위치가 변하는 것은 지구가 태양 주위를 공전하면서 자전하기 때문이다.

1. 지구 공전 및 자전

지구의 공전궤도를 그림 21과 같이 나타낼 수 있다. 지구의 공전주기는 365.25일이며, 원일점(遠日點)이 $1.52 \times 10^8 km$, 근일점(近日點)은 $1.47 \times 10^8 km$ 로 태양으로부터 떨어진 공전궤도를 가진다. 지구의 자전축은 공전궤도면(공전궤도가 만드는 평면)에서 $66.56°$로 기울어져 있으며, 공전궤도면과 수직을 이루는 지구 중심의 축과는 $23.44°$

기울어져 있다.[4]

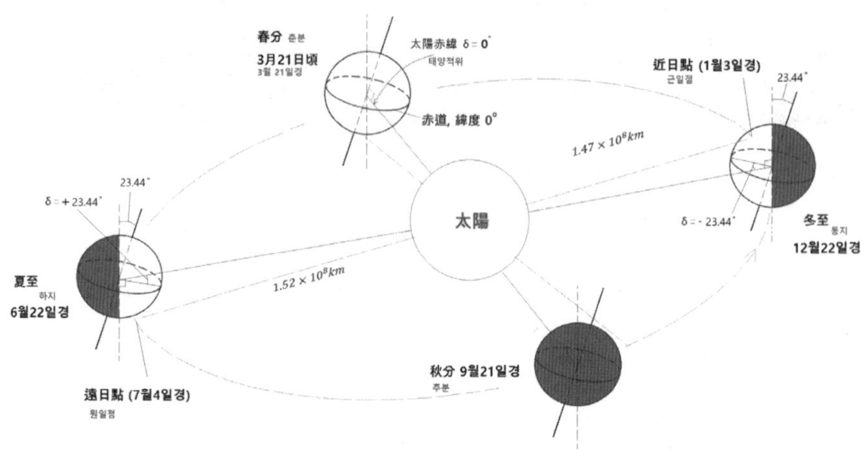

〈그림 21〉 지구의 공전궤도 모식도[5]

기울어진 지구의 자전축은 지구의 공전궤도를 따라 지구가 태양을 마주 보는 각도에 차이를 발생시키게 되는데 이를 태양적위 개념으로 나타낸다. 여기서 적위(赤緯, declination)는 적도좌표(赤道座標: 적도와 춘분점을 기준면으로 하는 구면球面)에서 천구(天球: 지구상의 관측자를 중심으로 하는 반지름 무한대의 가상 구면) 위의 천체의 위치를 나타내는 위도이며, 적도(0°)를 기준으로 북극 +90°, 남극 −90°의 값을 가진다. 적도좌표계는 천체(天體)의 위치를 정하는 기준으로, 적위는 적경(赤

4 지구 – 위키백과, 우리 모두의 백과사전 (wikipedia.org); 자전축 기울기 – 위키백과, 우리 모두의 백과사전 (wikipedia.org); 장축단 – 위키백과, 우리 모두의 백과사전 (wikipedia.org)[접근: 2022.04.09.]

5 『ITACA』 Figure1.2참조, Part 1: Solar Astronomy | ITACA (itacanet.org)[접근: 2021.10.07.]

經)과 함께 천체의 위치를 나타내는 데 사용된다.[6]

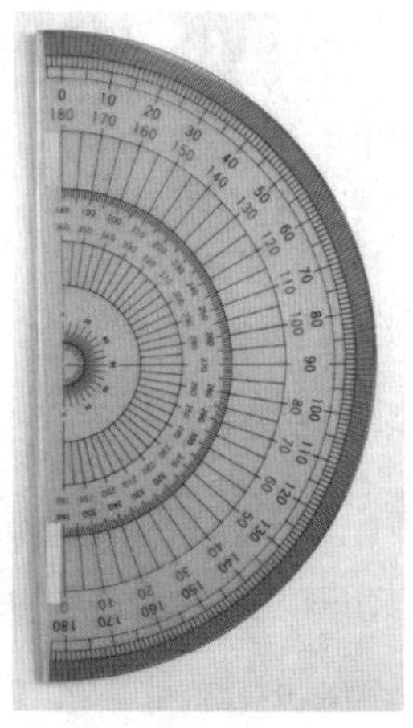

〈그림 22〉 각도기 상의 십진법

각도(角度)에 대하여 살펴보자. 도(度, degree)는 평면각도의 단위로 1회전의 360등분으로 정의되고, 기호는 °이다. 그림 22는 180 등분한 각도기를 보여주고 있다. 이 각도기를 자세히 보면, 180등분된 도와 도의 소수(小數)는 십진법인 것을 알 수 있다. 지구의 지점을 나타내는 지리좌표계(위도와 경도)도 십진법을 사용하여 도의 소수점 이하를 나타낼 수 있다. 평면각도에는 라디안도 있다. 라디안은 원의 반지름에 대한 원주(圓周, 원둘레)에 있는 호(弧)의 비(比, ratio)이다. 즉 반지름과 호의 길이, 즉 두 길이 간의 비이기에 단위가 없다. 프로그램언어에서 주로 쓰이

6 적위 – 위키백과, 우리 모두의 백과사전 (wikipedia.org); 적도좌표계 – 위키백과, 우리 모두의 백과사전 (wikipedia.org)[접근: 2022.04.09.]

며『엑셀』에서도 쓰인다.[7]

위도(緯度, latitude)는 지구상에서 적도(赤道, equator)를 기준으로 북쪽 또는 남쪽으로 얼마나 떨어져 있는지 나타내는 위치를 나타내며, 주로 φ로 쓴다. 단위는 도(°)이며, 적도는 위도 0°이다. 북극점을 나타내는 90° N(+90°)부터 남극점을 나타내는 90° S(−90°)까지의 범위 안에 있다. 적도는 지구 중심을 통과하는 지구 자전축에 수직인 평면이 지표를 나누는 선을 말한다. 경도(經度, longitude)는 본초자오선(本初子午線, prime meridian, 경도 0°)을 기준으로 동쪽 또는 서쪽으로 얼마나 떨어져 있는지 나타내는 위치 각도이다. 경도의 단위는 도(°)이며, 본초자오선에서부터 동서로 180°E(+180°)과 180° W(−180°)까지의 범위를 가진다. 자오선이란 12간지(干支)에 따른 12시(자(子), 축(丑), 인(寅), 묘(卯), 진(辰), 사(巳), 오(午), 미(未), 신(申), 유(酉), 술(戌), 해(亥)) 중에 자시인 밤 12시(0시), 오시는 낮 12시 때의 경도선을 나타낸다. 본초자오선은 '밤 12시와 낮 12시가 근본적으로 시작되는 선'을 뜻한다. 자오(子午)의 자는 방위로는 정북(正北), 시간으로는 자정(子正)을 뜻한다. 오는 시간으로는 정오(正午, 午正, 낮 12시), 방위로는 정남을 뜻한다. 즉 자오는 정북(正北)과 정남(正南)을 의미한다. 지구의 경도(360°)를 15°씩 나눠 24개의 시간대를 만들어 사용 중이다.[8]

7 도 (각도) – 위키백과, 우리 모두의 백과사전 (wikipedia.org): 경위도의 도분초 표기법도 있다. latitude and longitude | Definition, Examples, Diagrams, & Facts | Britannica; Latitude – Wikipedia; Longitude – Wikipedia; Geographic coordinate system – Wikipedia; 라디안 – 위키백과, 우리 모두의 백과사전 (wikipedia.org)[접근: 2022.04.13.]

8 지리 좌표계 – 위키백과, 우리 모두의 백과사전 (wikipedia.org), 위도 – 위키백과, 우리 모두의 백과사전 (wikipedia.org); 경도 – 위키백과, 우리 모두의 백과사전 (wikipedia.org); 본초 자오선 – 위키백과, 우리 모두의 백과사전 (wikipedia.org); 적도 – 위키백과, 우리 모두의 백과사전 (wikipedia.org); 지지 (역법) – 위키백과, 우리 모두의 백과사전

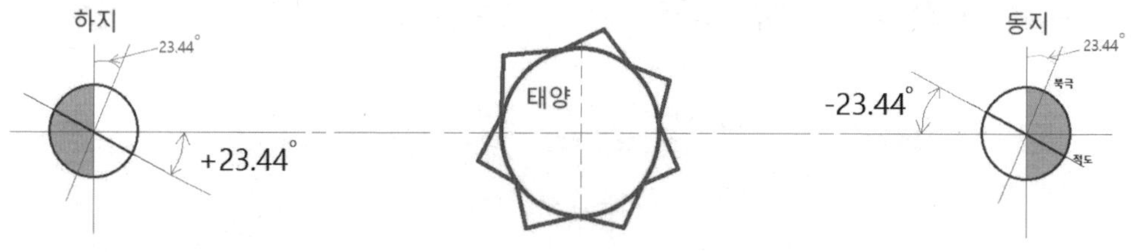

〈그림 23〉하지와 동지 때의 태양적위[9]

태양적위(太陽赤緯, solar declination, solar declination angle, δ)는 태양직하점(太陽直下點, subsolar point: 태양이 머리 비로 위에 위치할 때)의 위도를 의미한다. 태양 광선이 지구의 적도면과 이루는 각이라 할 수 있다(郭宗欽 · 蘇鮮燮, 1987). 그런데 이 태양적위가 지구가 기울어진 자전축으로 공전을 하는 관계로 변동한다는 것이다. 하지와 동지 때의 태양적위의 상황을 그림 23으로 볼 수 있다. 연중(年中) 태양적위는 $-23.44° \leq \delta \leq +23.44°$(북회귀선과 남회귀선 위도) 사이에 있게 된다(그림 24).

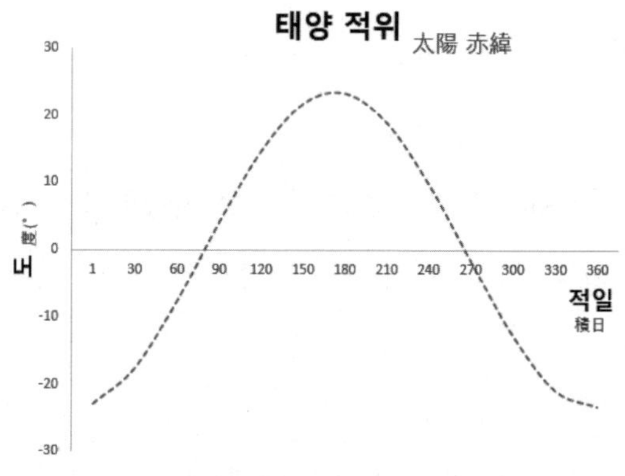

〈그림 24〉 연중 태양적위

(wikipedia.org)[접근: 2022.04.09.]

9 「ITACA」 Figure1.3 참조, Part 1: Solar Astronomy | ITACA (itacanet.org)[접근: 2021.10.07.]

특정 날짜의 태양적위를 다음의 식으로 구할 수 있다.[10]

$$\delta = \arcsin\left[\sin(-23.44°) \cdot \cos\left(\frac{360°}{365.24}(d+10) + \frac{360°}{\pi} \cdot 0.0167 \sin\left(\frac{360°}{365.24}(d-2)\right)\right)\right]$$

혹은

$$\delta = -\arcsin\left[0.39779 \cos\left(0.98565°(d+10) + 1.914° \sin\left(0.98565°(d-2)\right)\right)\right]$$

여기서, d: 일 년의 시작일인 1월 1일부터 몇 일째 되는 날인 율리우스일(JD) 혹은 적일(積日, 누일累日, 서수날짜ordinal date)을 뜻한다[11] 예를 들면, 2018년 4월 19일의 율리우스일은 d=31+28+31+19=109가 된다.

태양적위를 구하는 또 다른 식을 소개하면 다음과 같다(GAYLON S. CAMPBELL and GEORGE R. DIAK, 2005).

$$\delta = 0.006918 - 0.399912 \cos\Gamma + 0.070257 \sin\Gamma - 0.006758 \cos 2\Gamma + 0.000907 \sin 2\Gamma$$

여기서 $\Gamma = \frac{2\pi(d-1)}{365}$다. d: 적일, 이 식에서 구해진 태양적위 단위는 라디안(radian)이다.

이 책에서는 『Wikipedia』에서 소개한 식을 사용하고 있다. 계산 연습을 해 보자. 엑셀을 사용할 것이며 계산식을 저장하면 이후의 모든 계산

10 『Wikipedia』, 'Position of the Sun', https://en.wikipedia.org/wiki/Position_of_the_Sun[접근: 2018.06.08]: 이 곳에 여러 식들이 소개되어 있다.

11 참고: 율리우스일 - 위키백과, 우리 모두의 백과사전 (wikipedia.org); Julian day - Wikipedia[접근: 2021.10.08]; Ordinal date - Wikipedia[접근: 2023.01.12.]; d=서수날짜-1+시간(소수)으로 계산되나, 이 책에서는 편의상 서수날짜를 사용한다.

에 사용할 수 있게 된다. 2018년 4월 19일의 태양적위를 구하면 다음과 같다(그림 25).

$$\delta = -\arcsin\left[0.39779\cos\left(0.98565°(109+10) + 1.914°\sin\left(0.98565°(109-2)\right)\right)\right] = 11.17°$$

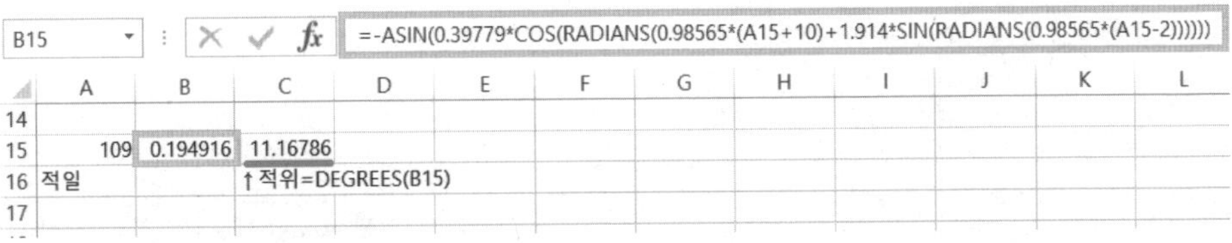

B15 | fx | =-ASIN(0.39779*COS(RADIANS(0.98565*(A15+10)+1.914*SIN(RADIANS(0.98565*(A15-2))))))

	A	B	C	D	E	F	G	H	I	J	K	L
14												
15	109	0.194916	11.16786									
16	적일		↑적위=DEGREES(B15)									
17												

〈그림 25〉 엑셀을 이용한 2018년 4월 19일의 태양적위 계산

4월 19일의 태양적위 상황을 모식도로 나타내면 그림 26과 같다.

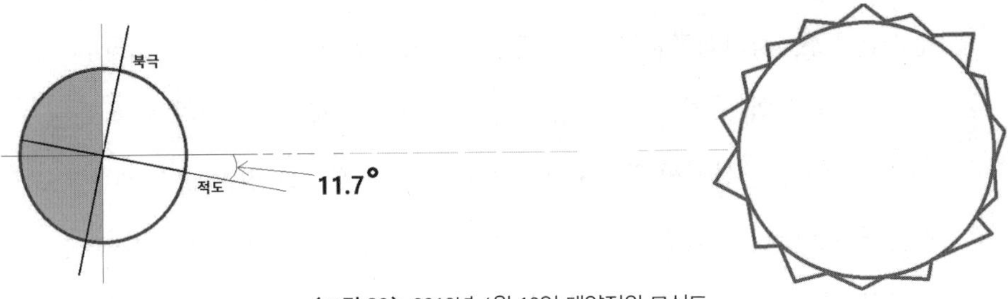

〈그림 26〉 2018년 4월 19일 태양적위 모식도

태양적위가 11.17°란 적도를 포함하여 북반구 지역의 위도가 11.17°만큼 남쪽으로 이동한 것과 같은 태양 복사에너지를 받는 것을 의미한다.

태양적위는 지표 상에서의 태양천정각을 계산하는 데 쓰이게 된다. 지표상에서 하늘 속 태양의 위치를 알기 위해서는 지구상의 좌표참조계(지리좌표계)와 관측자 중심의 태양참조계(관측자가 보는 태양의 위치)가 필요하다(그림 27). 두 참조계를 통해 지표면 상에서 관측자가 보는 태양의 위치를 구하는 것이다.

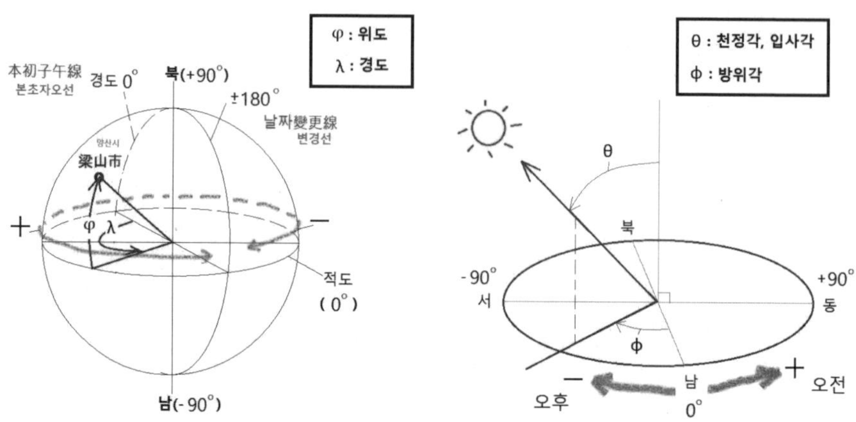

〈그림 27〉 지리참조계(좌측)와 태양참조계(우측)(Jeff Dozier and Alan H. Strahler, 1983; 데니슨 교수의 설명)

지리참조계(地理參照系, geographic reference system, 지리기준계 地理基準系, 지리좌표계地理座標系, geographic coordinate system)는 지표면 상의 위치를 지구 공간 전체를 기준으로 해서 정하는 것이다. 즉 지구 공간상에서 관측자가 위치한 위도와 경도를 정할 수 있게 한다. 구글어스에 의하면, 경상남도(慶尙南道) 양산시(梁山市)의 위치는 **35.34°, 129.04°**로 나온다. 구글어스에서 소수점 다섯 자리까지 나타내지만 계산의 편의를 위해 두 자리까지 사용할 것이다. 태양의 위치를 구할 때에는 **+35.34°, +129.04°**로 나타낸다.[12]

태양참조계(太陽參照系, solar reference system, 태양기준계太陽基準

12 『Google 어스 고객센터』, '위치 좌표 확인 및 사용 https://support.google.com/earth/answer/148068?hl=ko[접근: 2018.06.08.]; Latitude and Longitude of the Earth – 지리좌표계 – 위키백과, 우리 모두의 백과사전 (wikipedia.org)[접근: 2021.10.11.]; Spatial reference system – Wikipedia; Geographic coordinate system – Wikipedia[접근: 2022.12.03.]

系)는 관측자가 태양을 볼 때의 태양의 천정각(天頂角, zenith)과 방위각(方位角, azimuth)을 기술하기 위한 것이다. 이 책에서는 방위각은 남쪽을 기준으로 두며, 동쪽으로는 +, 서쪽으로는 − 값을 가진다. 동쪽은 **+90°** 이며 서쪽은 **−90°**이다. 즉 +값은 오전을, −값은 오후를 의미한다.[13]

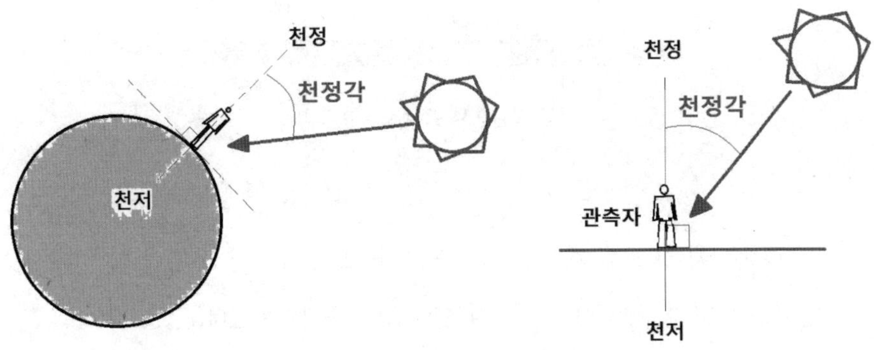

〈그림 28〉 천정과 천저, 태양천정각 모식도

태양천정각(太陽天頂角)은 관측자의 천정(天頂)과 태양이 이루는 각도로, 천정에서부터 태양의 위치까지 잰 각도다. 천정은 관측자의 위치에서 연직선(鉛直線)으로 위쪽을 가리키는 곳을 의미한다. 천저는 수평과 수직선 아래쪽을 가리키는 곳이다(그림 28).

태양천정각과 태양고도(太陽高度, solar altitude: 지평선을 기준으로 나타낸 태양의 높이 각도, 태양고도각太陽高度角)에 대해 그림 29로 정리해 본다.[14] 이 두 개념은 지표면에 도달하는 태양 복사량 차이를 설명하는 역할을 한다.

13 Solar azimuth angle – Wikipedia[접근: 2022.04.22.]

14 Solar zenith angle – Wikipedia[접근: 2022.04.22.]

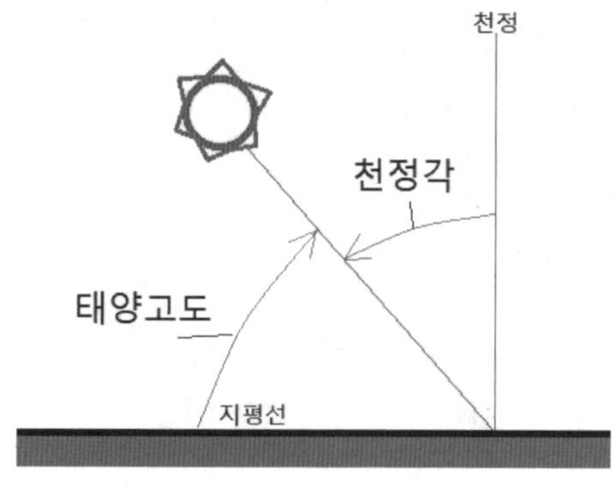

〈그림 29〉 태양천정각과 태양고도

참고로 태양고도를 계산하는 식을 웹사이트에서도 구할 수 있다.[15] 태양고도를 알면, 태양천정각을 다음과 같이 구할 수 있다(F. Pratico et al., 2012).

$$\theta = 90^{\circ} - \textit{태양고도}$$

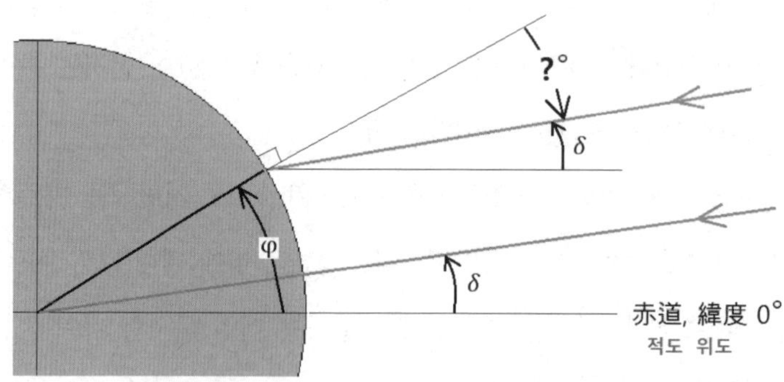

〈그림 30〉 북위 한 지점의 태양정오 때의 태양천정각(?°)

15 예: 태양의 고도 – 위키백과, 우리 모두의 백과사전 (wikipedia.org)[접근: 2022.04.22.]; 郭宗欽 · 蘇鮮燮(1987)의 『일반기상학』, 식 5.4.

특정일의 태양천정각을 간단히 구할 수 있는데, 태양정오(太陽正午, solar noon)일 때다(그림 30). 태양정오는 태양의 광선이 주어진 경도선에서 수직으로 입사하는 시간을 의미한다.[16] 즉 태양이 하늘 속에서 가장 높이 위치한 시간이며 태양방위각이 0°, 정남(正南)일 때다. 태양정오 때의 태양천정각(θ)은 태양적위(δ)와 위도(φ)를 사용하여 바로 구할 수 있다(그림 30).

$$\theta = |\varphi - \delta|$$

그리고 태양정오 때 $\phi = 0°$이다.

2018년 4월 19일, 경남 양산시의 태양정오 때의 태양천정각은 $\theta = |35.34° - 11.17°| = 24.17°$가 된다. 그런데 이 태양정오도 변한다는 것이다. 이는 지구 자전축의 기울어짐, 자전운동과 지구 공전궤도의 타원 형태에서 발생한다고 한다. 이에 따라 태양정오 시간조정이 필요하며, 이를 균시차(均時差: Equation of Time, 시차율時差率)로 조정하게 된다. 참고로 균시차의 영어에서 'equation'은 '차이를 조정하여 균등하게 한다'란 뜻을 가진다.[17] 균시차는 다음과 같이 구할 수 있다(Soteris A. Kalogirou, 2014; JAY M. HAM, 2005).

$$ET = 9.87 \times \sin 2B - 7.53 \times \cos B - 1.5 \times \sin B$$

여기서 $B = 360° \left(\frac{d-81}{364}\right)$이다. d: 1월 1일부터의 적일

16 Noon – Wikipedia[접근: 2022.04.22.]

17 Equation of time – Wikipedia[접근: 2022.04.22.]: 이 곳에 균시차가 발생하는 현상에 대한 설명이 있다.

균시차는 시태양시(視太陽時, apparent solar time)와 평균태양시(平均太陽時, mean solar time, 平均時)의 차이를 나타낸 것이라 할 수 있다.

균시차 = 시태양시 − 평균태양시

시태양시란 시태양(視太陽), 즉 실제 보이는 태양을 기준으로 하여 정한 시간으로 태양이 남중(南中) 했을 때 12시가 된다(태양정오, 실제 정오를 가리킨다). 해시계의 12시를 예로 들 수 있다. 평균태양시는 평균태양(平均太陽) 개념에서 나온 것으로, 천구의 적도 위를 1년을 주기로 지구가 같은 속도로 돈다고 가정한 시간이다. 예를 들면 손목시계의 시간을 들 수 있다. 보이는 태양이 손목시계의 12시보다 자오선을 빨리 혹은 늦게 통과하는 시간 차이가 균시차인 것이다. 이 균시차를 손목시계의 12시에서 빼거나 더하여 해시계 12시를 구하는 것이다. 태양이 빠를 때에는 양수의 분(分, minute, min), 늦을 때에는 음수의 분을 가진다. 시태양시는 평균태양시보다 최대 16분 33초 빠르거나(10월과 11월), 최대 14분 6초 느리다(2월과 3월)고 한다(그림 31).[18]

18 균시차 – 위키백과, 우리 모두의 백과사전 (wikipedia.org); 태양시 – 위키백과, 우리 모두의 백과사전 (wikipedia.org)[접근: 2022.04.13.]

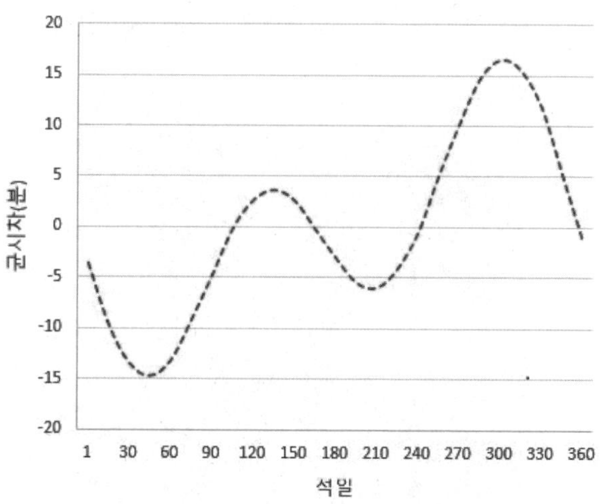

〈그림 31〉 연중 균시차

경남 양산시 2018년 4월 19일의 균시차를 구해 보자.

$$B = 360° * \frac{(109 - 81)}{364} = 27.69°$$

$$ET = 9.87 \times \sin 2 \cdot 27.69° - 7.53 \times \cos 27.69° - 1.5 \times \sin 27.69 = 0.76\text{분}$$

C28 | =9.87*SIN(RADIANS(2*B28))-7.53*COS(RADIANS(B28))-1.5*SIN(RADIANS(B28))

	A	B	C
28	109	27.69230769	0.758282125
29	d	B	ET
30		=360° *((A28-81)/364)	=9.87*SIN(RADIANS(2*B28))-7.53*COS(RADIANS(B28))-1.5*SIN(RADIANS(B28))

〈그림 32〉 엑셀을 이용한 2018년 4월 19일 균시차 구하기

약 1분(0.76분을 반올림함) 손목시계의 12시보다 빠르게 태양이 남중하므로 태양정오는 11:59경이었을 것이다(주의: 시간대의 중앙자오선에서).

<그림 33> 아날렘마[19]

아날렘마(Analemma)는 같은 시각, 같은 위치에서 1년간 태양의 위치를 촬영하여 기록했을 때 8자 모양으로 나타나는 현상을 말한다(그림 33).[20] 아날렘마 도표는 아날렘마 사진상에 날짜별 태양적위와 균시차를 동시에 확인할 수 있도록 그린 도표를 말한다. 이 도표의 예로 Robert W. Christopherson(2012), 『Geosystem』, Eight Edition, Prentice Hall의 39쪽 Figure GN 2.1 The analemma chart를 들 수 있다. 이 영문서적이 우리말로 번역되었는데, 윤순옥 등(2012), 『지오시스템』, 시그마프레스 출판으로, 47쪽, 그림 GN 2.1 아날렘마 도표로 번역되어 있다. 소개된 서적을 도서관이나 서점에서 찾아볼 수 있다. 환경광학을 잘하기 위해서는 자연지리학에 대한 체계적 이해가 필수이기에 소개된 책 혹

19 File:Analemma fishburn.tif – Wikimedia Commons[접근: 2021.10.16.]: 아날렘마 사진은 인터넷에서 쉽게 찾아 볼 수 있다.

20 Analemma – Wikipedia[접근: 2022.04.22.]

은 자연지리학 전문서를 읽어보는 것을 권장하는 바이다. 인터넷에서 'US coast and geodetic survey analemma', 'analemma chart', 혹은 'analemma' 등을 입력하면 관련 이미지를 찾아볼 수 있다.

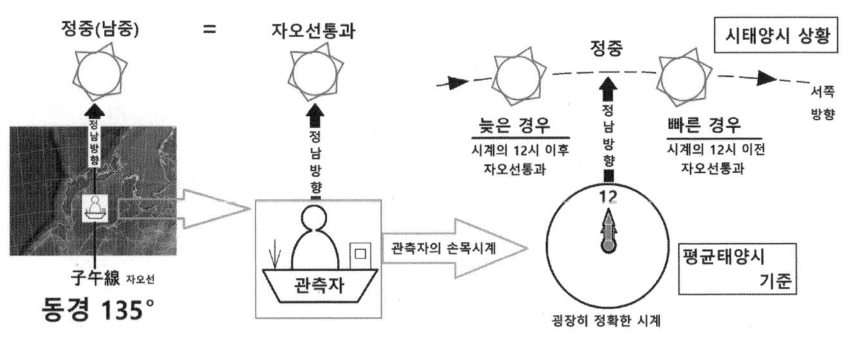

〈그림 34〉 태양의 자오선통과 설명

아날렘마 도표를 보기 위해서는 자오선통과 개념에 대한 이해가 필요하다. 자오선은 경선(經線), 즉 경도(經度)를 나타내는 선이다. 태양이 이 경선을 통과할 때, 자오선통과(子午線通過, 자오선경과子午線經過)라 하고, 그 순간을 태양이 정중(正中, culmination) 혹은 북반구의 경우 남중(南中)한다고 한다. 이때 태양고도가 최대가 된다. 이를 태양의 자오선고도라고 한다. 태양천정각은 최소가 된다. 북반구에서는 태양이 동쪽에서 떠서 남쪽을 지나 서쪽으로 지므로, 태양의 최고 고도는 남중고도가 된다.[21]

21 정중 – 위키백과, 우리 모두의 백과사전 (wikipedia.org); 태양의 고도 – 위키백과, 우리 모두의 백과사전 (wikipedia.org)[접근: 2022.04.22.]

Christopherson의 서적에 소개된 아날렘마 도표의 균시차는 평균태양시를 기준으로 한 시태양시의 자오선통과의 빠름과 늦음을 나타낸 것이다. 우리나라의 경우 동경 135°, 동해(東海, The East Sea) 한가운데에서 동해 과학조사선을 타고 있는 대한(大韓) 과학자의 매우 정확한 손목시계가 12시를 가리킬 때 그리고 정남 쪽으로 볼 때, 태양이 정중 위치를 지나쳤는지 또는 아직 도달하지 않았는지의 시간차를 나타낸 것이라 할 수 있다(그림 34). 태양이 동경 135°상의 시계상으로 낮 12시보다 일찍 도착할 경우 빠른 태양시(Sun fast)라 하고, 늦게 도착할 경우 늦은 태양시(Sun slow)라 한다. 태양이 일찍 도착한 빠른 시태양시의 경우, 손목시계상의 12시 이전에 태양이 자오선 통과한 것이다. 실제 정오는 손목시계의 정오보다 태양이 자오선을 빠르게 지나친 시간(분 단위)만큼 손목시계의 정오 이전의 시간에 일어난 것이다. Christopherson의 서적에서 소개된 아날렘마 도표에서 '+ 빠른 태양시'와 '– 늦은 태양시'를 나타내는 균시차(분 단위)와 태양적위를 앞에서 계산한 4월 19일의 균시차와 태양적위 값과 비교해 보자. 비슷한 값임을 확인할 수 있다. 즉 아날렘마 도표의 균시차 및 태양적위 값을 참조할 수 있는 것이다.

2. 태양경도

태양경도(太陽經度, solar longitude, ω)는 태양이 직하(直下)하는 경도이다. 태양직하점(subsolar point)의 경도, 즉 태양정오가 발생하는 경도를 뜻한다. 경남 양산시의 경도는 +129°라 할 때, 태양경도는 ω = +129°이다. 이 태양경도를 시간으로 변환할 수 있는데, 시간각 개념을 사용해서 이뤄진다. 시간각(時間角, hour angle, 시각時角)은 태양경도(ω)와 관측자의 경도(λ) 간 차이를 나타낸 각도이다. 즉 태양이 있는 경도와 관측자가 있는 경도 간의 각도 차이를 말한다(郭宗欽 · 蘇鮮燮, 1987).

$$時間角 = \omega - \lambda$$

태양정오일 때 시간각은 0°이다. 시간각이 양수일 때는 오전을 의미하며, 관측자가 있는 경도의 동쪽에 태양이 위치한 것이다(그림 27). 음수일 때는 관측자가 있는 곳에서 해가 서쪽에 위치한 것으로 오후 시간대가 된다.

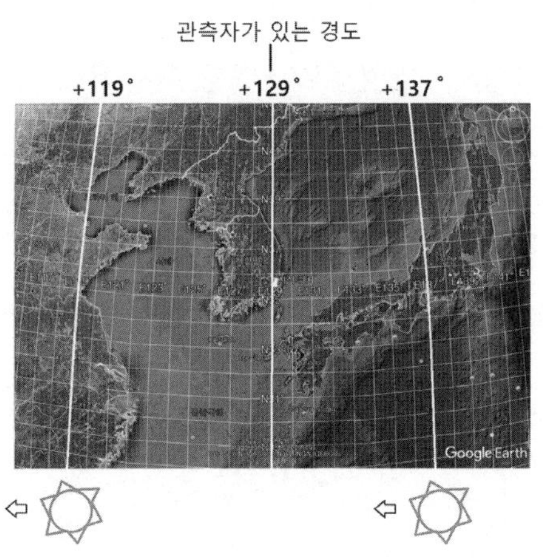

〈그림 35〉 경도선의 예(출처『구글어스』)

그림 35는 +129° 경도상에 관측자가 있으며, +137°와 +119° 경도선들을 태양경도라 각각 가정해 본 것이다. 관측자가 있는 곳(+129°)에서 두 개의 태양경도에 대한 시간각을 구하면 다음과 같다. 태양경도−관측

자경도=각도 차이를 구하는 것이다.

$$137° - 129° = +8° \text{(관측자가 있는 곳은 오전)}$$

$$119° - 129° = -10° \text{(관측자가 있는 곳은 오후)}$$

경도상의 각도 차를 시간적 차이로 변환할 수 있다. 지구는 24시간대로 나눠있기에 이를 바탕으로 경도의 각도와 시간 간의 관계를 다음과 같이 나타낼 수 있다.

$$\frac{360°}{24\text{시간}(= 1\text{일})} = \frac{15°}{1\text{시간}}$$

시간각이 한 시간당 15 ° 인 것을 알 수 있다.

계산 연습을 해 보자. 태양정오가 오전 11시 59분이었다면 오후 4시 29분의 시간각을 구해 보자. 시간 차이를 각도 차이로 변환하는 것이다.

$$\text{오후 } 4:29 - \text{오전 } 11:59 = 4.5\text{시간}(4\text{시 } 30\text{분 차이})$$

$$4.5\text{시간} \times \frac{15°}{1\text{시간}} = 67.5°$$

오후이기에 시간각($\omega - \lambda$)은 **−67.5°**가 된다.

시간당 **15°**로 변하는 시간각의 대표적 예로 시간대(時間帶, time zone) 간 중앙자오선(中央子午線, central meridian) 간격을 들 수 있다. 시간대는 본초자오선(本初子午線, prime meridian, 경도 **0°**)을 기준으

로 세계 각 지역의 시간 차이를 지역적으로 정한 것이다. 현재 시간대는 협정세계시(協定世界時, UTC)를 기준으로 한 상대적 차이로 나타낸다.[22] 우리나라는 UTC+9 시간대에 속하며 이 시간대의 중앙자오선은 **+135°** (**+9 × 15° = +135°**)이다.

현지시간(現地時間, local time, 地方時)은 특정 지역의 특정 지점을 지나는 자오선(子午線)을 기준으로 하여 시간대 전체에 동일하게 적용된다. 같은 시간대의 지역 전체가 동일한 현지시간을 가진다. 태양시는 태양의 일주운동(日周運動)을 기준으로 하여 정한 것으로 같은 시간대라도 지역마다 다르다.[23] 그래서 동일 시간대에서 각 지역의 태양의 위치를 명확하게 특정하기 위해서는 시간각으로 조정할 필요가 있다.

계산 연습을 통해 이 개념들을 익혀보자.

일본의 미키시가 경도 +135°, 경남 양산시는 경도 **+129°**일 때, 태양 정오가 미키시에서 현지시간 오전 11:59에 일어났다면(양산시에서도 매우 정밀한 손목시계나 휴대폰상으로 11:59이다), 경남 양산시에서의 태양 정오의 시간을 시간각을 사용해 구할 수 있다.[24] 양산시의 경도와 미키시의 경도 차이(**즉 시간각 = 6°**)에서 태양정오 시간차를 구할 수 있다. 각도에서 시간으로 변환하는 것이다.

$$6° \times \frac{60\text{분}(= 1\text{시간})}{15°} = 24\text{분 차이}$$

22 시간대 – 위키백과, 우리 모두의 백과사전 (wikipedia.org); 한국 표준시 – 위키백과, 우리 모두의 백과사전 (wikipedia.org); 협정 세계시 – 위키백과, 우리 모두의 백과사전 (wikipedia.org); Welcome – BIPM[접근: 2022.03.04.]

23 태양시 – 위키백과, 우리 모두의 백과사전 (wikipedia.org)[접근: 2022.04.09.]

24 미키시 – 위키백과, 우리 모두의 백과사전 (wikipedia.org)[접근: 2022.03.06.]

경남 양산시의 태양정오는 오후 12:23분에 일어날 것이다. 양산시의 태양시는 현지시간보다 24분 늦다. 미키시보다 서쪽에 위치하기 때문이다.

현지시간이 오후 3시일 때의 미키시와 양산시의 시간각을 구해 보자(같은 시간대에 속한 두 도시에서 손목시계상으로는 똑같이 오후 3시이다). 시간을 각도로 변환하는 것이다.

미키시의 경우, 오후 15:00 − 오전 11:59 = 181분이란 시간 차가 난다. 이 도시의 시간각은 다음과 같이 구할 수 있다.

$$181\text{분} \times \frac{15°}{60\text{분}} = 45.25° = -45.25°$$

양산시의 경우, 오후 15:00 − 오후 12:23 = 157분, 시간 차가 난다. 시간각은 다음과 같다.

$$157\text{분} \times \frac{15°}{60\text{분}} = 39.25° = -39.25°$$

이제 태양천정각과 태양방위각을 계산할 준비가 다 되었다.

3. 태양천정각과 태양방위각

평평한 지표면 위에서의 태양천정각과 태양방위각을 계산하는 식을 소개하면 다음과 같다(JAY M. HAM, 2005; Soteris A. Kalogirou, 2014; Jeff Dozier and Alan H. Strahler, 1983).

$$\cos\theta = \sin\delta\sin\varphi + \cos\delta\cos\varphi\cos(\omega - \lambda)$$

$$\tan\phi = \frac{\cos\delta\sin(\omega - \lambda)}{\cos\delta\sin\varphi\cos(\omega - \lambda) - \sin\delta\cos\varphi}$$

여기서, θ: 천정각, ϕ: 방위각, φ: 관측자 위도, λ: 관측자 경도, ω: 태양경도, δ: 태양적위 이다.

태양천정각과 방위각을 구하는 계산식은 다양하게 있으며, 인터넷에서도 구할 수 있다.[25]

경남 양산시 4월 19일 오후 3시 23분경의 태양천정각과 방위각을 구해 보자.

시간각, 즉 $\omega - \lambda$는 $15:23 - 12:23 = 3$시간이므로 $3시 \times \frac{15°}{1시} = 45°$, 태양정오를 지났으니 -45°가 된다. 태양적위는 11.17°이다. 위도 $\varphi = +35.34°$이다.

$$\cos\theta = \sin 11.17° \sin 35.34° + \cos 11.17° \cos 35.34° \cos(-45°)$$

$$\theta = 47.32°$$

$$\tan\phi = \frac{\cos 11.17° \sin(-45°)}{\cos 11.17° \sin 35.34° \cos(-45°) - \sin 11.17° \cos 35.34°}$$

$$\phi = -70.68°$$

25 예, Solar azimuth angle – Wikipedia; Solar zenith angle – Wikipedia[접근: 2022.04.22.]

D1 =(SIN(RADIANS(B2))*SIN(RADIANS(B3)))+(COS(RADIANS(B2))*COS(RADIANS(B3))*COS(RADIANS(B1)))

	A	B	C	D	E	F	G	H	I
1	시각	-45	(SIN(RADIANS(B2))*SIN(RADIANS(B3)))+(COS(RADIANS(B2))*COS(RADIANS(B3))*COS(RADIANS(B1)))	0.67794	ACOS(D1)	0.826	DEGREES(F1)	47.32	<-- 천정각
2	태양적위	11.17							
3	위도	35.34							
4			COS(RADIANS(B2))*SIN(RADIANS(B1))	-0.6937	D4/D5	-2.852			
5			COS(RADIANS(B2))*SIN(RADIANS(B3))*COS(RADIANS(B1))-SIN(RADIANS(B2))*COS(RADIANS(B3))	0.24324	ATAN(F4)	-1.234			
6					DEGREES(F5)	-70.68	<--방위각		

〈그림 36〉 엑셀을 사용한 태양천정각과 방위각 구하기

정리를 하는 의미에서, 2018년 5월 1일 9:00의 양산시 관측지점의 태양천정각과 방위각을 구해 보자. 우선 적일d=31+28+31+30+1=121이다. 양산시의 경위도는 (φ: +35.34°, λ: +129.04°)이다. 태양적위는 다음과 같이 구할 수 있다.

$$\delta = -arcsin[0.39779\cos(0.98565°(121+10)+1.914°\sin(0.98565°(121-2)))] = 15.07°$$

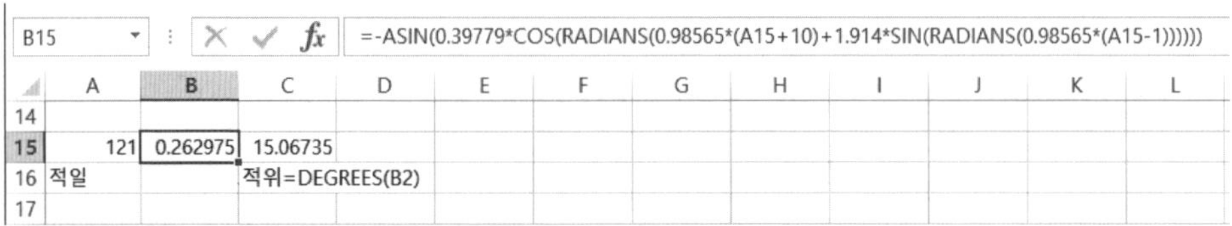
B15 =-ASIN(0.39779*COS(RADIANS(0.98565*(A15+10)+1.914*SIN(RADIANS(0.98565*(A15-1))))))

	A	B	C	D	E	F	G	H	I	J	K	L
14												
15	121	0.262975	15.06735									
16	적일		적위=DEGREES(B2)									
17												

〈그림 37〉 엑셀을 이용한 태양적위 구하기

균시차를 구해 보자.

$$B = \frac{360° \cdot (121-81)}{364} = 39.56°$$

$$ET = 9.87\sin(2 \cdot 39.56°) - 7.53\cos(39.56°) - 1.5\sin(39.56°) = 2.93\ 分$$

C3 | =9.87*SIN(RADIANS(2*C2))-7.53*COS(RADIANS(C2))-1.5*SIN(RADIANS(C2))

	A	B	C	D
1	d	적일	121	
2	B	360*(d-81)/364	39.56044	
3	ET	9.87*SIN(RADIANS(2*B))-7.53*COS(RADIANS(B))-1.5*SIN(RADIANS(B))	2.931997	
4				

<그림 38> 엑셀을 사용한 균시차 구하기

아날렘마 도표의 값과 비교해 보자. 비슷한 값을 보일 것이다. 태양이 약 3분 일찍 남중하기에 태양정오는 11시 57분이 되고 이 시간은 시간대의 중앙자오선의 경우이므로 관측자의 경도(**+129°**) 에서 다시 계산해야 한다.

$$|135° - 129°| = 6°$$

$$6° \times \frac{60分}{15°} = 24分$$

경남 양산시의 태양정오는 중앙자오선보다 늦게 발생하기에 11:57+24분=12:21이 된다.

시간각은 $12:21 - 09:00 = 3시간21분 = 201분 \times \frac{15°}{60分} = 50.25°$, 오전이므로 **+50.25°**가 된다. 이제 태양천정각을 구할 수 있다.

$$\cos\theta = \sin\delta\sin\varphi + \cos\delta\cos\varphi\cos(\omega - \lambda) = \sin 15.07°\sin 35.34° + \cos 15.07°\cos 35.34°\cos 50.25°$$
$$\theta = 49.15°$$

C4 | =DEGREES(ACOS((SIN(RADIANS(C2))*SIN(RADIANS(C3)))+(COS(RADIANS(C2))*COS(RADIANS(C3))*COS(RADIANS(C1)))))

	A	B	C	D	E
1	시각	ω-λ	50.25		
2	태양적위	δ	15.07		
3	위도	φ	35.34		
4	태양천정각	DEGREES(ACOS(SIN(RADIANS(δ))*SIN(RADIANS(φ))+COS(RADIANS(δ))*COS(RADIANS(φ))*COS(RADIANS(ω-λ))))	49.1513		
5					

〈그림 39〉 엑셀을 이용한 태양천정각 구하기

태양방위각도 구할 수 있다.

$$\tan\phi = \frac{\cos\delta\sin(\omega-\lambda)}{\cos\delta\sin\varphi\cos(\omega-\lambda)-\sin\delta\cos\varphi} = \frac{\cos 15.07°\sin 50.25°}{\cos 15.07°\sin 35.34°\cos 50.25° - \sin 15.07°\cos 35.34°}$$

$$\phi = 78.94°$$

E6 | =DEGREES(E5)

	A	B	C	D	E	F
1	시각	ω-λ	50.25			
2	태양적위	δ	15.07			
3	위도	φ	35.34			
4	태양방위각	COS(RADIANS(C2))*SIN(RADIANS(C1))	0.742401	D4/D5	5.117929	
5		COS(RADIANS(C2))*SIN(RADIANS(C3))*COS(RADIANS(C1))-SIN(RADIANS(C2))*COS(RADIANS(C3))	0.145059	ATAN(F4)	1.377836	
6				DEGREES(F5)	78.94418	<--방위각
7						

〈그림 40〉 엑셀을 사용한 태양방위각 구하기

다양한 시간각을 입력하여 태양천정각과 방위각의 일변화를 확인해 보자. 만약 시간각 $\omega - \lambda = 0°$으로 하면 어떻게 되는가?

일출(日出, sunrise)과 일몰(日沒, sunset)에 대해 알아보자.[26] 앞의 태양천정각 식, $\cos\theta = \sin\delta\sin\varphi + \cos\delta\cos\varphi\cos(\omega-\lambda)$에서, 일몰과 일출일 때 태양천정각은 $\theta = 90°$이므로 좌변의 $\cos 90° = 0$이 된다. 이를 다음과 같이 나타낼 수 있다.

26 Sunrise equation – Wikipedia[접근: 2022.04.22.]

$$0 = \sin\delta \sin\varphi + \cos\delta \cos\varphi \cos(\omega - \lambda)$$

위의 식을 시간각으로 정리하면 다음과 같이 된다.[27]

$$(\omega - \lambda) = cos^{-1}\left(\frac{-sin\delta sin\varphi}{cos\delta cos\varphi}\right) = cos^{-1}(-tan\delta tan\varphi)$$

경상남도 양산시의 위도인 +35.34°, 2018년 5월 1일의 태양적위 15.07°를 사용하여 시간각을 구한 후, 일몰과 일출 시간을 구할 수 있게 된다.

$$\omega - \lambda = cos^{-1}(-\tan 15.07° \tan 35.34°) = 101.0°$$

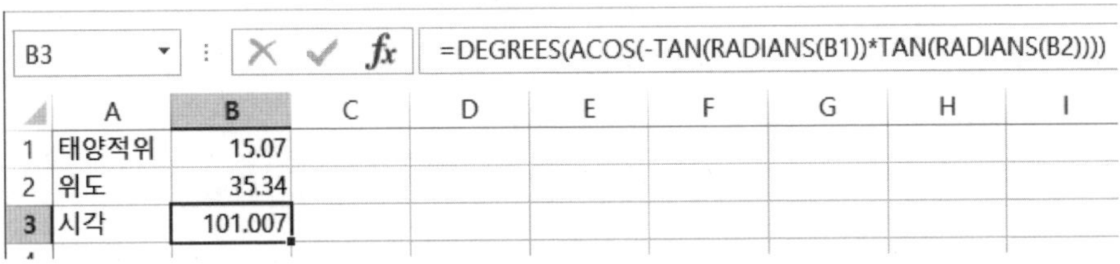

B3 | =DEGREES(ACOS(-TAN(RADIANS(B1))*TAN(RADIANS(B2))))

	A	B	C	D	E	F	G	H	I
1	태양적위	15.07							
2	위도	35.34							
3	시각	101.007							

〈그림 41〉 엑셀을 이용한 시간각 구하기

이 시간각을 시간으로 바꿀 수 있다.

$$101.0° \times \frac{1시}{15°} = 6.73시간 = 6시44분$$

5월 1일의 태양정오는 12:21이므로 일출시간은 **12:21 − 06:44 = 05:37**, 일몰시간은 **12:21 + 06:44 = 19:05**이 된다. 일장(日長, daylength, 낮

27 JAY M. HAM(2005); Solar zenith angle – Wikipedia

길이, 낮의 길이, 낮)은 **2 × 6시 44분 = 13시28분**이 된다.

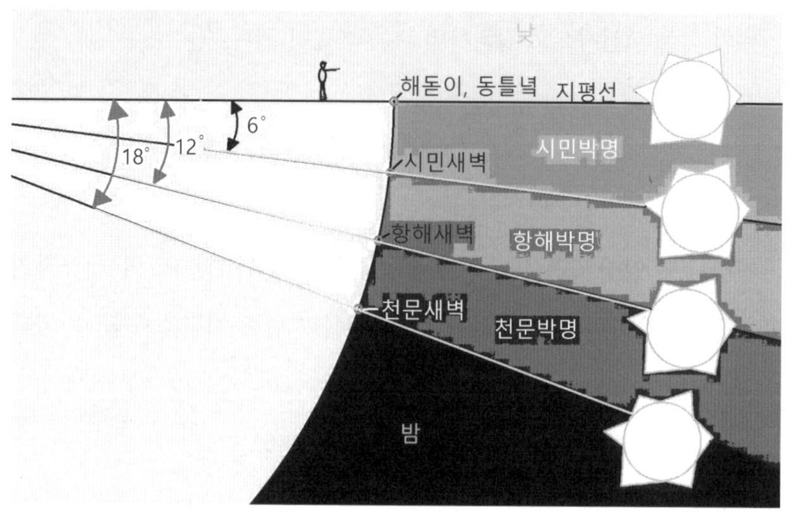

<그림 42> 박명과 태양천정각 모식도[28]

한국천문연구원 천문우주지식정보 사이트(https://astro.kasi.re.kr/index[접근: 2021.05.12.])에서 '생활천문관'– '일출일몰시각계산'에 따르면, 5월 1일의 시민박명(市民薄明, 常用薄明은 아침 05:05, 저녁 19:36으로 나온다. 해 뜨는 시각(일출)은 5시 32분으로 나오며 낮의 길이는 13시간 36분이다. "유의사항: 본 계산식에서 나온 값들은 어떠한 법적효력도 가지고 있지 않습니다. 참고하시기 바랍니다."라는 메시지도 있다. 한국천문연구원에서 좀 더 정밀한 계산식을 사용했다고 본다.

박명(薄明, twilight)은 일출 전 혹은 일몰 후에 한동안 하늘이 훤하게

28 박명 – 위키백과, 우리 모두의 백과사전 (wikipedia.org)에서 '일출 전의 시민 · 항해 · 천문박명을 나타낸 모식도'[접근: 2022.04.13.]: 이곳에서 박명에 대한 자세한 설명도 볼 수 있다.

밝은 현상을 일컫는다. 시민박명은 태양이 지평선 또는 수평선 바로 아래와 고도 −6° 사이에 위치할 때 하늘이 훤하게 밝은 현상을 말한다(시민새벽 때의 태양천정각은 96°를 의미한다). 시민박명은 약 30분 동안 지속된다고 한다(그림 42). The United States Naval Observatory에서 사용하는 일출 시각계산용 태양천정각은 90.83333°라 한다(United States Naval Observatory. Nautical Almanac Office, 19801991). 박명새벽 및 일출 시각이 일찍 계산되게 하는 태양천정각을 사용하는 것은 전자기파의 굴절(refraction) 현상을 감안(勘案)하기 때문이다.

지금까지는 수평면에서의 태양천정각과 방위각을 구한 것이다. 이제 실제 지역 사면에서의 태양천정각과 방위각을 구하는 식을 알아보자(그림 43).

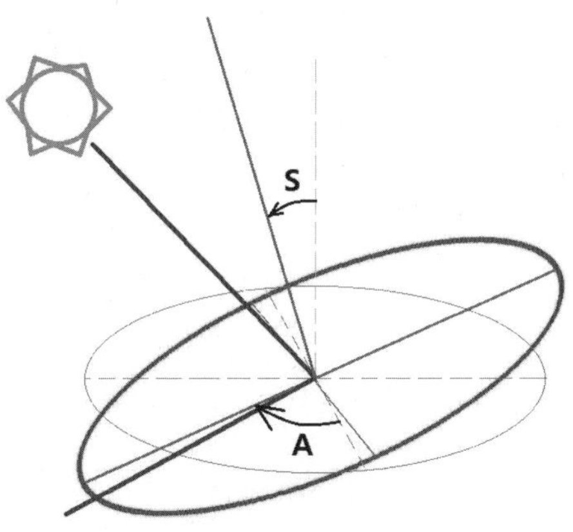

〈그림 43〉 경사진 곳의 태양천정각과 방위각 상황

향(向, exposure, aspect, 노출면露出面)은 사면이 바라보는 방향으로 기준은 남쪽(0°)이다. 사면의 방향과 경사를 고려한 태양천정각과 방위각을 구하는 식은 다음과 같다(Jeff Dozier and Alan H. Strahler, 1983; JAY M. HAM, 2005).

$$\cos\theta_{사면} = \cos\theta_{태양}\cos S + \sin\theta_{태양}\sin S\cos\left(\phi_{태양} - A\right)$$

$$\tan\phi_{사면} = \frac{\sin\theta_{태양}\sin\left(\phi_{태양} - A\right)}{\sin\theta_{태양}\cos S\cos\left(\phi_{태양} - A\right) - \cos\theta_{태양}\sin S}$$

여기서, A: 향(aspect), S: 경사(傾斜, slope), $\theta_{태양}$: 태양천정각, $\phi_{태양}$: 태양방위각이다

경남 양산시, 2018년 5월 1일 태양천정각은 **49.15°**, 방위각은 **78.94°**이며, 관측자가 있는 곳의 사면경사가 **30°**이고 향이 **45°**(東南)일 때의 그 장소의 태양천정각과 방위각을 구해 보자.

$$\cos\theta_{사면} = \cos 49.15°\cos 30° + \sin 49.15°\sin 30°\cos(78.94° - 45°)$$

$$\theta_{사면} = 28.33°$$

$$\tan\phi_{사면} = \frac{\sin 49.15°\sin(78.94° - 45°)}{\sin 49.15°\cos 30°\cos(78.94° - 45°) - \cos 49.15°\sin 30°}$$

$$\phi_{사면} = 62.87°$$

B6 =(SIN(RADIANS(B1))*SIN(RADIANS(B2-B4)))/(SIN(RADIANS(B1))*COS(RADIANS(B3))*COS(RADIANS(B2-B4))-COS(RADIANS(B1))*SIN(RADIANS(B3)))

	A	B	C	D	E	F	G	H	I	J	K	L	M	N	O	P
1	태양천정	49.15														
2	태양방위	78.94														
3	사면경사	30														
4	사면향	45														
5	사면천정	0.880224216	28.33057772													
6	사면방위	1.951337921	62.86627158													
7																
8																

〈그림 44〉 엑셀을 이용한 사면에서의 태양천정각과 방위각 구하기

사면상의 태양천정각과 방위각을 구하는 다양한 방식이 있다(예, K. YA. KONDRATYEV, 1969; JAY M. HAM, 2005). 이제 태양의 위치를 계산해 낼 수 있을 것이다. 다음 장은 환경광학에서 자주 쓰이는 전자기복사 에너지 표기에 대하여 살펴볼 것이다.

특정 날짜의 태양적위를 구하는 식과 균시차 계산식을 사용하여 아날렘마 도표를 만들어보자. 스프레드시트 혹은 다양한 프로그래밍언어를 사용할 수 있다. 엑셀을 사용한 한 예시는 다음과 같다.

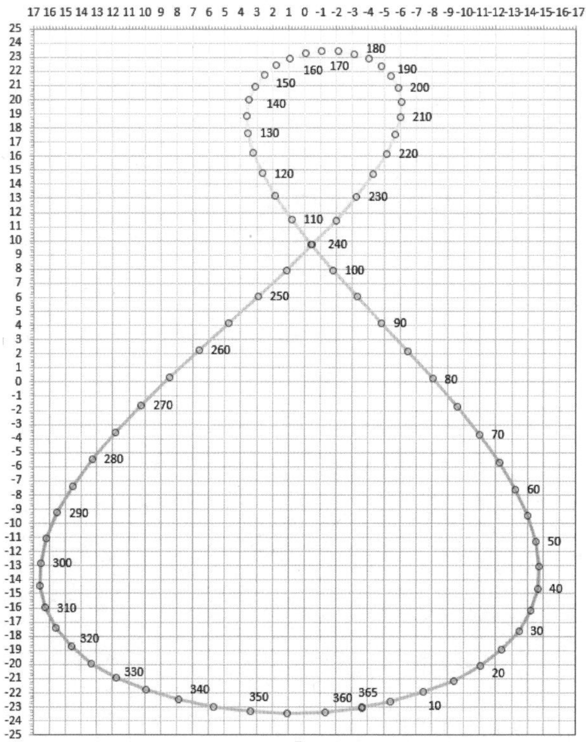

자신이 만든 아날렘마 도표를 다른 곳에서 소개된 것과 비교해보자. 차이 나는가? 그 이유는? 스스로 혹은 협력하여 도표를 만들어보자.

3장

복사에너지 표기

개념의 표기와 단위에 대한 명확한 이해야말로 모든 분과과학 활동의 시작이라 할 수 있다. 또한 이 기회에 일상 및 상업, 과학에서 널리 쓰이는 전 지구적 단일화된 국제단위계(國際單位系, Système international d'unités, SI)를 한 번 살펴보는 것도 좋을 것 같다.[1]

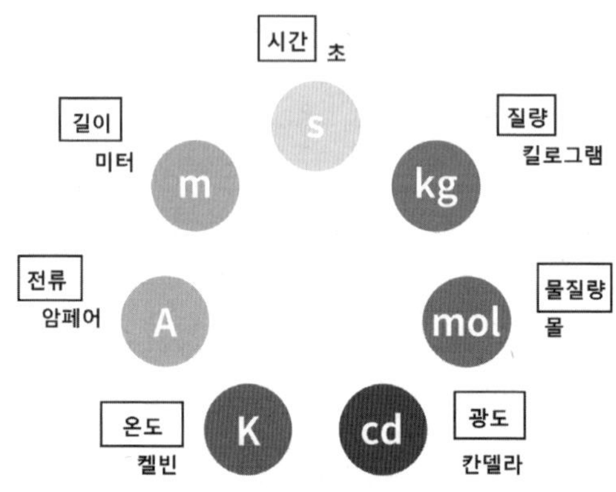

〈그림 45〉 국제단위계 기본 단위[2]

환경광학 분야는 주로 전자기 복사에너지양을 다룬다고 할 수 있다. 이 장에서는 전자기복사에너지 표기법과 단위에 대해 알아볼 것이다.[3]

1 국제단위계 – 위키백과, 우리 모두의 백과사전 (wikipedia.org); 한국표준과학연구원(kriss.re.kr); Welcome – BIPM[접근: 2022.04.13.]; 고야마 게이타(2018); 산업통산자원부 국가기술표준원(2014); 김금무(2014).

2 『Wikimedia Commons』, 'File:SI_base_units.svg', https://ko.wikipedia.org/wiki/국제단위계#/media/파일:SI_base_units.svg[접근: 2020.09.20]

3 Gwynn H. Suits(1983); Stanley Q. Kidder and Thomas H. Vonder Haar(1995); 村井俊治(2005); Radiometry – Wikipedia; Radiometer – Wikipedia[접근: 2022.04.13.]

1. 복사에너지

복사에너지(radiant energy, 방사에너지)는 광자들의 에너지이며 그 기호는 Q, 단위는 줄(Joule, J)인 것을 이미 소개하였다. 1줄은 1뉴턴의 힘으로 물체를 1미터 이동하였을 때 한 일, 혹은 이에 필요한 에너지다. 여기서 1뉴턴은 힘의 단위로 $\mathbf{1kg} \cdot {}^{m}/_{s^2}$이다. 지상에서의 1kg 무게는 질량 1kg과 중력가속도 $9.8\,{}^{m}/_{s^2}$의 곱이기에 9.8N의 힘과 같다. 복사에너지는 다음과 같이 나타낼 수 있다.[4]

$$1\mathrm{J} = 1\mathrm{N} \times 1\mathrm{m}$$

$$1\mathrm{J} = 1\mathrm{kg} \cdot \frac{m^2}{s^2}$$

복사에너지(Q)는 에너지만을 나타낸 것이므로 시간, 공간(지역, 면), 파장 등을 고려하지 않는다. 이제 시간, 공간, 파장별로 복사에너지양을 표시하는 법을 알아보자.

2. 복사속

복사속(輻射束, radiant flux, 복사묶음, 방사묶음, 복사선속)은

4 고토 나오히사(2018); 줄 (단위) – 위키백과, 우리 모두의 백과사전 (wikipedia.org); 뉴턴 (단위) – 위키백과, 우리 모두의 백과사전 (wikipedia.org)[접근: 2022.04.09.]

단위 시간당 흐른 복사에너지라 할 수 있다.[5] 초당 사용된 에너지라 할 수 있다. 단위 시간당 전자기파가 운반한 에너지, 광자들 묶음 크기라고도 할 수 있다. 전자기파에 의해 에너지가 전달되는 속도(rate)라 할 수 있다. 기호는 $\mathbf{\Phi}$이며 단위는 와트(Watt, $\mathbf{W = J}s^{-1}$)이다. 와트는 1초 동안의 1줄(N · m)에 해당하는 일률(一率)이다.[6]

$$\Phi = \frac{Q}{s}$$

$$1\mathrm{W} = 1Js^{-1}$$

물리학의 경우, 단위 시간당 이동하거나 전달된 에너지양 혹은 일률(power, 단위: W)이라 한다.[7] 에너지(energy, Q)=일률×초로 나타낼 수 있다.

$$\mathrm{Q} = \Phi \cdot \mathrm{s}$$

$$1\mathrm{J} = 1\mathrm{W} \times 1\mathrm{s}$$

60W의 전구(電球)를 2시간을 켜 놓았을 때, 그동안 방출된 복사에너지(Q)를 구해 보자.

5 Radiant flux – Wikipedia[접근: 2022.04.13.]

6 와트 – 위키백과, 우리 모두의 백과사전 (wikipedia.org)[접근: 2022.04.09.]

7 일률 – 위키백과, 우리 모두의 백과사전 (wikipedia.org); Power (physics) – Wikipedia[접근: 2022.04.23.]

$$Q = \Phi \cdot s = 60\left(\frac{J}{s}\right) \cdot 2hr \cdot \frac{60min}{1hr} \cdot \frac{60sec}{1min} = 4.3 \times 10^5 J$$

C3		=C1*C2	
	A	B	C	D
1	Φ	W=J/s	60	
2	t	s	7200	2시간
3	Q	Φ*s(J/s*s)	4.3E+05	
4				

〈그림 46〉 엑셀을 이용한 복사 에너지 구하기

구해진 복사에너지($4.3 \times 10^5 J$)를 사용하여, 파장 500nm에서의 광자수($n_{\lambda=500nm}$)를 구해 보자.

$$Q = \frac{n_\lambda hc}{\lambda}$$

$$n_{\lambda=500nm} = \frac{Q \cdot \lambda}{hc} = \frac{4.3 \times 10^5 J \cdot 5.0 \times 10^{-7} m}{6.626 \times 10^{-34} Js \cdot 3 \times 10^8 ms^{-1}} = 1.08 \times 10^{24} \text{개}$$

C5 =(C1*C2)/(C3*C4)

	A	B	C	D	E
1	Q	4.30E+05	4.30E+05		
2	λ	5.0*10^-7	0.0000005		
3	h	6.626*10^-34	6.626E-34		
4	c	3*10^8	300000000		
5	n	Qλ/hc	1.08E+24		
6					

〈그림 47〉 엑셀을 사용한 광자수 구하기

3. 복사속밀도

복사속을 면적으로 나누면 복사속밀도가 된다. 복사속밀도(輻射束密度, radiant flux density)는 단위 면적당 복사속인 것이다. 단위는 Wm^{-2}이다. 물리학에서는 에너지 전파 방향의 수직 면에서 측정되는 넓이당 일률, 세기 또는 강도(强度, intensity)로 정의된다.[8]

복사속밀도는 물체의 표면으로부터 나오는 것과 표면으로 들어가는 것으로 나눠 볼 수 있다. 표면에서 밖으로 나오는 복사속밀도를 방사도(放射度, exitance, 복사방출도輻射放出度, 복사도輻射度, 복사사출도輻射射出度, 방출도放出度, 복사발산도, 방사발산도, 발산도)라 하며 기호는 M이다. 표면으로 들어가는 복사속밀도를 복사조도(輻射照度, irradiance, 방사조도)라 하며 기호는 E로 쓴다.

$$\mathrm{M} = \frac{\Phi}{면적} = \frac{\Phi}{m^2} = \Phi m^{-2}[단위: Wm^{-2}]$$

$$\mathrm{E} = \frac{\Phi}{면적} = \frac{\Phi}{m^2} = \Phi m^{-2}[단위: Wm^{-2}]$$

위 두 식에서, 동일 복사속에서 광원으로부터 거리가 증가할수록, 즉 면적이 증가할수록, 혹은 분모가 증가할수록 복사속밀도는 작아지는 것

8 세기 (물리) – 위키백과, 우리 모두의 백과사전 (wikipedia.org); Intensity (physics) – Wikipedia[접근: 2022.04.10.]; Relation between intensity and amplitude (cornell.edu)[접근: 2022.12.09.]

을 알 수 있다. 어떤 광원으로부터 거리(m)가 2배 증가할수록, 면적(m^2)은 4배로 증가하기에 복사조도는 1/4로 줄어들게 된다.

계산 연습을 해 보자. 60W 전구로부터 2미터, 4미터에서의 1m^2 판(板)에 받을 복사조도를 비교해 보자. 구의 표면적은 $4\pi r^2$이며, 이를 분모인 '면적'으로 사용할 수 있다. 즉 r에 각각 2m, 4m를 입력하는 것이다.

$$E_{r=2m} = \frac{60W}{4\pi(2m)^2} = 1.194Wm^{-2}$$

$$E_{r=4m} = \frac{60W}{4\pi(4m)^2} = 0.298Wm^{-2}$$

D3 | =$C$1/C3

	A	B	C	D
1	Φ	60W	60	
2	r=2m	4*PI()*(2^2)	50.26548	1.193662
3	r=4m	4*PI()*(4^2)	201.0619	0.298416
4				

〈그림 48〉 엑셀을 이용한 복사조도 구하기

복사조도가 거리 2배 증가함에 따라 1/4로 줄어드는 것을 알 수 있다.

감지판(感知板, 검출기, detector, 여기서는 1m^2 면적의 감지기)이 전구로부터 1m에 떨어져 1분 동안 100J의 복사에너지를 받았을 때의 전구의 와트(Watt)를 구해 보자. 이 상황을 그림 49와 같이 나타낼 수 있다.

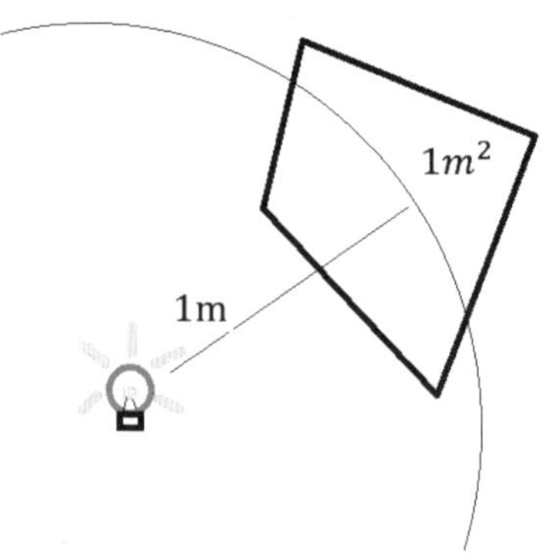

〈그림 49〉 전구와 감지판의 상황

우선 감지판에서의 복사속을 구하면 다음과 같다.

$$\Phi = \frac{100J}{min} = \frac{100J}{60\frac{sec}{min} \cdot 1min} = 1.67Js^{-1} = 1.67W$$

감지판이 받는 복사속밀도(복사조도)를 다음과 같이 구할 수 있다.

$$\mathrm{E} = \frac{\Phi}{면적} = \frac{1.67W}{1m^2} = 1.67Wm^{-2}$$

전구로부터 1m 떨어진 구의 표면적은 다음과 같다.

$$구의\ 표면적 = 4\pi r^2 = 4\pi \cdot (1m)^2 = 12.57m^2$$

이제 전구의 와트를 구할 수 있게 되었다. 1m 떨어진 구의 표면적 전체에서 받은 복사속을 구하는 것과 같다. 다음과 같이 구할 수 있다.

$$M = \frac{\Phi}{표면적}$$

$$\Phi = M \cdot 표면적 = 1.67Wm^{-2} \times 12.57m^2 = 20.99W$$

D4 : =D2*D3

	A	B	C	D	E
1	Φ	100J/1min	100J/60sec	1.666667	W
2	E	Φ/면적	1.67W/1m^2	1.67	W*m^-2
3	표면적	4*PI()*r^2	4*PI()*(1m)^2	12.56637	m^2
4	전구Φ	M(=E)*표면적	1.67W*m^-2*12.57m^2	20.98584	W
5					

〈그림 50〉 엑셀을 이용한 전구의 와트 구하기

복사속밀도는 감지판과 광원 사이의 거리가 증가할수록 작아지며, 이는 복사속이 공간으로 진행할수록 공간의 표면적이 커지기 때문이다. 지구의 공전궤도에서 근일점은 태양에서 147,098,074km, 원일점은 152,097,701km 떨어져 있다고 한다.[9] 즉 지구가 받는 복사속밀도가 지구 공전궤도 상에서도 차이 나는 것을 알 수 있다.

복사에너지가 공간으로 퍼지면서 복사속밀도가 달라지는 것과 달리, 일정한 값이 되도록하는 단위는 없을까? 입체각 개념이 그런 단위를 만든다.

9 『위키백과』, '지구', https://ko.wikipedia.org/wiki/지구[접근: 2018.06.08.]

4. 입체각

입체각(立體角, solid angle)은 공간의 한 점을 끝 점으로 하는 사선이 그 점을 중심으로 회전해 처음의 위치로 되돌아왔을 때 그려진 도형을 반지름이 1인 구면으로 잘라 생긴 넓이이다. 단위는 스테라디안(steradian, sr)이며 기호는 Ω이다. 무차원 상수이며, 3차원 공간에서 각도로 나타나는 2차원 영역을 나타낼 때 사용된다.[10] 입체각은 원뿔과 구가 교차하는 구의 표면이 반지름 제곱으로 나뉘어 구해진다.

$$\Omega = \frac{표면적}{r^2}$$

여기서, r: 구의 반지름이다.

구의 표면적(表面積, 겉넓이)은 $4\pi r^2$이므로, 반지름 r인 구 전체의 입체각은, $\Omega = \frac{4\pi r^2}{r^2}$으로 4π sr이 된다.[11]

10 『위키백과』, '스테라디안', https://ko.wikipedia.org/wiki/스테라디안[접근: 2018.06.08.]

11 구 (기하학) - 위키백과, 우리 모두의 백과사전 (wikipedia.org); 겉넓이 - 위키백과, 우리 모두의 백과사전 (wikipedia.org); 부피 - 위키백과, 우리 모두의 백과사전 (wikipedia.org)[접근: 2022.04.10.]

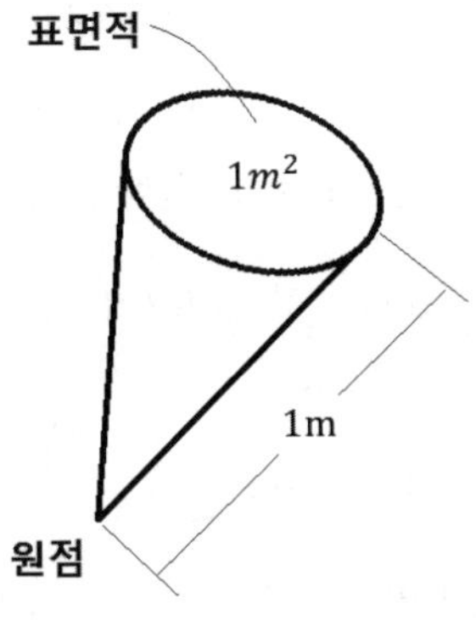

〈그림 51〉 단위 입체각

1스테라디안(1sr)은 반지름 r인 구의 중심에서 구의 표면적 r^2 가 차지하는 입체각이다. 입체각은 복사에너지가 공간으로 확장되는데 그 퍼짐의 정도를 거리나 면적을 고려하지 않고 나타내는 데 쓰인다. 즉 입체각을 사용하면, 원추형의 구 표면적의 증감과 관계없이 복사속을 일정하게 표현할 수 있는 것이다.

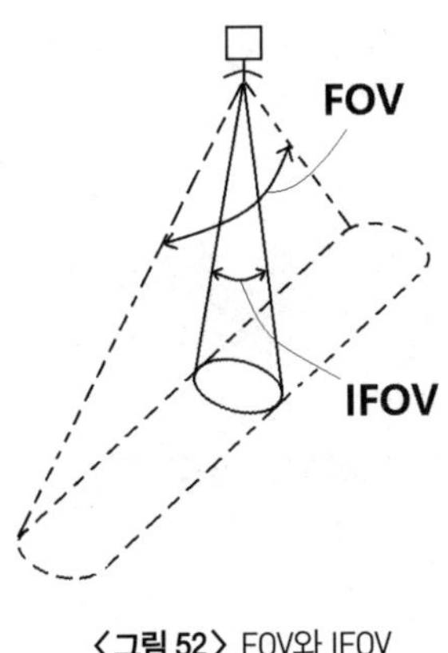

〈그림 52〉 FOV와 IFOV

입체각과 관련된 순간시야에 대하여 살펴보자. 순간시야(瞬間視野,

Instantaneous field of view, IFOV, 순간시야각瞬間視野角, 순간탐색각도)는 시야(視野, field of view, FOV, 시야각: 감지기에서 보는 범위, 탐색범위 혹은 탐색각도)에서 일순간(一瞬間, 한순간) 관측할 수 있는 부분을 의미한다(John R. Jensen, 2016)(그림 52). 그림을 보면, 순간시야는 입체각과 관련된 것을 알 수 있다.[12]

센서 각각의 감지점(감지면, 픽셀)은 초점면을 통하여 들어온 복사에너지를 탐지하기에 순간시야가 입체각과 닮게 된다(그림 53). 그래서 순간시야는 픽셀의 크기와 센서에서부터 초점면까지 거리의 함수가 된다. 픽셀의 폭이 커질수록 순간시야는 넓어지며, 초점면과 픽셀 간의 거리가 커질수록 순간시야는 좁아진다.

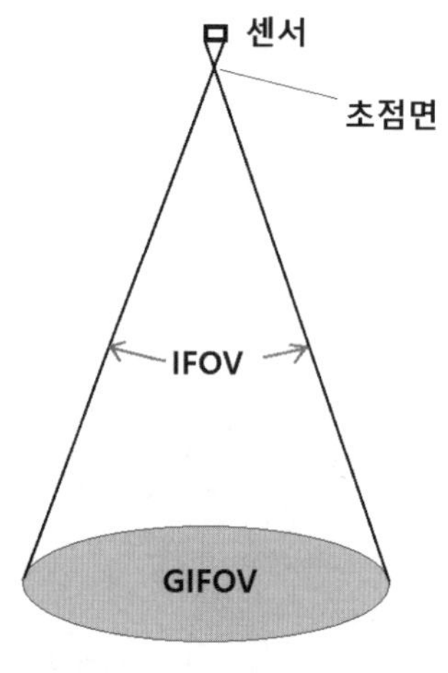

〈그림 53〉 IFOV와 GIFOV

12 Solid angle – Wikipedia; 분해능 – 위키백과, 우리 모두의 백과사전 (wikipedia.org); Angular resolution – Wikipedia; Field of view – Wikipedia; Spatial resolution – Wikipedia[접근: 2022.05.15.]

지상순간시야(地上瞬間視野, ground instantaneous field of view, GIFOV)(그림 53)는 순간시야의 지상 영역을 뜻한다. 지상순간시야는 센서의 높이에 따라 달라진다. 순간시야 및 지상순간시야의 형태는 이론적으로 다양하다(그림 54). 실제 픽셀에 쓰이는 형태는 사각형이다(그림 54, 그림 55)[13].

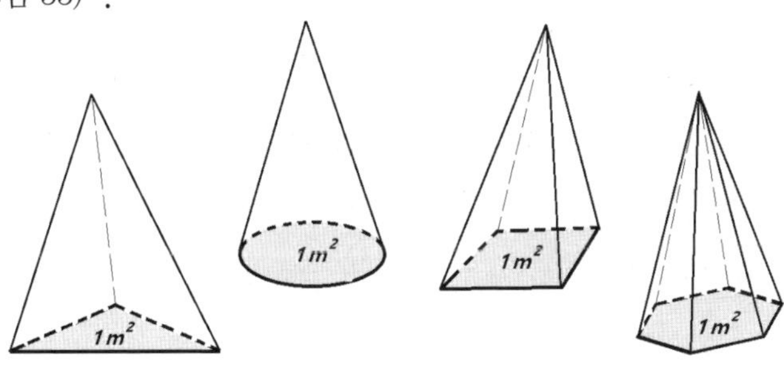

〈그림 54〉 같은 높이 및 같은 면적의 다양한 순간시야 형태

정사각형 픽셀을 통해 순간시야와 지상순간시야 간의 관계를 간단히 나타낼 수 있다(그림 55).

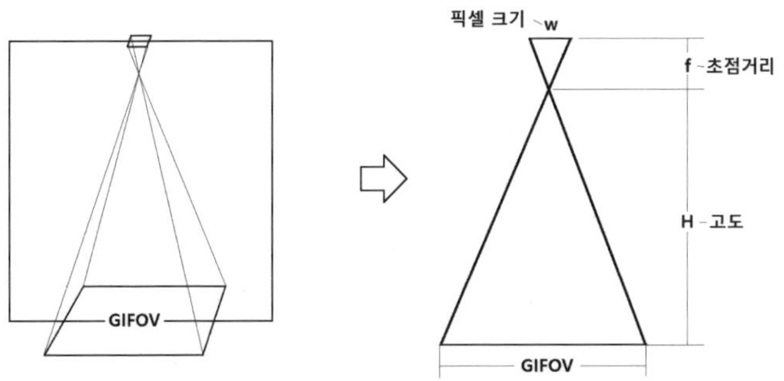

〈그림 55〉 픽셀 당 GIFOV와 IFOV 관계 모식도(Philip N Slater, 1992, Figure 1 참조)

13 Image sensor – Wikipedia; Spectral signature – Wikipedia; Digital image – Wikipedia; Landsat program – Wikipedia; Remote sensing – Wikipedia; Array – Wikipedia; 그림 언어 – 위키백과, 우리 모두의 백과사전 (wikipedia.org); Pixel Array – PrintWiki[접근: 2022.05.15.]

초점에서의 각도는 매우 작기 때문에 w(픽셀 크기, 감지판 길이, 감지기 폭)과 f(초점거리焦點距離, focal length, 감지기에서 초점면까지의 거리)를 사용해서 순간시야(IFOV)를 다음과 같이 구할 수 있다(IFOV 단위: 대개 마이크로라디안(microradian, μrad))(Philip N Slater, 1992; Robert A. Schowengerdt, 2007).

$$\mathrm{IFOV} = \frac{\mathrm{w}}{f} \cong 2atan\left(\frac{w}{2f}\right)$$

지상순간시야(GIFOV)는 센서의 높이(고도, H)에 의해 결정되므로 다음과 같다.

$$\mathrm{GIFOV} = \mathrm{IFOV} \times \mathrm{H} = 2\mathrm{H}\tan\left(\frac{IFOV}{2}\right)$$

센서에 기록되는 복사휘도는 $GIFOV^2$ 면적의 평균 복사휘도가 된다(Philip N Slater, 1992).

계산 연습을 해 보자. 랜드셋 7 밴드1~5, 7의 순간시야가 42.5 microradians(μrad)이고 센서의 고도가 705km일 때의 지상순간시야를 구해 보자.[14]

$$\mathrm{GIFOV} = 2\mathrm{H}\tan\left(\frac{IFOV}{2}\right)$$

$$\mathrm{GIFOV} = 2 \cdot 705\mathrm{km} \cdot \tan\left(\frac{42.5\mu rad}{2}\right) = 29.96\mathrm{m}$$

14 참고: 『[PDF] Landsat 7 Science Data Users Handbook - NASA』, https://landsat.gsfc.nasa.gov/wp-content/uploads/2016/08/Landsat7_Handbook.pdf의 Figure 3.2와 Table 3.8 [접근: 2019.10.30.]; 조규전, Dr.-Ing.mult. Gottfried Konecny, 2005.

B6 | =2*D1*TAN(D2/2)

	A	B	C	D	E
1	sensor height	705km	=705*(10^3)	705000	meters
2	IFOV	42.5microrad	=42.5*(10^-6)	4.25E-05	radians
3					
4		$\text{GIFOV} = 2\text{H}\tan\left(\frac{IFOV}{2}\right)$			
5					
6	GIFOV	29.9625	meters		
7					

〈그림 56〉 랜드셋 7 지상순간시야 구하기

지상순간시야가 약 30미터인 것을 알 수 있다. 즉 위성영상의 픽셀이 포함하는 지표면 한 변의 길이가 30m인 것이다. 30미터×30미터의 지표면에서 오는 복사에너지를 픽셀이 받게 되는 것이다. 다른 위성 센서에 대해서도 계산하여 보자.[15] 이제 입체각과 관련된 복사에너지 단위에 대하여 알아보자.

5. 복사강도

복사강도(輻射强度, radiant intensity, 방사강도)는 단위 입체각으로 구 표면적을 통과하는 복사속을 말한다.[16] 기호는 I이고 단위는 $\mathbf{W}sr^{-1}$이다. 같은 입체각에서는 구 표면적 증감에 상관없이 같은 복사강도를

15 예, MODIS: .354 mr, "MODIS-N INSTRUMENT STATUS", xkv10a4.PDF (nasa.gov)[접근: 2022.04.07.]

16 Radiant intensity – Wikipedia[접근: 2022.04.13.]

가진다.

$$I = \frac{\Phi}{\Omega}$$

계산 연습을 해 보자. 120W 전구가 있을 때 거리 20미터에서의 복사강도를 구해 보자. 거리 400,000미터에서의 복사강도도 구해 보자. 구의 표면적 전체 스테라디안을 사용한다.

$$I_{r=20m} = \frac{\Phi}{\Omega} = \frac{120W}{4\pi sr} = 9.55Wsr^{-1}$$

$$I_{r=400,000m} = \frac{120W}{4\pi sr} = 9.55Wsr^{-1}$$

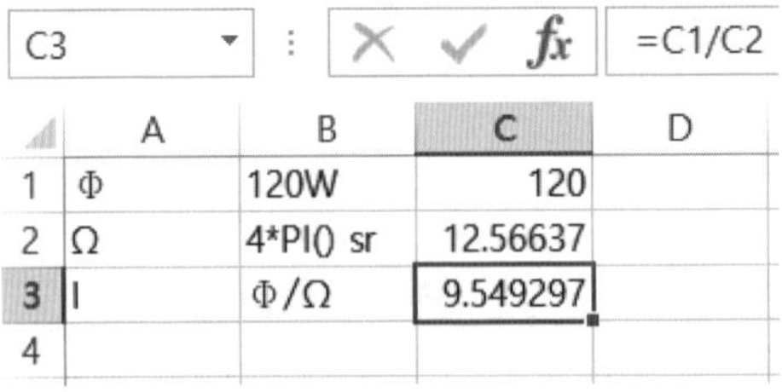

C3 | =C1/C2

	A	B	C	D
1	Φ	120W	120	
2	Ω	4*PI() sr	12.56637	
3	I	Φ/Ω	9.549297	
4				

〈그림 57〉 엑셀을 사용한 복사강도 구하기

복사강도는 광원과의 거리와는 상관없는 것을 알 수 있다. 단위가 거리와 관련되어 있지 않기 때문이다.

6. 복사휘도

복사휘도(輻射輝度, radiance, 방사휘도)는 단위 면적당 복사강도 혹은 단위 입체각당 복사속밀도이다. 센서에서 측정되는 값이다.[17] 센서의 측정거리에 상관없이 일정한 값을 가지기에 다른 센서에서 측정된 복사휘도와 서로 비교할 수 있게 된다. 기호는 L이며, 단위는 $Wm^{-2}sr^{-1}$이다. 복사휘도의 '휘(輝)'는 '빛나다'의 뜻이므로 복사휘도는 밝기값을 다루는 점을 알 수 있다.

지금까지의 단위들을 정리하면 표 2와 같다.[18]

〈표 2〉 복사에너지 표기

이름	기호	단위	간단 정리
복사에너지	Q	J	광자(들) 에너지
복사속	Φ	$W = Js^{-1}$	J/초, 초당 복사에너지(W)
복사속밀도			
방사도	M	Wm^{-2}	W/면적, 면적당 복사속
복사조도	E		
복사강도	I	Wsr^{-1}	W/sr, 입체각당 복사속
복사휘도	L	$Wm^{-2}sr^{-1}$	W/(면적 · sr), 센서에서 측정되는 값

계산 연습을 해 보자. 인공위성의 센서가 지상순간시야가 50미터,

17 Radiance – Wikipedia[접근: 2022.04.19.]

18 참고: Reflectance – Wikipedia; Template:SI radiometry units – Wikipedia[접근: 2022.03.27.]; Gwynn H. Suits(1983), TABLE 2–3; Gaylon S. Campbell and John M. Norman(1998), FIGURE 10.2; 조규전 · Gottfried Konecny(2005)

위성궤도고도가 1,000km, 노광시간(露光時間, integration time=신호를 합쳐 이미지를 구성하는 시간, dwell time; exposure time, 노출시간露出時間, 마이크로파 영역에서는 조사시간照射時間이라 한다)이 $1\mu s(= 1$ 마이크로 초(秒) $= 10^{-6}s)$이고, 500nm 파장에서 $20Wm^{-2}sr^{-1}$을 감지하였다. 복사강도, 복사속, 광자수를 구해 보자.

복사강도는 센서에서 측정된 복사휘도(L, $20Wm^{-2}sr^{-1}$)에서 면적(m^{-2})을 없애는 것이라 할 수 있다. 그래서 지상순간시야 50미터를 면적으로 만들어 복사휘도와 곱하면 될 것이다.

$$\mathrm{I} = 20Wm^{-2}sr^{-1} \times (50m)^2 = 50{,}000Wsr^{-1}$$

C3 =C1*C2

	A	B	C	D
1	L	20Wm^-2sr^-1	20	
2	면적	(50m)^2	2500	
3	I	L*면적	50000	
4				

<그림 58> 엑셀을 사용한 복사강도 구하기

복사속은 입체각(Ω)을 사용하여 복사강도(I, $50{,}000Wsr^{-1}$)에서 스테라디안을 없애는 것이다. 입체각을 구해서 복사강도 값과 곱하면 될 것이다.

$$\Omega = \frac{면적}{r^2} = \frac{(50m)^2}{\left(1{,}000km \cdot {}^{1{,}000m}/_{1km}\right)^2} = 2.5 \times 10^{-9}\mathrm{sr}$$

	A	B	C	D
1	면적	(50m)^2	2500	
2	r^2	(1,000km*(1,000m/1km))^2	1E+12	미터 단위
3	Ω	면적/r^2	2.5E-09	sr 단위!!!
4				

C3 =C1/C2

<그림 59> 엑셀을 이용한 입체각 구하기

복사속은 다음과 같다.

$$\Phi = \mathrm{I} \times \Omega = 50{,}000\mathrm{W}sr^{-1} \times (2.5 \times 10^{-9}sr) = 1.25 \times 10^{-4}W$$

	A	B	C	D
1	I	50,000Wsr^-1	50000	
2	Ω	2.5*10^-9sr	2.50E-09	
3	Φ	I*Ω	1.25E-04	W
4				

C3 =C1*C2

<그림 60> 엑셀을 사용한 복사속 구하기

광자수와 관련된 식은 $\mathbf{Q} = \frac{nhc}{\lambda}$ 이다. 여기서 복사에너지(Q)는 복사속($\mathrm{W} = \mathrm{J}s^{-1}$)에서 시간(s)을 없애면 구할 수 있다. 노광시간($1\mu s$)을 사용하면 될 것이다.

$$\mathrm{Q} = \Phi \times \text{시간} = 1.25 \times 10^{-4}Js^{-1} \cdot 1 \times 10^{-6}s = 1.25 \times 10^{-10}J$$

C3 | =C1*C2

	A	B	C	D
1	Φ	1.25*10^-4Js^-1	0.000125	Js^-1
2	시간	1*10^-6s	0.000001	s
3	Q	Φ*시간	1.25E-10	J
4				

〈그림 61〉 엑셀을 통한 복사에너지 계산

이제 광자수(光子數)를 구할 수 있다.

$$n = \frac{Q\lambda}{hc} = \frac{1.25 \times 10^{-10} J \cdot 5.0 \times 10^{-7} m}{6.626 \times 10^{-34} Js \cdot 3.0 \times 10^{8} ms^{-1}} = 3.14 \times 10^{8} 개$$

C5 | =(C1*C2)/(C3*C4)

	A	B	C	D
1	Q	1.25*10^-10J	1.25E-10	
2	λ	5.0*10^-7m	0.0000005	
3	h	6.626*10^-34Js	6.626E-34	
4	c	3.0*10^8ms^-1	300000000	
5	n	Qλ/hc	3.14E+08	
6				

〈그림 62〉 엑셀을 사용한 광자수 구하기

방사도(복사발산도)와 복사휘도 간의 차이를 그림 63으로 간단하게 정리해 본다.

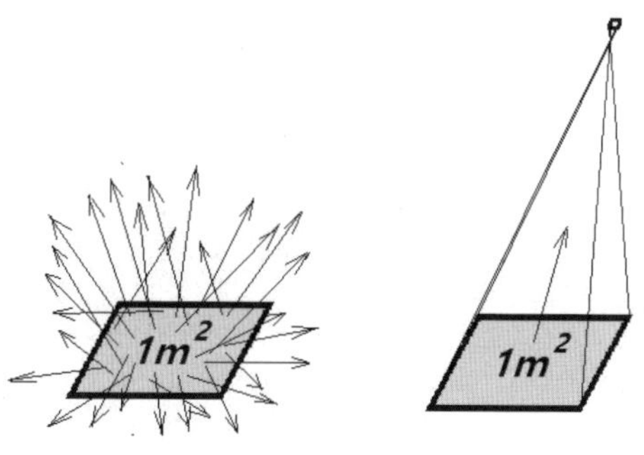

〈그림 63〉 방사도와 복사휘도 비교(참조: Gwynn H. Suits, 1983)

그림 63과 같이 그림으로 그려보면, 개념에 대한 명확한 이해를 할 수 있게 된다. 지금까지 기술된 복사에너지 표기와 단위들을 그림 64로 정리해 본다. 독자들도 그림으로 개념들을 표현해 보기 바란다.

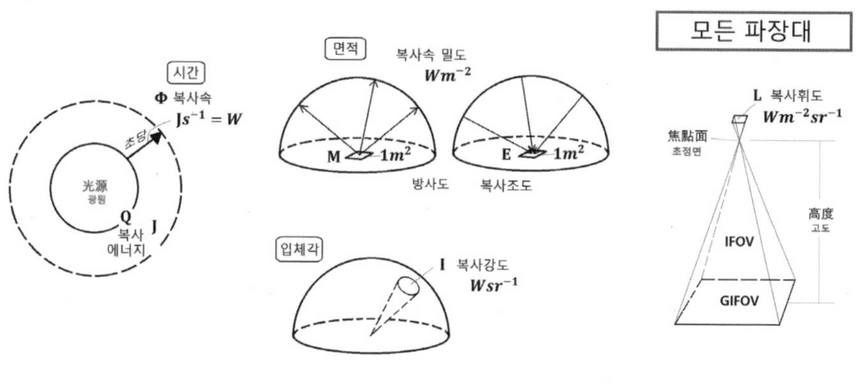

〈그림 64〉 그림으로 정리하기

그림 64에서 복사속은 초당(秒當, 일 초 동안) 복사에너지양인 것이며, 광속(光速), 즉 1초에 약 30만 km의 전자기파의 진행 공간을 생각하게 만든다. 복사휘도의 경우 정사각형 모양의 픽셀을 가정한 것으로 고도에

비해 매우 과장되게 표현되어 있다.

7. 분광복사휘도

분광복사휘도(分光輻射輝度, spectral radiance)는 분광(分光=프리즘을 통과한 빛이 파장에 따라 여러 가지 띠로 갈라져 나타나는 현상)별 복사휘도이다. 센서는 전자기복사의 파장대별 복사휘도를 감지한다. 파장대(波長帶, a range of wavelengths, 분광, 분광대)는 어떤 범위 내의 파장들 구역이며, 대역(帶域 band, 주파수대)이라고도 한다. 분광복사휘도의 단위는 복사휘도 단위($Wm^{-2}sr^{-1}$)에 파장의 단위(nm^{-1} 혹은 μm^{-1})를 붙인 것이다. 분광복사휘도는 파장대의 평균 분광복사휘도이다. 주파수를 붙여 사용할 수 있지만 이 책에서는 파장 단위를 쓴다. 기호는 L_λ로 표현한다.[19] 분광복사휘도를 식으로 나타내면 다음과 같다.

$$L_\lambda = {}^{L}/_{\lambda}$$

여기서 λ: 특정파장대 즉, λ_2(*범위의 최고파장*) − λ_1(*범위의 최저파장*) 이다.

그래서 L_λ: 특정파장대의 L 평균값이 된다.

분광복사휘도 단위는 $Wm^{-2}sr^{-1}nm^{-1}$, $Wm^{-2}\mathrm{sr}^{-1}\mu\mathrm{m}^{-1}$가 주로 쓰인다(그림 65).

19 Radiance – Wikipedia[접근: 2022.04.19.]

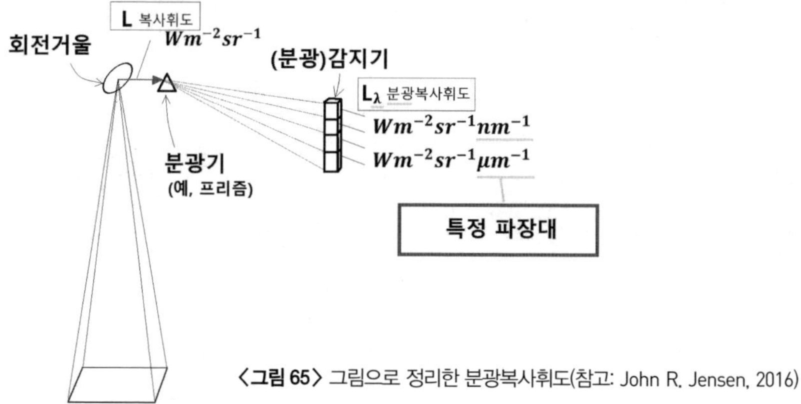

〈그림 65〉 그림으로 정리한 분광복사휘도(참고: John R. Jensen, 2016)

계산 연습을 해 보자. $100Wm^{-2}sr^{-1}$의 복사휘도가 450nm에서 500nm의 파장대(대역)에서 측정되었을 때의 분광복사휘도를 나타내 보자.

$$L_{\lambda=450nm\sim500nm} = \frac{100Wm^{-2}sr^{-1}}{500nm - 450nm}$$

$$= 2Wm^{-2}sr^{-1}nm^{-1}$$

지금까지 소개된 단위들을 개념도로 그려보거나 그림을 그리면서 명확하게 이해하자. 개념이나 단위를 보면 바로 무엇을 뜻하는지 이해하도록 하자. '복사열전달', 'radiative heat transfer', 'radiation heat transfer', 'thermodynamics', 혹은 'optics' 등을 구글하여 한 번 살펴보자[20]. 이제 기본적인 도구들을 갖추었기 때문에 다음 장에서부터 전자기파와 사물 간의 상호작용에 대하여 살펴볼 수 있게 되었다.

20 예, MICHAEL F. MODEST · SANDIP MAZUMDER(2022); H.R.N. Jones(2007); EUGENE HECHT(2021); What is Radiation Heat Transfer – Definition (thermal-engineering.org; Optics – Wikipedia[접근: 2022.05.02.]

4장

전자기복사와 물질

환경원격탐사는 사물과의 상호작용을 거친 전자기복사량을 측정함으로써 사물의 특성과 상태를 파악하며, 환경광학은 이 측정에 있어서 이론적 기초를 제공한다고 하였다. 이 장에서는 이론적 기초를 이루는 환경광학 개념들을 살펴볼 것이다. 구글에서 'imaging spectroscopy', 'imaging spectrometry'를 입력하여 한 번 살펴보자[1]

전자기복사와 물질 간 상호작용을 볼 때, 전자기파 파장에 비교되는 물질 경계(boundary)의 크기와 형태, 매질의 상대적인 전자기적 특성을 봐야 한다. 매질의 규모가 파장에 비해 클 때, 그 매질을 경계(경계면) 혹은 표면(表面 surface)으로 다루고, 파장과 비교할 때 매질의 크기가 작거나 비슷할 경우 사물(object)로 다루게 된다(Iain H. Woodhouse, 2006).

1. 람베르트 코사인법칙과 람베르트면

지표면은 대부분 경사져 있다. 지구도 그 전체를 보면, 위도별로 경사져 있으므로 위도별 받아들이는 태양의 복사에너지양에서 차이가 나게 된다. 태양복사 평면파(동일한 복사속밀도)가 위도별 지표면이 경사진 만큼 넓게 퍼져 복사되기 때문이다. 이를 그림 66과 같이 나타낼 수 있다.

1 예, Alexander F. H. Goetz et al.(1985); AVIRIS – Imaging Spectroscopy (nasa.gov); Imaging spectroscopy – Wikipedia; Imaging spectrometer – Wikipedia[접근: 2022.05.03.]

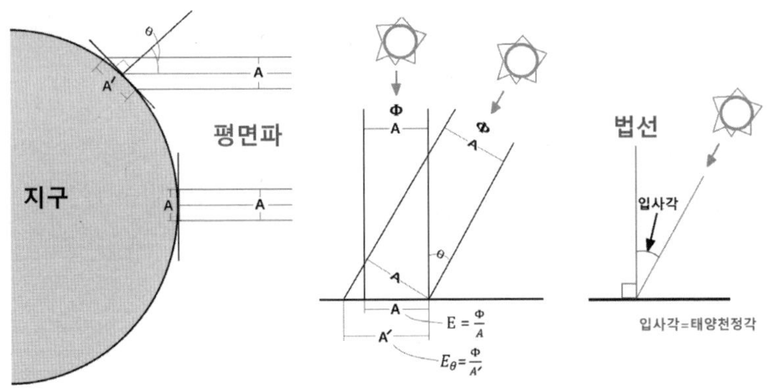

〈그림 66〉 위도별 복사조도 차이

람베르트 코사인법칙(Lambert's Cosine Law)은 복사조도가 입사각(入射角, 태양천정각太陽天頂角)에 따라 달라지는 현상을 기술한다.[2] 입사각은 전자기파가 입사점의 경계면에서 경계면의 법선(法線)과 이루는 각이다. 법선은 투사되는 전자기파가 경계면과 만나는 입사점에서 그 면과 수직으로 그은 직선을 이른다(그림 66 오른쪽 그림). 그림 66은 동일한 복사속밀도, 즉 동일한 폭 A의 복사조도가 입사각에 따라 지상에 도달하는 복사량에서 차이 나는 모습을 보여준다. 입사각(θ)을 다음과 같은 관계로 나타낼 수 있다.

$$\cos\theta = \frac{A}{A'}$$

입사각 $\theta = 0^{\circ}$일 때, 복사속밀도 $E_0\,(Wm^{-2})$는 다음과 같다.

2 Lambert's cosine law – Wikipedia; Planck's law – Wikipedia[접근: 2022.03.27.]

$$E_0 = \frac{\Phi}{A}$$

입사각 $\theta > 0^\circ$일 때, 전자기파는 A'에 복사될 것이다. 이때의 복사속밀도 E_θ를 식으로 나타내면 다음과 같다.

$$E_\theta = \frac{\Phi}{A'} = \frac{\Phi \cos\theta}{A}$$

그러므로 입사각 $\theta > 0^\circ$일 때, 복사속밀도 E_θ를 다음과 같이 정리할 수 있다.

$$E_\theta = E_0 \cos\theta$$

위의 식이 람베르트 코사인법칙이며, 입사각이 커질수록 입사각의 코사인만큼 복사조도가 줄어드는 것을 나타낸다(JAY M. HAM, 2005). 태양천정각이 커질수록 일사량(日射量, 日射, insolation, 태양의 복사에너지양)이 넓게 퍼지게 되며 복사속밀도가 감소하는 것이다.

중등학교 교과서에서 언급되는 위도별 일사량의 차이를 람베르트 코사인법칙으로 설명할 수 있다. 태양정오(太陽正午, solar noon)때 입사각이 최저치가 된다. 그래서 태양정오일 때 태양의 복사조도가 제일 높다. 고위도로 갈수록 태양천정각이 커지며, 복사조도는 줄어든다. 지표의 사면 방향이 태양을 바라볼 때 복사조도가 높아진다. 북사면(北斜面)은 남사면(南斜面)보다 높은 입사각을 가지기 때문에 복사조도가 남사면의 것보다 적게 된다. GIS작업 중 사면(斜面)에 음영(陰影)을 줄 때 바로

이 람베르트 코사인법칙을 적용하게 된다.[3]

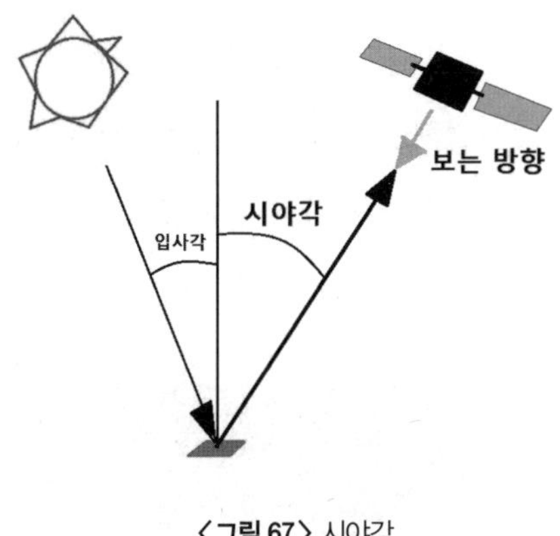

〈그림 67〉 시야각

그림 67은 시야각(視野角, view angle, 시야천정각, 센서천정각, 관측천정각, 시계천정각)을 모식적으로 보여준다. 그림 68의 θ_r(시야방위각도 포함)에 해당된다.

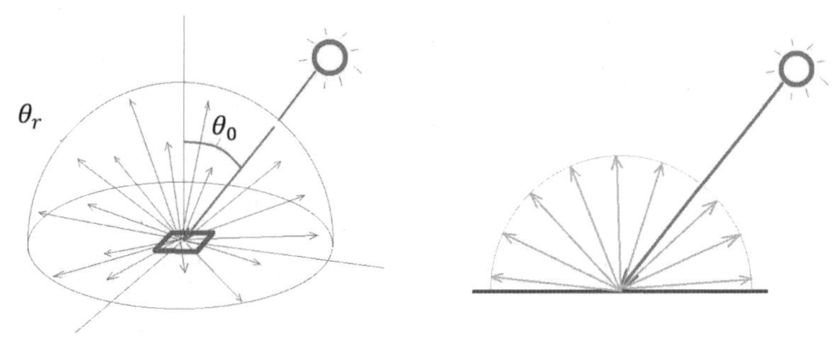

〈그림 68〉 람베르트 수평면

람베르트면(Lambertian surface)은 하나의 이상적인 난반사(亂反射)를 하는 표면으로, 관찰자가 어느 각도에서 보더라도(그림 68의 θ_r) 똑

3 Set illumination for scenes and maps—ArcGIS Pro | Documentation[접근: 2022.04.23.]

같은 복사휘도를 보인다. 즉 람베르트면에서 반사되는 복사휘도가 센서 천정각이 어떻든 동일하다는 것이다. 이와 달리 보는 각도에 따라 복사휘도가 달라지는 표면을 비람베르트면(non-Lambertian surface)이라고 한다. 람베르트 지표면에 도달하는 복사조도는 입사각(θ_0)에 따라 달라진다. 람베르트 코사인법칙에 따르기 때문이다.[4] 람베르트면의 예로 흰 모래면, 흰 종이, 흰 페인트 벽면, 신선한 눈 등이 있다.

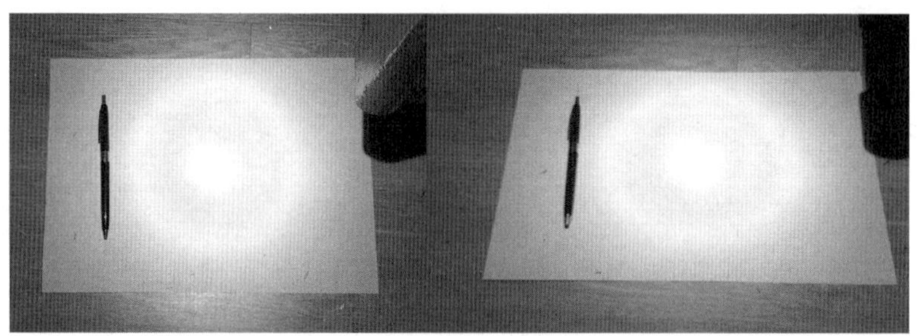

〈그림 69〉 람베르트면 실험, 좌: 시계천정각(사진을 찍은 각도)이 약 5°, 우: 약 30°인 경우

그림 69에서 손전등은 입사각 0°에서 비추고 있으며, 왼쪽 그림의 경우, 카메라가 보는 각도가 약 5°, 오른쪽의 경우 약 30°이다. 이 두 개의 그림에서 반사되는 빛의 밝기에서 차이가 나는가? 그렇지 않은가? 토의해 보자.

복사속밀도는 입사각의 코사인 값에 따르지만, 람베르트면에서 반사된 복사휘도는 어떠한 기하(幾何) 조건에도 독립적으로 볼 수 있다. 이는 전자기파를 균등하게 모든 방향으로 반사할 수 있는 람베르트면에서 복사휘도($Wm^{-2}sr^{-1}$)로부터 방사도(Wm^{-2})를 알 수 있게 한다.[5]

4 Lambertian reflectance – Wikipedia[접근: 2022.04.19.]

5 Helmholtz reciprocity – Wikipedia[접근: 2022.03.27.]

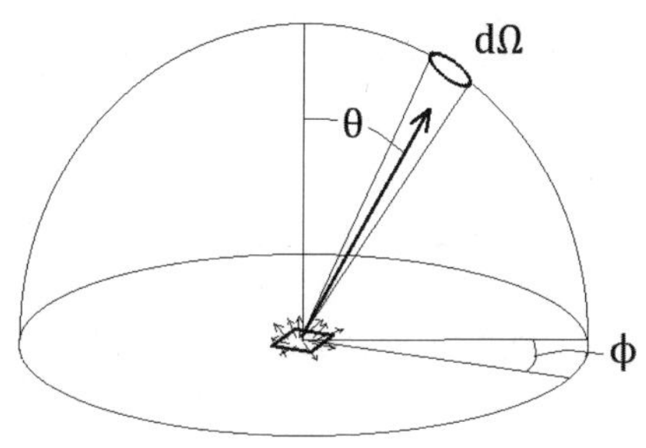

<그림 70> 방사도와 복사휘도 간 전환 기하

그림 70에서 θ: 시계천정각(視界天頂角, view zenith, 시야각, 관측천정각), φ: 시계 방위각(視界方位角, view azimuth, 센서방위각, 시야방위각)을 나타낸다. 방사도(M)를 다음과 같이 표현할 수 있다(Stéphane Jacquemoud and Susan Ustin, 2019; Stanley Q. Kidder and Thomas H. Vonder Haar, 1995).

$$M = \int_0^{\frac{\pi}{2}} \int_{-\pi}^{\pi} L(\theta, \phi)\, d\Omega \cos\theta$$

여기서, θ: $\frac{\pi}{2}$ ~ 0, φ: π ~ −π, Ω: 입체각, $\cos\theta$는 복사속밀도에 작용한다.

위의 식을 적분하면 다음과 같다(柴田清孝, 2002; JOHN M. WALLACE · PETER V. HOBBS, 2006; Craig F. Bohren and Eugene E. Clothiaux, 2006).

$$M = \pi L$$

계산 연습을 해 보자. 복사휘도가 $200Wm^{-2}sr^{-1}$일 때, 람베르트면을 가정할 때 방사도를 구하면 다음과 같다.

$$M = \pi L = (3.14) \cdot 200 W m^{-2} sr^{-1}$$

$$= 628 W m^{-2} sr^{-1} (\text{복사휘도 단위})$$

복사휘도 단위($W m^{-2} sr^{-1}$)에서 sr^{-1}을 빼어 방사도 단위($W m^{-2}$)로 바꾼다.

$$= 628 W m^{-2} (\text{방사도 단위})$$

다시 계산 연습을 해 보자. 태양 복사조도가 1,000Wm^{-2}, 입사각이 40°이며, 람베르트수평면이 반사할 때의 복사휘도를 구해 보자(그림 71).

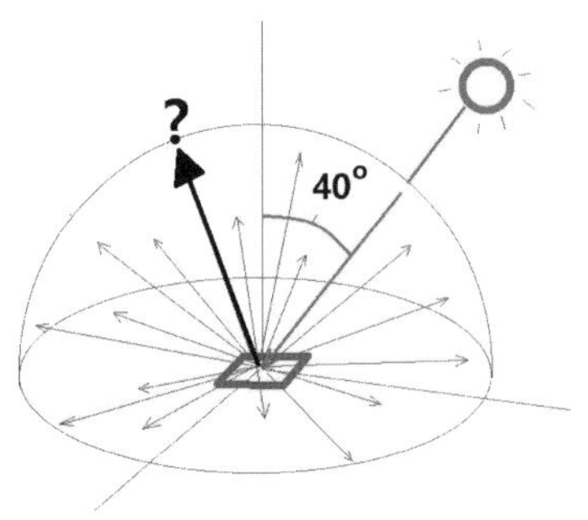

〈그림 71〉 문제의 상황

$$L = \frac{M}{\pi} = 1{,}000 W m^{-2} \times \cos 40^{0} \left(\text{람베르트 코사인법칙}\right) \times \pi^{-1}$$

$$= 243.84 W m^{-2} (\text{복사조도 단위})$$

여기서 복사휘도 단위로 만들기 위해 sr^{-1}을 붙여 준다.

$$= 243.84 W m^{-2} sr^{-1} (\text{복사휘도 단위})$$

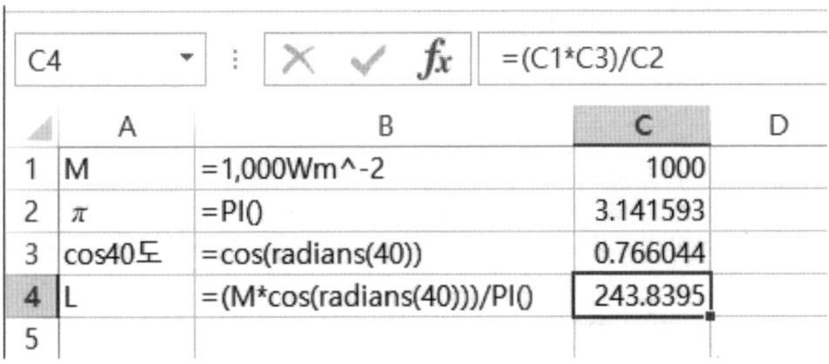

C4	=(C1*C3)/C2		
	A	B	C
1	M	=1,000Wm^-2	1000
2	π	=PI()	3.141593
3	cos40도	=cos(radians(40))	0.766044
4	L	=(M*cos(radians(40)))/PI()	243.8395
5			

〈그림 72〉 엑셀을 이용한 복사조도에서 복사휘도 구하기

지표면의 반사특성에 대해 잘 모를 경우가 있다. 이때 지표면을 람베르트면으로 가정할 수 있지만 임시변통일 뿐이다. 그래서 실제 현장에서는 지표면에 대한 양방향반사도분포함수(BRDF)를 구하게 된다. 이 함수에 대해 나중에 언급이 있을 것이다.

2. 방출

방출(放出, emission, 방사放射)은 절대영도 이상의 모든 물질이 전자기파를 밖으로 내보내는 현상을 일컫는다. 즉 지구상 및 우주의 모든 사물이 전자기파를 방사하고 있다는 것이다. 물질은 에너지이고 에너지는 열이기도 하다. 열을 재는 단위가 온도이기에 온도는 에너지의 척도라고 할 수 있다(히로세 타치시게 · 호소다 마사타카, 2019). 전자기파를 측정하는 것은 에너지 및 온도를 측정하는 것이라 할 수 있다.

체온을 알기 위해 일반온도계를 사용할 수 있지만, 용광로 속의 온도 측정과 같은 고온의 측정은 일반온도계로는 불가능하다. 이때는 가열된 물체에서 전자기파가 방사되는 현상인 열복사(熱輻射)를 측정해 그 물체의 온도를 알게 된다. 물체의 온도에 따라 복사되는 전자기파의 스펙트럼이 변하기 때문이다. 가시광선대 영역에서 온도에 따라 물체의 색깔이 달라지는 것을 볼 수 있다. 쇳덩이가 가열될 때 처음에는 빨강이었다가 온도가 높아질수록 노랑에서 백색으로 바뀌는 것을 볼 수 있다. 이런 열복사에 의한 스펙트럼 변화를 보아 물체의 온도를 측정할 수 있는 것이다(고야마 게이타, 2018).

복사에너지 입사량 전체를 흡수하고 완벽하게 전자기파를 방출하는 물체를 흑체(黑體, black body)라 하는데, 흑체는 온도에 따라 플랑크 곡선(Planck curve)을 이루며 전자기파를 방출한다(그림 73).[6] 흑체 복사의 스펙트럼은 온도에 의해 정해지는 것이다(오노 슈, 2018).

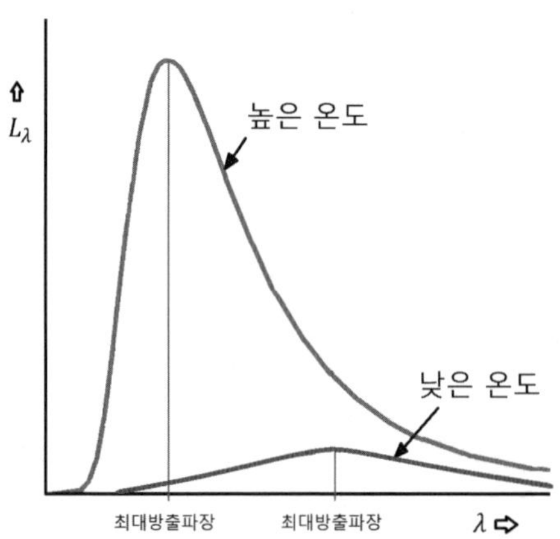

〈그림 73〉 흑체의 플랑크 곡선 모식도[7]

6 흑체 – 위키백과, 우리 모두의 백과사전 (wikipedia.org); Black body – Wikipedia; Thermal radiation – Wikipedia[접근: 2022.04.22.]

7 Black–body radiation – Wikipedia[접근: 2022.04.19.]

그림 73의 플랑크 곡선은 특정 온도에 따른 흑체의 복사휘도를 나타낸다. 온도가 높아질수록 복사휘도도 커진다. 흑체의 온도가 높을수록 최대 방출 파장(플랑크 곡선의 최고점)이 짧은 파장대 쪽으로 이동한다. 이는 온도가 높아짐에 따라 열복사의 스펙트럼이 파장이 짧은 쪽으로 이동하는 것을 의미한다(오노 슈, 2018). 온도별로 흑체의 플랑크 곡선이 존재하며, 파장별로 광자를 방출하는 것을 알 수 있다. 그래서 흑체의 표면 온도에 따라 파장별로 방출되는 복사휘도를 구할 수 있게 된다. 플랑크 공식으로 구할 수 있다.[8]

$$L_\lambda = B_\lambda(T) = \frac{2hc^2}{\lambda^5\left(e^{\frac{hc}{k\lambda T}} - 1\right)}$$

여기서, $h = 6.626 \times 10^{-34} Js$, 플랑크 상수(Planck常數), $k = 1.38 \times 10^{-23} JK^{-1}$, 볼츠만 상수(Boltzmann常數), 온도 단위: K, L_λ 단위: $Wm^{-2}sr^{-1}\mu m^{-1}$ 또는 $Wm^{-2}sr^{-1}nm^{-1}$이다. $B_\lambda(T)$: 물체의 온도와 각 파장에서의 분광복사휘도(spectral radiance, L_λ)를 의미한다.[9]

태양(5780K)과 지구(255K)를 흑체 복사한다고 보면, 태양복사의 복사속밀도가 최대인 곳이 파장0.5μm이고, 지구의 경우는 14 μm이며, 이 두 흑체의 복사는 파장 4μm에서 뚜렷하게 파장영역

8 GAYLON S. CAMPBELL and GEORGE R. DIAK(2005); JAY M. HAM(2005); Planck constant – Wikipedia; Black body – Wikipedia[접근: 2022.04.19.]

9 플랑크 법칙 – 위키백과, 우리 모두의 백과사전 (wikipedia.org); Planck's law – Wikipedia; Defining constants – BIPM[접근: 2022.04.13.]

이 구별되는데 이 파장을 기준으로 태양복사와 지구복사, 혹은 단파복사와 장파복사라고 구분하여 부르기도 한다((郭宗欽 · 蘇鮮燮, 1987). 나중에 계산 연습을 통해 확인해 보자.

람베르트 면을 가정하면, 분광복사휘도에서 분광복사속밀도(단위: $Wm^{-2}nm^{-1}$ 혹은 $Wm^{-2}\mu m^{-1}$)를 구할 수 있는 데 다음과 같다(K. N. LIOU, 2002).

$$M_\lambda = \pi L_\lambda$$

$$E_\lambda = \pi L_\lambda$$

계산 연습을 해 보자.

태양의 표면온도가 5778K일 때,[10] 파장 600nm에서의 분광복사조도를 구해 보자. 특정 파장과 관련되었기 때문에 분광복사휘도(L_λ)를 구하게 된다.

$$L_\lambda = \frac{2hc^2}{\lambda^5\left(e^{\frac{hc}{k\lambda T}} - 1\right)}$$

$$\text{그리고, } 600nm \cdot \frac{1m}{1\times10^9 nm} = 6.0\times10^{-7}m$$

$$L_\lambda = \frac{2\cdot 6.626\times10^{-34}Js\cdot(3\times10^8 ms^{-1})^2}{(6.0\times10^{-7}m)^5\left(e^{\frac{6.626\times10^{-34}Js\cdot 3\times10^8 ms^{-1}}{1.38\times10^{-23}JK^{-1}\cdot 6.0\times10^{-7}m\cdot 5778K}} - 1\right)}$$

$$= 2.44\times10^{13}Js^{-1}m^{-3} = 2.44\times10^{13}Wm^{-3}$$

10 태양 – 위키백과, 우리 모두의 백과사전 (wikipedia.org); 온도 – 위키백과, 우리 모두의 백과사전 (wikipedia.org); 흑체 – 위키백과, 우리 모두의 백과사전 (wikipedia.org)[접근: 2022.04.09.]

계산된 단위를 분광복사휘도의 단위로 바꾼다. 파장 단위를 붙이는 것이다.

$$\text{파장단위를 곱하면, } 2.44 \times 10^{13}\,\frac{W}{m^3}\cdot\frac{m}{1\times10^9 nm}$$
$$L_\lambda = 2.44 \times 10^4 Wm^{-2}\boldsymbol{nm}^{-1}$$

그리고 잊지 말고 입체각 단위인 $\boldsymbol{sr}^{-1}$을 붙여준다.

$$L_\lambda = 2.44 \times 10^4 Wm^{-2}nm^{-1}\boldsymbol{sr}^{-1}$$

이제 분광복사조도를 구해 보자. 분광복사조도에서는 면적 단위만 있으므로 $\boldsymbol{sr}^{-1}$이 없다.

$$E_\lambda = \pi L_\lambda$$
$$E_\lambda = \pi \cdot 2.44 \times 10^4 Wm^{-2}nm^{-1}\boldsymbol{sr}^{-1}$$
$$= 7.68 \times 10^4 Wm^{-2}nm^{-1}$$

C9 =(2*C1*(C2^2))/((C5^5)*(EXP((C1*C2)/(C3*C5*C4))-1))

	A	B	C	D	E
1	h	6.626*(10^-34)Js	6.626E-34	플랑크상수	Js
2	c	3*(10^8)ms^-1	3.00E+08	광속	m*s^-1
3	K	1.38*(10^-23)JK^-1	1.38E-23	볼츠만상수	J*K^-1
4	T	5,778K	5778	태양온도	K
5	λ	6.0*(10^-7)m	6.00E-07	파장	m
6	π	PI()	3.141592654	파이값	
7	nm	10^-9m	1.00E-09	m에서 nm으로	
8					
9	Lλ	(2*h*(c^2))/(λ^5)*(e(h*c)/(KλT))-1)	2.44E+13		W*m^-3
10			2.44E+04	**λ에서 복사휘도**	W*m^-2*nm^-1*sr^-1
11	Eλ	π*Lλ	7.68E+04	**λ에서 복사조도**	W*m^-2*nm^-1
12					

〈그림 74〉 엑셀을 사용한 분광복사휘도 및 분광복사조도 구하기

앞의 그림 73의 플랑크 곡선 아래 부분의 면적을 적분하면, 복사에너지 총량을 구할 수 있다. 즉 흑체의 온도별 총 복사속밀도(Wm^{-2})를 구할 수 있다(Jim Coakley and Ping Yang, 2014; K.N. LIOU, 2002; JOHN M. WALLACE · PETER V. HOBBS, 2006).

$$M(T) = \pi \int_0^{\infty} L_\lambda(T)\, d\lambda = \sigma T^4$$

$$M = \sigma T^4$$

여기서, $\sigma = 5.67 \times 10^{-8} Wm^{-2}K^{-4}$, 슈테판–볼츠만 상수(Stefan Boltzmann's constant), T: 온도, 단위는 K, M 단위: Wm^{-2}이다.

위의 식은 총 복사속밀도(복사조도 혹은 방사도)를 구하는 것으로 이를 슈테판–볼츠만 등식이라 한다.[11] 흑체의 경우 총 복사휘도는 다음과 같이 나타낼 수 있다.

$$L = \frac{M}{\pi} = \frac{\sigma T^4}{\pi}$$

태양의 표면온도를 5,778K라 하고 지구 표면온도를 300K라 하면[12], 태양과 지구 각각의 방사도를 구할 수 있게 된다.

11 슈테판–볼츠만 법칙 – 위키백과, 우리 모두의 백과사전 (wikipedia.org)[접근: 2022.04.19.]

12 지구형 행성 – 위키백과, 우리 모두의 백과사전 (wikipedia.org); Black–body radiation – Wikipedia[접근: 2022.04.19.]

$$M_{태양} = 5.67 \times 10^{-8}Wm^{-2}K^{-4} \cdot (5778K)^4 = 6.32 \times 10^7 Wm^{-2}$$

$$M_{지구} = 5.67 \times 10^{-8}Wm^{-2}K^{-4} \cdot (300K)^4 = 4.59 \times 10^2 Wm^{-2}$$

C5 | =C1*(C3^4)

	A	B	C	D	E
1	σ	5.67*(10^-8)	5.67E-08	W*m^-2*K^-4	슈테판 볼츠만 상수
2	T 태양	5,778	5778	K	
3	T 지구	300	300	K	
4	M 태양	σ *T태양^4	6.32E+07	W*m^-2	복사속 밀도
5	M 지구	σ *T지구^4	4.59E+02	W*m^-2	복사속 밀도

〈그림 75〉 엑셀을 이용한 태양과 지구의 방사도 구하기

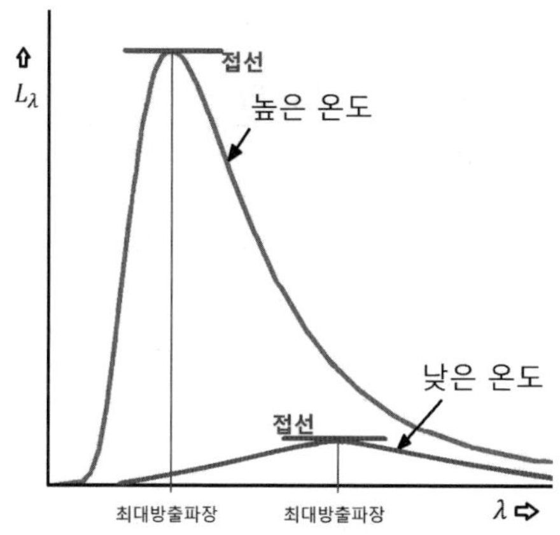

〈그림 76〉 플랑크 곡선, 접선의 기울기 0과 최대 복사에너지 방출파장

특정 온도에서의 플랑크 공식을 미분하거나($\frac{\partial L_\lambda}{\partial \lambda}$), 그림 76의 각각의 플랑크 곡선에서 접선의 기울기가 0인 곳을 구하면 복사에너지를 최대로 방출하는 파장을 알 수 있게 된다. 즉 최대 복사에너지 방출 파장은 플랑크 곡선의 도함수(導函數, derivative)=0일 때이다.

이와 같이 특정 온도와 최대 복사에너지를 방출하는 파장과의 관계를 나타낸 것을 빈 변위법칙(Wien變位法則, Wien's displacement law)이라 한다. 이 법칙은 흑체의 온도가 증가함에 따라 짧은 파장 쪽으로 분광복사휘도 최대값이 이동해가는 현상을 표현한다.[13]

$$\lambda_{최대방출} = \frac{2898K\mu m}{T}$$

여기서 온도(T)의 단위는 K이다.

계산 연습을 해 보자. 태양의 표면온도가 $T_{태양} = 5778K$, 지구의 표면온도가 $T_{지구} = 300K$일 때, 각각의 복사휘도 최대값을 보이는 파장을 구하면 다음과 같다.

$$\lambda_{최대방출} = \frac{2898K\mu m}{5778K} = 0.5\mu m$$

$$\lambda_{최대방출} = \frac{2898K\mu m}{300K} = 9.66\mu m$$

C5 | =C1/C3

	A	B	C	D
1		2898Kμm	2898	
2	T태양	5778K	5778	
3	T지구	287K	300	
4	**태양 λ최대**		0.501558	μm
5	지구 λ최대		9.66	μm

〈그림 77〉 엑셀을 사용한 복사휘도 최대값을 내는 파장 구하기

13 Karl-Heinz Szekielda(1988); Freek D. VAN DER MEER(2006); GAYLON S. CAMPBELL and GEORGE R. DIAK(2005); 『위키백과』, '빈 변위 법칙', https://ko.wikipedia.org/wiki/빈_변위_법칙[접근: 2018.06.08.]

태양 표면온도가 지구의 것보다 높기에 주로 파장이 짧은 단파복사(短波輻射)를 하는 것을 알 수 있다.[14] 상대적으로 지구는 파장이 긴 장파복사(長波輻射)하는 것을 확인할 수 있다.

태양상수(太陽常數, solar constant)는 1천문단위(지구와 태양의 평균거리)에서 대기권 최상부에서 단위면적 및 단위시간당 받는 태양복사에너지의 양을 말한다.[15] 즉 대기권 밖의 평균적 태양복사조도를 의미한다.

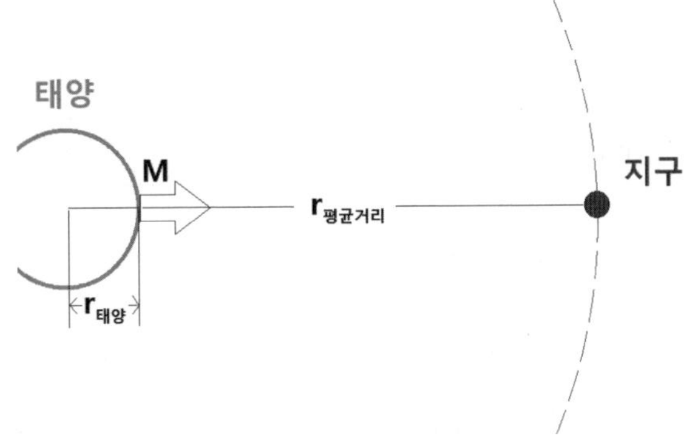

〈그림 78〉 태양상수 기하 상황

태양상수를 구해 보자(그림 78). 지구와 태양의 평균거리($r_{평균거리}$)는 149,600,000km($1.496 \times 10^{11} m$)이며, 태양의 반지름($r_{태양}$)은 $6.955 \times 10^{8} m$이다.[16] 우선 태양의 방사도를 구해 보자.

14 태양복사 – 위키백과, 우리 모두의 백과사전 (wikipedia.org)[접근: 2022.04.13.]

15 태양 상수 – 위키백과, 우리 모두의 백과사전 (wikipedia.org); 천문단위 – 위키백과, 우리 모두의 백과사전 (wikipedia.org)[접근: 2021.10.12.]

16 지구 – 위키백과, 우리 모두의 백과사전 (wikipedia.org); 태양 – 위키백과, 우리 모두의

$$M = \sigma T^4 = 6.32 \times 10^7 Wm^{-2}$$

태양의 총 복사속은 태양의 표면적과 태양의 방사도를 곱하여 구할 수 있다.

$$\Phi_{태양} = 6.32 \times 10^7 Wm^{-2} \cdot 4\pi r^2_{태양} = 6.32 \times 10^7 Wm^{-2} \cdot 4\pi(6.955 \times 10^8 m)^2 = 3.84 \times 10^{26} W$$

C3 | =C1*C2

	A	B	C	D
1	M태양	6.32*(10^7)	6.32E+07	W*m^-2
2	태양표면적	4*PI()*((6.955*(10^8))^2)	6.08E+18	m^2
3	Φ태양	M태양*태양표면적	3.84E+26	W

〈그림 79〉 엑셀을 이용한 태양 총 복사속 구하기

구해진 태양의 총 복사속($3.84 \times 10^{26} W$)과 태양과 지구의 평균거리($1.496 \times 10^{11} m$)를 사용하여 대기권 최상부의 태양상수를 구할 수 있다.[17]

$$E_{지구\ 대기권\ 최상부\_태양상수} = \frac{3.84 \times 10^{26} W}{4\pi(1.496 \times 10^{11} m)^2} = 1365 W m^{-2}$$

백과사전 (wikipedia.org)[접근: 2022.04.09.]

17 STEVE KLASSEN AND BRUCE BUGBEE(2005); JAY M. HAM(2005); 윤일희 편역(2004); 태양 상수 – 위키백과, 우리 모두의 백과사전 (wikipedia.org); Solar constant – Wikipedia[접근: 2021.10.16.]

	A	B	C	D
1	Φ태양	M태양*태양표면적	3.84E+26	W
2	태양지구거리	1.496*(10^11)	1.496E+11	m
3	E지구대기최상부	Φ태양/(4*PI()*(태양지구거리^2))	1365.39458	W*m^-2

C3 =C1/(4*PI()*(C2^2))

〈그림 80〉 엑셀을 사용한 지구 대기권 최상부 태양 복사조도 구하기

태양과 지구 사이의 거리가 연중 변하기 때문에 대기 최상부 복사조도는 범위를 가지게 된다(1,320~1,410 Wm^{-2}). 태양상수와 대기 최상부 복사조도의 연중 관계식을 소개하면 다음과 같다.[18]

$$E_{0\_대기최상부} = E_{태양상수}\left[1 + 0.034\cos\left(2\pi\frac{d}{265.25}\right)\right]$$

여기서 $E_{0\_대기최상부}$: 대기 최상부 복사조도(exoatmospheric irradiance, 외기권 방사조도), $E_{태양상수}$: 대기 최상부 태양상수(1,367Wm^{-2}), d: 적일이다.

햇빛(sun light)의 강도를 측정하는 기구가 인터넷에 소개되어 있다. 특정 장소와 시간을 통해 햇빛의 양을 기록하는 일조계(日照計, Sunshine recorder), 수평면에서 태양의 복사조도를 측정하여 파장대 0.3μm~3.0μm 내에서 측정지점에서의 반구형으로 입사하는 태양의 복사속밀도를 구하기 위한 전천일사계(Pyranometer, 일사량계), 직달태

18 『ITACA』, 'Part 2: Solar Energy Reaching The Earth's Surface', http://www.itacanet.org/the-sun-as-a-source-of-energy/part-2-solar-energy-reaching-the-earths-surface/[접근: 2018.06.08.]

양복사조도를 측정하는 직달일사계(Pyrheliometer, 일사량계) 등이 있다.[19] 일부는 다시 언급될 것이다.

3. 물체의 온도

지금까지의 복사에너지 공식에서 모두 물체의 온도가 포함된 것을 알 수 있다. 그래서 역으로 사물의 온도를 구하는 식으로 바꿀 수 있다. 온도를 4가지로 표현할 수 있다. 온도에는 운동온도(運動溫度, kinetic temperature, T_K), 복사온도(輻射溫度, radiant temperature, T_R, 유효온도), 색온도(色溫度, color temperature, T_c), 밝기온도(brightness temperature, T_B)가 있다.[20]

복사온도(T_R)는 흑체의 총 방사도에서 구해지는 온도다. 즉 모든 파장대의 복사속밀도에서 구해지는 온도라 할 수 있다. 슈테판-볼츠만 등식에서 구해지게 된다.[21] 만약 흑체의 복사온도라고 가정하면, $T_R = T_K(운동온도)$이다.

$$T_R = \left(\frac{E}{\sigma}\right)^{1/4}$$

여기서, 슈테판-볼츠만 상수 $\sigma = 5.67 \times 10^{-8}\mathrm{Wm^{-2}K^{-4}}$, 온도 단위: K이다

19 Sunshine recorder – Wikipedia; Pyranometer – Wikipedia; Pyrheliometer – Wikipedia; Sunlight – Wikipedia[접근: 2022.04.14.]

20 『위키백과』, '온도', https://ko.wikipedia.org/wiki/온도[접근: 2018.06.08.]

21 Stefan–Boltzmann law – Wikipedia; 슈테판–볼츠만 법칙 – 위키백과, 우리 모두의 백과사전 (wikipedia.org); 유효온도 – 위키백과, 우리 모두의 백과사전 (wikipedia.org); Effective temperature – Wikipedia[접근: 2022.04.14.]; JOHN M. WALLACE · PETER V. HOBBS(2006).

밝기온도(T_B)는 관측된 밝기값과 동일한 값을 가지는 흑체의 온도이다. 즉 특정 파장을 고려하는 분광복사속밀도 혹은 분광복사휘도에서 구해지는 온도이다.[22] 플랑크 등식을 사용하여 특정 파장의 밝기온도를 구하는 것이다. 만약 흑체의 밝기온도이면, $T_B = T_K$이다.

$$T_B = \frac{hc}{k\lambda ln\left(1 + \frac{2hc^2}{L_\lambda \lambda^5}\right)}$$

여기서, 플랑크 상수 $h = 6.626 \times 10^{-34} Js$, 볼츠만 상수 $k = 1.38 \times 10^{-23} JK^{-1}$, 온도 단위: K, 파장 단위: m이다.[23]

밝기온도는 비접촉식 온도계(예, pyrometer, 고온계高溫計, 파이로미터)에 의해 측정되는데 궁극적으로는 운동온도를 측정하기 위한 것이다. 적외선 온도계(infrared thermometer, IR 센서)도 비접촉식이다.[24] 색온도(色溫度, T_c)는 최대 방출을 보이는 파장대에서의 온도를 의미한다. 플랑크 법칙과 관련되어 있으며 빈 변위 법칙에서 구해질 수 있다.[25]

운동온도(T_K)는 온도계에서 측정되는 온도다. 분자의 운동에 의해서 발생하는 실제 온도를 뜻한다. 절대온도(絕對溫度, absolute

22 Brightness temperature – Wikipedia; Planck's law – Wikipedia; 플랑크 법칙 – 위키백과, 우리 모두의 백과사전 (wikipedia.org)[접근: 2019.10.31.]

23 Defining constants – BIPM[접근: 2022.04.13.]

24 Infrared thermometer – Wikipedia; Pyrometer – Wikipedia[접근: 2021.10.12.]

25 색온도 – 위키백과, 우리 모두의 백과사전 (wikipedia.org); 빈 변위 법칙 – 위키백과, 우리 모두의 백과사전 (wikipedia.org); Color temperature – Wikipedia[접근: 2022.04.14.]

temperature) 단위인 K를 사용한다. 운동온도는 방출률을 다룰 때 다시 기술된다.

4. 방출률

방출률(放出率, emissivity, 방사율放射率, 복사율輻射率, 기호: ε)은 모든 물체가 완벽한 방사체인 흑체가 아닌 것을 반영하며, 흑체에 대한 물체의 복사에너지 방출(emission)의 효율성을 나타낸다. 모든 파장대의 방사도 방출률(총방출률)과 특정 파장의 분광복사휘도 방출률(분광방출률)로 나눠 볼 수 있다.[26]

분광방출률(ε_λ)은 특정 파장과 시야각(視野角, view angle, 시야 천정각, 센서 천정각, 관측 천정각, 시계 천정각, 시야 방위각, 시계 방위각)에 따라 값이 변한다. 원격탐사 측정에 주로 사용된다.

$$\varepsilon_\lambda = \frac{L_{\lambda(\text{측정된 분광복사휘도})}}{L_{\lambda bb(\text{흑체 분광복사휘도})}}$$

분광방출률은 $0 < \varepsilon_\lambda < 1$의 범위를 가진다. 분광방출률은 광물(mineral), 증발암(蒸發岩, evaporate)[27] 에 대한 구성 정보를

26 Emissivity – Wikipedia[접근: 2021.10.12.]

27 사서지원서비스>국가전거>주제명 전거>주제명검색 (nl.go.kr)[접근: 2021.10.27.]에서 증발암 입력.

제공한다.[28] 이산화 규소(二酸化硅素, silica, 규산)[29] 등의 광물을 분석하는데 분광방출률이 사용된다(예, O. Rozenbaum et al., 1999). 분광방출률은 흑체의 분광복사휘도와 곱하여 실제 분광복사휘도로 표현될 수 있다.

$$L_\lambda = \varepsilon_\lambda \cdot L_{\lambda 흑체}$$

총방출률은 모든 파장대, 그리고 모든 시야각(센서 천정각, 센서 방위각)을 고려한 것이며, 온도에 따라 값이 달라진다. 주로 에너지수지 계산에서 사용된다.[30]

$$\varepsilon = \frac{M_{(측정된\ 방사율)}}{M_{흑체(흑체\ 방사율)}}$$

흑체의 총방출률은 다음과 같다.

$$M_{흑체} = 1\sigma T^4$$

위 식에서 1은 흑체의 방출률이 1인 것을 나타낸다($\varepsilon = 1.0$). 회체(灰體, gray body)는 방출률이 1보다 작은 물체이다. 실제 물질은

28 예, Melissa Dawn Lane(1997); Melissa D. Lane and Philip R. Christensen(1998); GAYLON S. CAMPBELL and GEORGE R. DIAK(2005); ‘spectal emissivity evaporites’로 구글하면, 연구논문들을 접할 수 있다.

29 이산화 규소 – 위키백과, 우리 모두의 백과사전 (wikipedia.org)[접근: 2021.10.27.]

30 Emissivity – Wikipedia[접근: 2022.04.13.]

흑체 에너지 수준보다 적게 에너지를 방출한다.[31] 회체의 총방출률은 다음과 같다(GAYLON S. CAMPBELL and GEORGE R. DIAK, 2005).

$$M_{회체} = \varepsilon\sigma T^4$$

여기서, $0 < \varepsilon < 1$이다.

방출률은 물체의 복사에너지 방출을 줄이는 것과 관련되며 물체를 서서히 차갑게 하거나 물체의 실제 온도보다 차갑게 보이게 한다. 파장대별 방출률은 광물이나 기체의 구성 정보에 대한 정보를 주기도 한다. 물의 방출률은 높은 편이며, 금속물질은 낮은 방출률을 보인다(표 3).

〈표 3〉 방출률의 예[32]

지표면 및 물질	방출률
토양	0.90~0.98
초지	0.90~0.95
농경지	0.90~0.99
활엽수림	0.97~0.98
침엽수림	0.97~0.99

31 흑체 – 위키백과, 우리 모두의 백과사전 (wikipedia.org)[접근: 2022.04.14.]

32 『국가농림기상센터』, '복사이론', 표 2–2 자연물질의 복사 특성(알베도 및 복사율)(http://www.ncam.kr/page/doc/theory/theory.php?menu_code=theory&page=2 [접근: 2018.06.08.]), Emissivity – Wikipedia; Low emissivity – Wikipedia[접근: 2021.10.12.]; 윤일희 편역(2004), 표 2.1에서 발췌.

물	0.92~0.97
눈	0.80~0.90
얼음	0.97
콘크리트	0.71~0.88
벽돌	0.90
아스팔트	0.88
유리	0.95
알루미늄박(——箔)	0.03
구리	0.04
모래	0.84~0.95
은	0.02

흑체를 가정한 복사휘도 혹은 방사도에서 운동온도를 구하기 위해서는 방출률을 고려해야 한다. 슈테판-볼츠만등식은 흑체를 대상으로 하며 복사온도(T_R)에서 운동온도를 구할 수 있다($T_K = T_R$).

$$M = \sigma T_R^4$$

회체의 경우, 슈테판-볼츠만등식에 방출률을 곱하여 운동온도(T_K)를 구할 수 있다.

$$M = \varepsilon\sigma T_K^4$$

운동온도를 다음과 같이 구할 수 있다.

$$T_K = \left(\frac{M}{\varepsilon \cdot \sigma}\right)^{1/4}$$

복사휘도를 다루는 플랑크 등식도 흑체를 대상으로 한 것이므로, 회체를 대상으로 할 때 방사률을 포함하게 된다. 그래서 운동온도로 표현할 수 있다($T_B \rightarrow T_K$).

$$L_\lambda = \varepsilon \cdot \frac{2hc^2}{\lambda^5\left(e^{\frac{hc}{k\lambda T_K}} - 1\right)}$$

그러므로 운동온도는 다음과 같다.

$$T_K = \frac{hc}{k\lambda ln\left(\frac{2\varepsilon hc^2}{L_\lambda \lambda^5} + 1\right)}$$

이제 운동온도와 복사온도 간 서로 변환할 수 있게 되었다. 모든 파장대를 고려할 때 슈테판-볼츠만등식을 사용하여 다음과 같이 표현할 수 있다.

$$T_K = T_R\left(\frac{1}{\varepsilon}\right)^{\frac{1}{4}}$$

$$T_R = T_K \varepsilon^{\frac{1}{4}}$$

플랑크 등식을 사용하여 특정 파장에서의 운동온도와 밝기온도 간 변환할 수 있다.

$$T_B = \frac{hc}{k\lambda ln\left(\frac{e^{hc/(k\lambda T_K)} + \varepsilon - 1}{\varepsilon}\right)}$$

$$T_K = \frac{hc}{k\lambda ln(1 + \varepsilon e^{hc/(k\lambda T_B)} - \varepsilon)}$$

계산 연습을 해 보자. 방사도가 2000Wm^(−2)인 물체의 방출률이 ε=1.0, ε=0.5일 때의 운동온도를 구해 보자. 어떤 등식을 사용하면 될까?

$$T_K = \left(\frac{M}{\varepsilon \cdot \sigma}\right)^{1/4}$$

위의 식에서 수치를 넣어 계산해 보자.

$$T_{K\varepsilon=1.0} = \left(\frac{2000Wm^{-2}}{1.0 \times 5.67 \times 10^{-8}Wm^{-2}K^{-4}}\right)^{1/4} = 433K$$

$$T_{K\varepsilon=0.5} = \left(\frac{2000Wm^{-2}}{0.5 \times 5.67 \times 10^{-8}Wm^{-2}K^{-4}}\right)^{1/4} = 515K$$

C5 =(($C$1/(0.5*$C$2))^(1/4))

	A	B	C	D
1	M	2,000W*m^-2	2000	
2	σ	5.67×10^-8 W·m^-2·K^-4	5.67E-08	슈테판-볼츠만 상수
3	T운동온도	(M/ε*σ)^(1/4)		K
4	TKε=1.0	(M/1.0*σ)^(1/4)	433.37288	K
5	TKε=0.5	(M/0.5*σ)^(1/4)	515.37012	K

〈그림 81〉 실제 온도 구하기

방출률이 낮을수록 물질의 실제온도를 낮춰 보이게 만드는 것을 알 수 있다. 표 3의 방출률이 낮은 알루미늄박($\varepsilon = 0.03$)의 사용처를 이와 연관하여 생각해 볼 수 있을 것이다(그림 82). 인터넷에서 '알루미늄박', 'aluminum foil', 'emissivity', 'food' 등을 입력하여 관련 설명을 찾아보고 정리해 보자.[33]

〈그림 82〉 알루미늄박 포장

파장 500nm에서 밝기온도, $T_B = 2000K$이고, $\varepsilon_\lambda = 0.95$일 때의 운동온도를 구해 보자.

$$T_K = \frac{hc}{k\lambda ln\left(1 + \varepsilon e^{hc/(k\lambda T_B)} - \varepsilon\right)}$$
$$= \frac{6.626 \times 10^{-34} Js \cdot 3 \times 10^{8} ms^{-1}}{1.38 \times 10^{-23} JK^{-1} 5.0 \times 10^{-7} m \ln\left(1 + 0.95 e^{\frac{6.626\times10^{-34} Js\ 3\times10^{8} ms^{-1}}{1.38\times10^{-23} JK^{-1}\cdot 5.0\times10^{-7} m \cdot 2000K}} - 0.95\right)}$$
$$= 2007K$$

C7 | =(C1*C2)/(C3*C4*LN(1+(C5*(EXP(1)^((C1*C2)/(C3*C4*C6))))-C5))

	A	B	C	D	E
1	h	6.626*(10^-34)	6.626E-34	Js	플랑크상수
2	c	3*(10^8)	3.00E+08	m*s^-1	광속
3	k	1.38*(10^-23)	1.38E-23	J*K^-1	볼츠만상수
4	λ	5*(10^-7)	5.00E-07	m	파장
5	ε	0.95	0.95		파장에서의 방출률
6	TB	2000K	2000	K	밝기온도
7	TK	(h*c)/((k*λ*ln(1+ε*e^((h*c)/(k*λ*TB))-ε)	2007.15	K	운동온도

〈그림 83〉 밝기온도에서 운동온도 구하기

33 Low emissivity – Wikipedia[접근: 2012.10.12.]

운동온도(T_K = 2007K)가 밝기온도(T_B = 2000K)보다 높게 나온 것을 알 수 있다. 이제 전자기파가 사물과 만났을 때 어떤 일이 발생하는지 살펴보자.

5. 키르히호프 법칙

복사에너지가 물체와 만나면 세 가지 현상이 발생한다. 반사(反射)되거나 투과(透過)되거나 흡수(吸收)되는 것이다. 이를 키르히호프의 법칙(Kirchoff's law)으로 기술할 수 있다. 입사되는 복사량을 1로 둘 때 각각의 작용을 %로 표현하는 것으로, 파장에 따라 각각의 작용 정도가 다르다.[34]

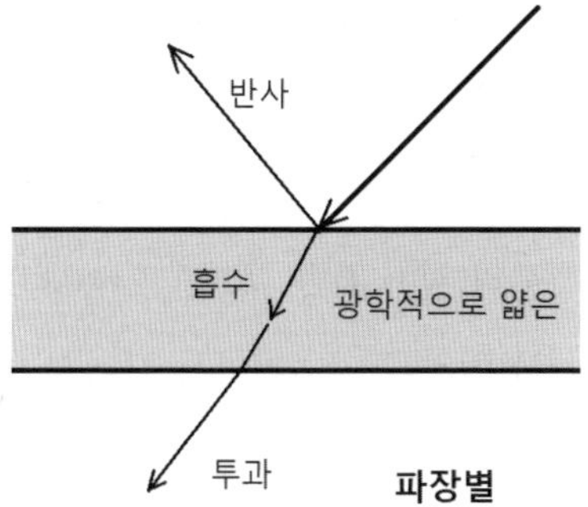

〈그림 84〉 전자기파와 물체의 만남

물체로 입사된 에너지(복사조도)는 다음과 같이 나눠지게 된다(그림 84).

34 郭宗欽 · 蘇鮮燮(1987); Gaylon S. Campbell and John M. Norman(1998); JOHN M. WALLACE · PETER V. HOBBS(2006); Hamlyn G. Jones & Robin A. Vaughan(2010); Thermal radiation – Wikipedia; Kirchhoff's law of thermal radiation – Wikipedia[접근: 2022.04.14.]

$$E_\lambda = E_{A\lambda} + E_{T\lambda} + E_{R\lambda}$$

여기서 λ: 파장, E_λ: 복사조도 즉 입사된 복사에너지, $E_{A\lambda}$: 흡수된 복사에너지, $E_{T\lambda}$: 투과된 복사에너지, $E_{R\lambda}$: 반사된 복사에너지이다.

이를 다음과 같이 나타낼 수 있다(조규전, Dr.-Ing.mult. Gottfried Konecny, 2005).

$$1 = \frac{E_{A\lambda}}{E_\lambda} + \frac{E_{T\lambda}}{E_\lambda} + \frac{E_{R\lambda}}{E_\lambda}$$

혹은

$$1 = \text{흡수율}(\text{absorptance}, A_\lambda) + \text{투과율}(\text{transmittance}, T_\lambda) + \text{반사율}(\text{reflectance}, R_\lambda)$$

그림 84 속의 '광학적으로 얇은(optically thin)' 이란 전자기파가 매질을 통과할 수 있는 매질의 깊이 혹은 두께를 나타낸다. 고로 광학적으로 두꺼운(optically thick) 매질은 전자기파를 통과시키지 않고 모두 흡수하는 것이다. 광학적으로 두꺼울 때는 투과가 없으므로 위의 식은 다음과 같이 된다.

$$1 = A_\lambda + R_\lambda$$

열평형 상태에서 특정 파장에서의 방출률은 그 파장에서의 흡수율과 같다. 열평형(thermal equilibrium)은 물질로 들어가는 에너지가 물질에서 나가는 에너지가 같을 때를 의미한다. 벽의 하얀 페인트(white paint)

는 태양 복사를 반사하지만, 페인트의 온도가 대기의 것과 비슷한 만큼 적외선 파장대에서 흡수한 에너지를 전자기복사로 방출하게 된다.[35] 광학적으로 두꺼우며 열적 평형일 때의 물체 흡수율은 방사율과 같다.

$$A_\lambda = \varepsilon_\lambda$$

열평형 상태에서 흡수율+반사율=1이라면(흑체), 다음과 같은 식으로 바꿀 수 있다(Alexander F. H. Goetz, 1989; Karl-Heinz Szekielda, 1988; Robert K. Vincent, 1997).

$$\varepsilon_\lambda = 1 - R_\lambda$$

위의 식은 물체의 방출률이 구해지는 방식을 나타낸다! 반사율에서 구해지는 것이다. 물체의 표면에서 반사되는 비율에 대하여 알아보자.

6. 반사율

반사율(反射率, reflectance, 기호: ρ, R)은 측정되는 값으로 물체로 입사되는 전자기파가 그 물체의 표면에서 반사되어 나가는 비율을 뜻한다.

35 국가농림기상센터, '복사 이론', http://www.ncam.kr/page/doc/theory/theory.php?menu_code=theory&page=2[접근: 2018.06.08.]; Kirchhoff's law of thermal radiation – Wikipedia; Planck's law – Wikipedia[접근: 2022.04.04.]; John C. Price(1989); Iain H. Woodhouse(2006).

일반적으로 0~100%(0~1)로 나타낸다. 알베도(albedo)는 반사율의 특수한 예로 모든 파장대에서 반사되는 비율을 뜻한다.[36] 반사율은 물체의 종류에 따라 다르며, 같은 물체에서 파장별로 다르다(조규전, Dr.-Ing. mult. Gottfried Konecny, 2005).

$$\rho = \frac{L_{반사량}}{L_{입사량}} = \frac{E_{반사량}}{E_{입사량}}$$

반사율을 측정하기 위한 기본적 기하는 다음과 같이 볼 수 있다. 입사나 반사의 형태가 방향형(方向形, directional, 지향형指向形, 직달형直達形)이거나 반구형(半球形, hemispherical, diffuse, 확산형, 산란형, 방사형)을 띄는 것으로 4가지 조합으로 볼 수 있다(F.E. Nicodemus et al., 1977)(그림 85).

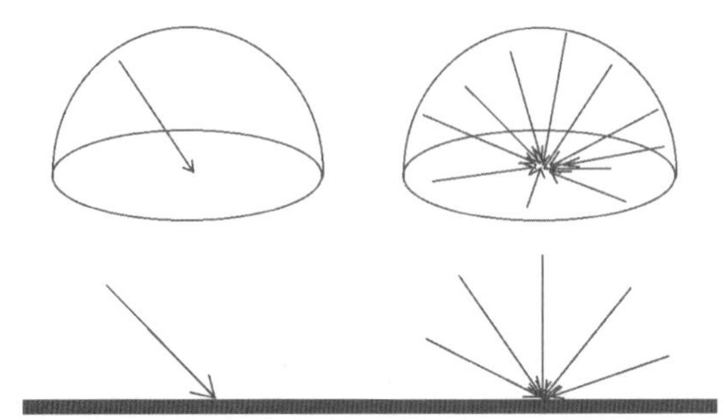

〈그림 85〉 방향형과 반구형 기하 모식도(C. P. Lo, 1991 Figure 2.10 수정)

36 반사율 – 위키백과, 우리 모두의 백과사전 (wikipedia.org); Reflectance – Wikipedia[접근: 2021.10.12.]

4가지 형태의 입사 및 반사의 기하를 하나씩 보면 다음과 같다. 먼저 방향입사방향반사형으로 그림 86과 같이 나타낼 수 있다. 이를 양방향(兩方向, bidirectional, 양지향兩指向) 반사형이라고도 한다. 원격탐사에서 가장 이상적인 형이라 할 수 있다. 주로 야외측정(field measurement)에서 이루어진다. 비람베르트면의 방사도를 측정하는 데 쓰이게 된다.

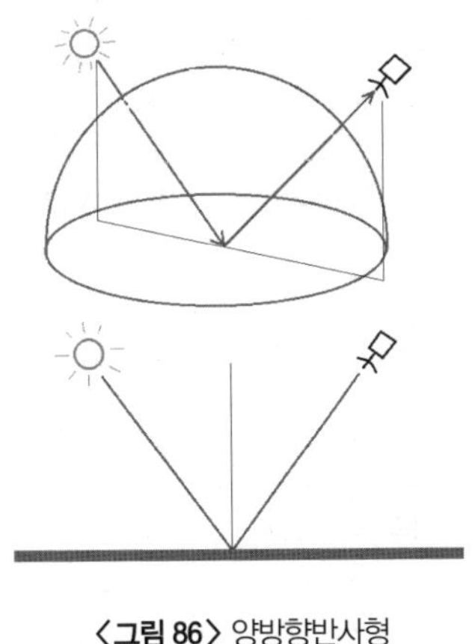

〈그림 86〉 양방향반사형

방향입사반구반사형은 그림 87과 같으며, 주로 실험실에서 쓰이는 형태이다.

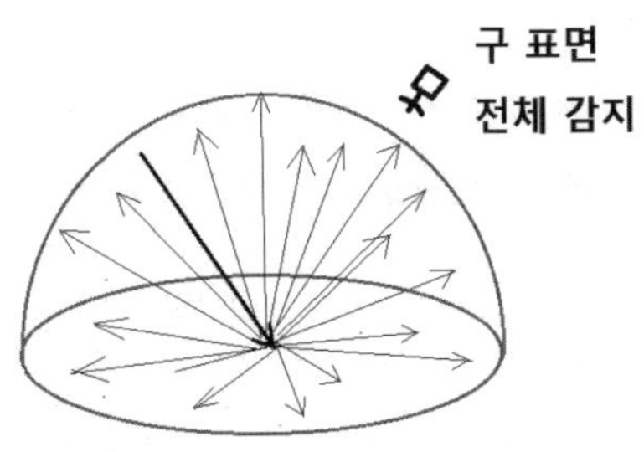

〈그림 87〉 방향입사반구반사형

반구입사와 방향반사형은 그림 88과 같다. 구름이 낀 날씨에 야외측정에 많이 사용하는 방식이다. 그림자(shadow)가 없는 것이 특징이다.

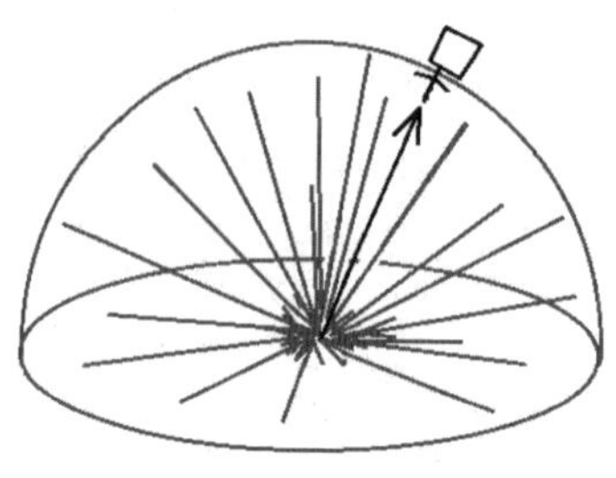

〈그림 88〉 반구입사방향반사형

반구입사반구반사형(그림 89)은 양반구(兩半球, bihemispherical) 반사형이라고도 한다. 구면알베도(spherical albedo, 구면반사율球面反射率, 구형알베도)라고도 불린다.

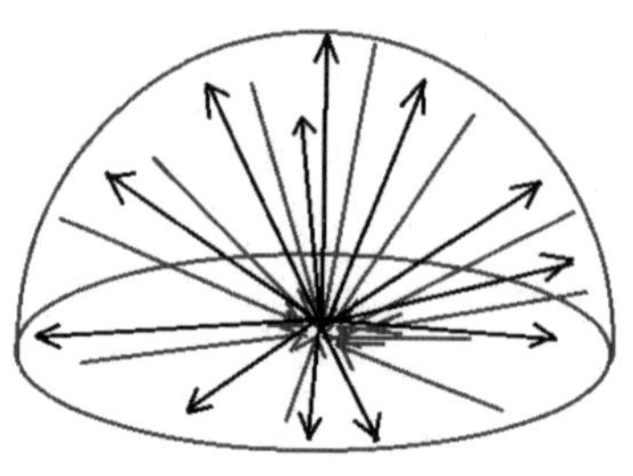

〈그림 89〉 양반구반사형

양반구반사형은 지구의 에너지수지 계산과 기후 변화 연구를 하는 데 사용된다. 알베도는 양반구반사형 기하에서 모든 파장대의 반사율인 것이다. 대기의 알베도가 낮으면 대기의 온도가 올라갈 것이고, 대기의 알

베도가 높아지면 대기의 온도가 낮아질 것이다. 도심 열섬현상 분석에도 알베도를 사용하고 있다.[37]

$$알베도 = \frac{총방사도}{총복사조도}$$

지구의 알베도는 31%라고 한다.[38] 표 4는 물체의 알베도를 보여주고 있다. 나무의 경우 낮은 알베도 값을 가진다. 나무 혹은 삼림의 알베도 연구는 활발하다.[39] 오래된 삼림지일수록 낮은 알베도를 가진다고 한다.

〈표 4〉 알베도 예[40]

물체 및 지표면	알베도
눈	0.90
새 아스팔트	0.04
대양	0.06
오래된 아스팔트	0.12
침엽수림	0.09~0.15
활엽수림	0.15~0.18

37 참고: Earth's energy budget – Wikipedia[접근: 2021.11.21.]; 구글에서 'albedo', 'heat island effect'를 입력하면 많은 연구자료들을 살펴볼 수 있다.

38 『위키백과』, '반사율', https://ko.wikipedia.org/wiki/반사율[접근: 2018.06.08.]

39 예, Aarne Hovi et al.(2019); M. U. F. Kirschbaum et al.(2011); Albedo Measurements (climatedata.info)[접근: 2021.11.21.]; 구글에서 'albedo', 'forest'를 입력하고 연구물들을 살펴보자.

40 참고: Albedo – Wikipedia[접근: 2022.04.14.] 및 윤일희 편역(2004) 표2.1에서 발췌. Steven R. Evett et al.(2011)의 논문 TABLE 6.4에 알베도와 방사도에 대한 정리가 잘 되어 있다. 인터넷에서도 많은 자료를 볼 수 있다.

나대지	0.17
초지	0.25
사막모래	0.40
새 콘크리트	0.55
새로 내린 눈	0.80
얼음	0.20~0.40

만약 숲의 나무를 잘라내고 태양광 패널로 덮는다면 환경광학적으로 어떤 일이 일어나겠는가? 또는 다른 토지이용으로 바뀌면 어떻게 되겠는가? 삼림의 상태를 알기 위해, 산림청 발간, 『기후변화와 산림』[41]을 인터넷에서 다운로드 받아 읽어볼 수 있다. 또한 삼림파괴와 토지이용변화에 대한 여러 사실 기사들을 인터넷에서 구할 수 있다.

〈그림 90〉 호포역 근방의 개발사업

그림 90은 녹지대(綠地帶)였던 근교농촌지역을 밀어버리고 다른 토지용도로 개발하는 모습을 보이고 있다. 녹지환경에서 벌거벗은 모습이 되

41 기후변화와산림-완전최종 (forest.go.kr)[접근: 2021.10.12.]

었다. 주차장은 오래전에 습지였는데 공원으로 바뀐 곳이다. 환경광학적으로 어떠한 변화가 일어난 것인지 기술하여 보자.[42] 우리나라에서 토지이용 및 토지피복의 대규모 변화에 의한 환경광학적 및 열역학적 변화에 대하여 사실상 거의 연구가 되지 않고 있는데 그 이유가 무엇인지 토의해 보자.

눈(snow, 雪)이 덮인 지역이 대기온도 상승에 따라 녹으면 어떻게 되는가? 눈의 알베도는 기후변화 연구의 중요한 부분이다. 예를 들면, 대양표면 즉 해수면의 알베도=0.06이지만, 해빙(海氷, sea ice, 바다얼음)이 해수면을 덮을 경우에는 알베도=0.5가 되고, 해빙 위에 눈이 있을 경우 해수면의 알베도=0.9가 된다. 눈의 존재여부에 따라 해양의 에너지수지에 지대한 영향을 미치게 되는 것이다.[43] 알베도와 관련하여 여러 자연현상에 대한 많은 연구가 진행되고 있으므로 관심을 가져보길 바란다. 다양한 연구분야에 대한 전반적 소개는 『Wikipedia』에서 정리가 잘 되어 있다.[44]

알베도가 지구의 복사에너지 균형 계산에 쓰이는 것을 살펴보자. 지구의 복사에너지 균형(radiative energy balance, 복사평형輻射平衡)은 지구로 입사하는 태양 단파복사량과 지구에서 나가는 장파복사량이 같을 때 이루어질 것이다. 이를 지구의 에너지수지(收支)로 나타내면 다음과 같다.

42 한유경 등(2017); 환경공간정보서비스 (me.go.kr); Land change modeling – Wikipedia; Land Use Evolution and Impact Assessment Model – Wikipedia[접근: 2022.04.22.]

43 Snow albedo – Snow – Climate Policy Watcher (climate-policy-watcher.org); Thermodynamics: Albedo | National Snow and Ice Data Center (nsidc.org)[접근: 2021.10.27.]

44 Albedo – Wikipedia[접근: 2022.04.19.]

$$에너지\ 수지 = \left(1 - 알베도\right) E \cos\theta - \varepsilon \cdot \sigma T^4$$

지구로 입사하는 복사에너지에 대한 지구의 알베도=0.31이며, 지구에서 나가는 복사에너지의 방출률, $\varepsilon = 1$로 가정하면 복사에너지 균형(복사평형)을 이루는 온도를 구할 수 있다. 위의 식은 다음과 같이 될 것이다.

$$0 = \left(1 - 알베도\right) E \cos\theta - \varepsilon \cdot \sigma T^4$$

여기서 지구로 입사하는 기하와 지구에서 방출하는 기하를 생각해 볼 수 있다(그림 91).

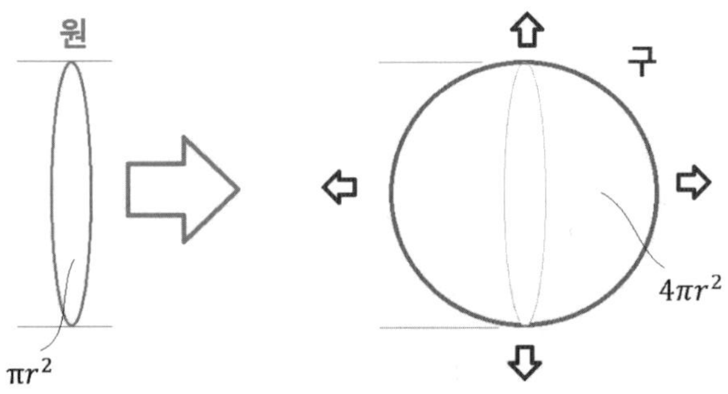

〈그림 91〉지구를 구로 가정한 후, 지구로 입사하고 방출하는 기하의 차이
(윤일희 편역, 2004, 그림 7.7 변형; 郭宗欽 · 蘇鮮燮, 1987)

입사각을 $\theta = 0^o$으로 보면 $\cos 0^o = 1$이 된다.

$$\pi r^2 \left(1 - 알베도\right) E = 4\pi r^2 \varepsilon \sigma T^4$$

$$T = \left(\frac{(1 - 알베도)E}{4\varepsilon\sigma}\right)^{1/4}$$

$$T = \left(\frac{(1 - 0.31) \cdot 1365 W m^{-2}}{4 \cdot (1.0) \cdot 5.67 \times 10^{-8} W m^{-2} K^{-4}}\right)^{1/4} = 254K$$

C5 =(((1-0.31)*C4)/(4*C2*C3))^(1/4)

	A	B	C	D
1	알베도	0.31	0.31	
2	방출률	1.0	1	
3	σ	5.67*(10^-8)W*m^-2*K^-4	5.67E-08	슈테판-볼츠만 상수
4	**E대기최상부복사조도**	1365W*m^-2	1365	
5	T지구균형온도	(((1-알베도)*(E복사조도))/(4*방출률*σ))^(1/4)	253.85439	

<그림 92> 엑셀을 이용한 지구 복사 에너지 균형 온도 구하기

지구의 복사에너지 균형을 이루는 온도를 구할 수 있었다. 이 온도는 지구 대기의 고도 약 5km에서 측정되는 대기 온도(255K)와 유사하다고 한다(Jim Coakley and Ping Yang, 2014).

그림 93에서 지표면 한 지점으로 반구입사와 방향입사를 하는 모습을 보여준다. 한 지점으로 태양의 복사에너지가 직달(直達)하는 부분과 주위에서 확산되어 들어오는 모습을 보여준다. 지표면 주위에서 확산되어 들어오는 복사에너지는 맑은 날 혹은 흐린 날 그늘진 곳에서도 사물

을 볼 수 있게 한다. 반구입사형은 확산태양복사 혹은 산란일사 등으로 불리고 방향입사형은 직달복사로 불린다(Gordon Bonan, 2019). 태양의 직달복사만 되는 달 표면의 경우 그늘진 곳에서는 매우 어둡게 보인다. 달 착륙 사진을 보면 그늘진 곳은 매우 어둡다.[45] 태양에너지가 달 표면의 그늘진 곳으로 확산 복사되지 않기 때문이다. 그래서 그늘진 달 표면에서는 반사할 게 없는 것이다.

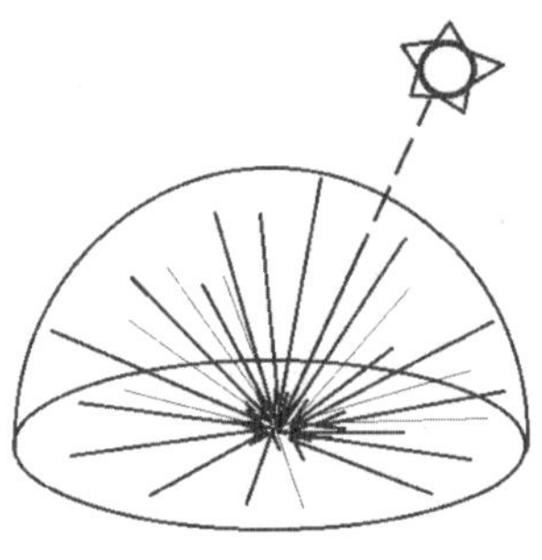

〈그림 93〉 반구입사방향입사

알베도 측정은 알베도계(albedometer, 반사율계, 알베도미터)를 주로 사용한다. 알베도계는 두 개의 일사량계(pyranometer, 전일조계, 전천일사계, 피라노미터)를 사용하는데, 전일조계 하나는 상향으로 보면서 태양복사조도를 재며 다른 일사량계는 지표면을 보면서 지표에서 반사되는 복사에너지양을 측정한다.[46]

45 Moon landing – Wikipedia[접근: 2021.10.16.]

46 Pyranometer – Wikipedia; Albedometer – Wikipedia[접근: 2021.11.21.]; 소개된 웹페이지에서 설명이 잘 되어 있으니 한 번 읽어보기 바란다.

〈그림 94〉 밀양시 얼음골 계곡

그림 94의 계곡물은 매우 투명하고 수면이 잔잔해 나뭇잎 사이의 태양 광선을 거울반사하면서 바닥까지 보이고 있다. 태양 직달복사가 되지 않는 부분도 잘 보인다.

〈그림 95〉 좌: 어느 차량. 우: 양산시청 근처 컨테이너

그림 95의 왼쪽 그림은 민수용으로 개조된 미육군 Commercial Utility Cargo Vehicle(CUCV, 컥비)인 듯하다. 유광의 검은색으로 멋을 내고 있다. 주위의 차량과 건물의 유리창에서 다른 건물과 사물의 모습이 반사

되고 있다. 오른쪽 그림은 미군 컨테이너로 색깔이 무광으로 되어 있다. 단지 노란색과 붉은색으로 이루어진 미25사단 마크가 눈에 띈다. 군사용으로 사용되는 색은 주위의 자연환경과 어울리게 되어, 야전에 있을 때는 눈에 잘 띄지 않게 된다.

2018년10월15일

〈그림 96〉 좌: 상공의 헬기, 우: 양산 시청 옆 대로에 주차된 위험물 운반차량

그림 96의 왼쪽 그림은 헬기의 색이 가시성(可視性)이 낮아 주위의 하늘 색과 명암으로만 구별된다. 헬기의 유리 부분에서 빛의 반사가 일어나고 있다. 오른쪽 그림은 공동주거지 바로 옆에 주차한 위험물 운반차량의 유리창이 빛을 반사하는 것을 보인다. 차량 안에 탑승자가 있는 것 같은가? 어떻게 하면 차량 안을 볼 수 있겠는가?

〈그림 97〉 부산 수정동 복개도로, 35.13° 129.05°

그림 97에서 복개된 도로가 강한 태양복사에 빛을 반사하고 있다. 아스팔트의 알베도가 높아서 그렇게 보이는 것일까? 그늘진 곳에서는 어둡게 보인다(예, F. Praticò et al, 2012). 도시의 복개 도로는 주로 계곡의 하천인 경우가 많다. 대도시 하천은 대개 하수로 역할을 하기도 한다(이민부 등, 2002). 복개를 하여 토지이용상으로 도로로 표현된다. 도시환경이 들어서면서 복개도로 주위의 환경광학적 변화와 에너지수지에서 심대한 변화가 있었을 것이다.

양방향반사도분포함수에 대하여 살펴보자.

7. 양방향반사도분포함수

양방향반사도분포함수(兩方向反射度分布函數, BRDF, Bidirectional reflectance distribution function, 양방향반사율분포함수兩方向反射率分布函數, 兩方向反射分布函數)는 센서가 보는 위치에서 전자기파가 지표면에서부터 반사되는 정도를 나타낸다. 관측 방향(센서천정각과 센서방위각)과 광원의 위치(태양천정각과 태양방위각) 변화에 따른 실제 지표면의 반사율을 파장별로 측정한 것이다. 양방향반사분포함수는 관측하여 얻는 것임으로, 입체각과 연관되어 그 단위가 sr^{-1}이다.[47]

양방향반사도분포함수에 쓰이는 광원과 관측의 주요 각도는 그림 98과 같다. 또한 방위계(goniometer) 및 분광복사계(spectroradiometer)

47 Jeff Dozier and Alan H. Strahler(1983); Bidirectional reflectance distribution function – Wikipedia; 양방향반사도분포함수 – 위키백과, 우리 모두의 백과사전 (wikipedia.org)[접근: 2019.10.01.]

의 작동 모식도도 보여준다. 그림에서 θ_0: 입사각=태양천정각, θ_r: 시야각=반사각=시야천정각=반사천정각=관측천정각=센서천정각, ϕ_r: 반사방위각=시야방위각=관측방위각=시계방위각=센서방위각이며, ϕ_0: 입사방위각=태양방위각이다(Steven R. Schill et al., 2004; Sanna Kaasalainen et al., 2005; John R. Jensen, 2016).

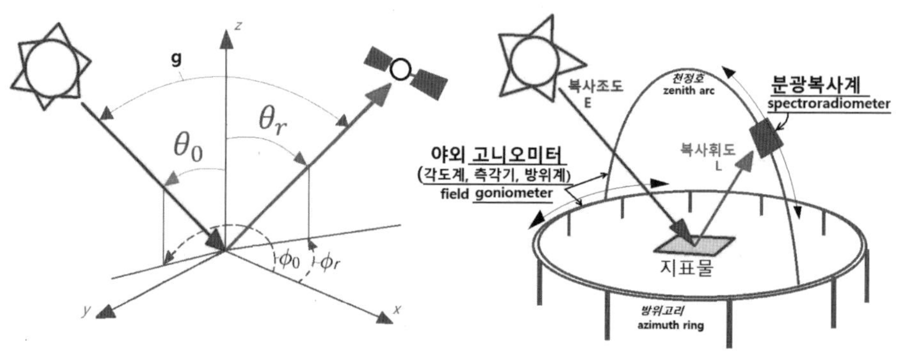

<그림 98> 좌: 광원의 위치 및 관측의 주요각, 우: 야외측정 모식도
(Bruce Hapke, 2005, Figure 8.1 및 John R. Jensen, 2016, 그림 1-13에서 수정)

태양천정각과 방위각은 2장에서처럼 계산된다. 혹은 실제로 측정될 수 있다. 그림 98 왼쪽 그림에서 g는 위상각(phase angle)으로 다음과 같다(Bruce Hapke, 2005; Hao Zhang and Kenneth J. Voss, 2008).

$$g = cos^{-1}(\cos\theta_0 \cos\theta_r + \sin\theta_0 \sin\theta_r \cos(\phi_r - \phi_0))$$

E6	f_x	=DEGREES(ACOS((C1*C2)+(D1*D2*C6)))

	A	B	C	D	E	F	G	H	I	J	K
1	zen_i	0	1	0							
2	zen_e	0	1	0							
3		degrees	cos(zen_i)	sin(zen_i)							
4		degrees	cos(zen_e)	sin(zen_e)							
5	az_i	180									
6	az_e	120	0.5		0	<--g					
7		degrees	cos(az_i - az_e)		arccos(cos(zen_i)*cos(zen_e)+sin(zen_i)*sin(zen_e)*cos(az_i - az_e))						
8											

〈그림 99〉 g값 계산 예

그림 99에서 θ_0와 θ_r이 각각 0°일 때, g=0°임을 보이고 있다. 만약 $\theta_r - \theta_0 = 0°$에서 태양방위각(ϕ_0)과 시계방위각(ϕ_r)이 다를 때, g값은 어떻게 되는가? 또는 $\phi_r - \phi_0 = 0°$에서 태양천정각(θ_0)과 센서천정각(θ_r)이 서로 차이 날 때, g값은? $\theta_r - \theta_0 = 0°$과 $\phi_r - \phi_0 = 0°$일 때는 g=0° 가 되고, 이를 제로위상이라 한다.

분광 양방향반사도분포함수(spectral BRDF)를 나타내면 다음과 같다(Jeff Dozier and Alan H. Strahler, 1983; F.E. Nicodemus et al., 1977).

$$f_r(\mu_0, \mu_r, \phi_r - \phi_0) = \frac{L_\lambda(\mu_r, \phi_r)}{\mu_0 E_{0\lambda}}$$

여기서 f_r: 반사율 함수, λ: 특정 파장, μ_0:cosθ_0, ϕ_r: 반사방위각, ϕ_0: 입사방위각, E_0: 입사하는 복사조도, μ_r:cosθ_r, $L_\lambda(\theta_r, \phi_r)$: 감지기(센서)에서의 복사휘도이다.

위의 양방향반사도분포함수는 특정 파장, 복사조도 및 입사각, 반사각과 반사방위각의 함수인 것을 알 수 있다. 평탄한 지표면에 입사하는 복사조도에 대한 반사하는 복사휘도의 비율을 보여준다. 또한 이 함수는 입사각과 반사각을 서로 교환하여 표현할 수 있다. 이 함수는 사물을 다른 각도에서 보거나 사물이 다르게 비춰질 때 달리 보이는 것을 기술하는 데 쓰이기도 한다. 대기 보정, 토지피복 구분, 알베도 계산 등에서 쓰인다.[48]

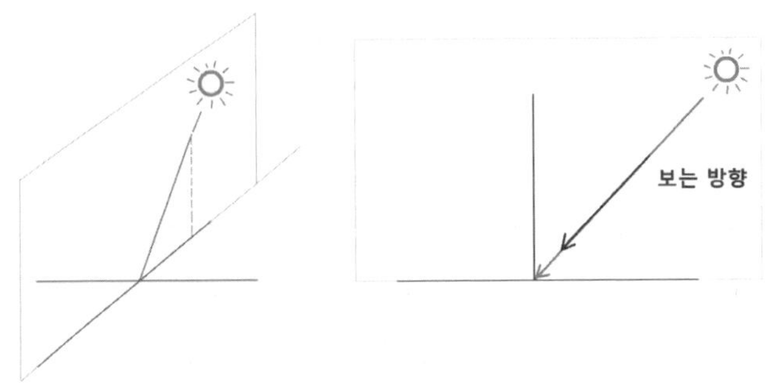

〈그림 100〉 태양주평면과 제로위상기하

그림 100은 태양의 주평면상에서 태양의 복사 방향과 관찰 방향이 같은 것을 보여준다. 태양주면(太陽主面, solar principal plane, 태양주평면太陽主平面, 입사면入射面)에서 입사하는 방향으로 그대로 반사가 일어나는 것으로($\theta_r - \theta_0 = 0^\circ$과 $\phi_r - \phi_0 = 0^\circ$), $g = 0^\circ$인 특수한 경우이다. 이 경우 센서에서 지표면이나 대상을 볼 때 그늘진 곳이 없게 된다.

48 Nathalie Pettorelli(2013); Bidirectional reflectance distribution function – Wikipedia[접근: 2021.11.21.]

〈그림 101〉 제로위상기하 상황

그림 101은 제로위상기하와 유사한 보름달의 모습을 보여주고 있다. 태양광이 달에 입사하는 방향과 지표면에서의 달을 보는 방향이 같으므로 달 표면에 그림자가 없으며 매우 밝게 보인다.

방향입사반구반사도(Directional-hemispherical reflectance, black-sky albedo, direct albedo)는 양방향반사도분포함수(BRDF)를 모든 시야각으로 적분한 것이다. 직달복사조도(直達輻射照度, direct irradiance)에 대한 반사율을 반사각과 반사방위각 전체로 적분한 것이다.[49] 방향입사반구반사율을 다음과 같이 나타낼 수 있다(Jeff Dozier and Alan H. Strahler, 1983; Stanley Q. Kidder and Thomas H. Vonder Haar, 1995).

$$R_{s,\lambda}(\mu_0) = \int_0^{2\pi} \int_0^1 \mu_r f_{r,\lambda}(\mu_0; \mu_r, \phi_r - \phi_0) d\mu_r, d\phi$$

여기서, s: 태양직달복사이다.

49 Directional-hemispherical reflectance - Wikipedia[접근: 2022.04.22.]

람베르트면에서는 양방향반사도함수가 등방향적이므로 빈사율은 다음과 같이 된다(Jeff Dozier and Alan H. Strahler, 1983).

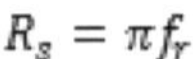

$$R_s = \pi f_r$$

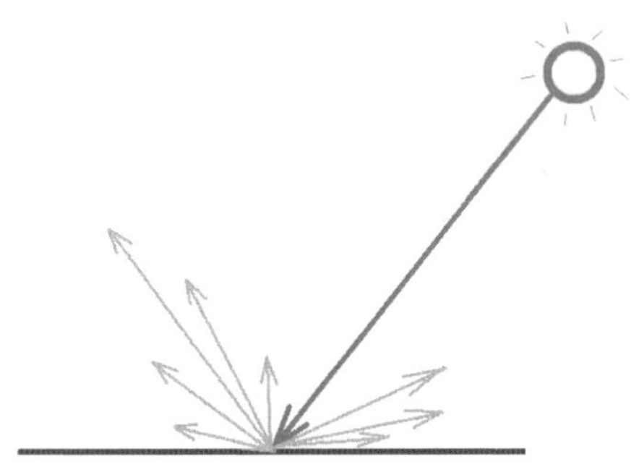

〈그림 102〉 지표면의 비등방성적 반사[50]

람베르트면에서 전자기파가 공간적으로 균등하게 반사되는 것을 알 수 있었다(그림 68). 이를 등방성적 반사(等方性的 反射, isotropic reflection, Lambertian reflection)라 한다. 그림 102는 비등방성적 반사(非等方性的 反射, anistropic reflection, non-Lambertian reflection)를 보여준다. 공간으로 균등하지 않게 반사하는 것을 말하며, 대부분의 지표면 반사의 형태이다.[51] 등방성(等方性, isotropy)은 방향과 상관없는 물체의 물리적 성질이며, 비등방성(非等方性, anisotropy, 異

50 참고: Reflectance Anisotropy (geo-informatie.nl)[접근: 2021.10.12]

51 예, Gabriela Schaepman-Strub, Reflectance Anisotropy (geo-informatie.nl); 람베르트 반사 - 위키백과, 우리 모두의 백과사전 (wikipedia.org); Bidirectional reflectance distribution function - Wikipedia[접근: 2021.11.21.]

方性)은 방향에 따라 물체의 물리적 성질이 달라지는 것을 뜻한다. 등방성적 반사는 관측 각도와 방향에 상관없이 같은 복사강도를 가진다. 비등방성의 예로는 편광자(polarizer, 평관판)를 거친 빛을 들 수 있다. 그리고 손질된 알루미늄의 경우, 입사되는 전자기파의 방향에 따라 반사율이 달라진다.[52]

비등방성적 반사계수(anisotropic reflectance factor, ξ)는 지표면의 반사율이 반사각(시야각)에 따라 람베르트면의 것과 얼마나 차이가 나는지를 나타낸다.[53]

$$\xi(\mu_0; \mu_r, \varphi_r) = \frac{\pi f_r(\mu_0; \mu_r, \varphi_r)}{R_s(\mu_0)}$$

ξ 〉 1일 때는 특정 시야각(μ_r, φ_r)에서 등방성적 반사보다 더 많은 반사가 일어났다는 뜻이다.

양반구반사도(bihemispherical reflectance, 반구입사반구반사도, diffuse spectral albedo, white-sky albedo, diffuse albedo)는 산란복사조도(散亂輻射照度, diffuse irradiance, 확산복사조도擴散輻射照度, 산란일사량, 확산일사)에 대한 지표면 전체의 반사율이며 다음과 같이 표현된다.[54]

52 등방성 – 위키백과, 우리 모두의 백과사전 (wikipedia.org); 비등방성 – 위키백과, 우리 모두의 백과사전 (wikipedia.org); Anisotropy – Wikipedia[접근: 2022.04.22.]

53 F.E. Nicodemus et al.(1977) 『Geometrical Considerations and Nomenclature for Reflectance』, https://graphics.stanford.edu/courses/cs448-05-winter/papers/nicodemus-brdf-nist.pdf[접근: 2019.10.01]; 『Environmental Optics Reader』, Spring 2007; Stanley Q. Kidder and Thomas H. Vonder Haar(1995)에서는 다르게 표현한 것을 볼 수 있다.

54 Jeff Dozier and Alan H. Strahler(1983); Bi-hemispherical reflectance – Wikipedia[접근: 2022.04.22.]

$$R_{d\lambda} = 2\int_0^1 \mu_0 R_{s\lambda}(\mu_0)d\mu_0$$

여기서 d: 산란, 확산(diffuse) 복사이다.

태양광 산란반사율에 대한 도표를 『Wikipedia』[55] 등에서 확인할 수 있다. 직달복사조도(E_s)와 산란복사조도(E_d)가 지표면에 동시에 입사할 때, 반사천정각(θ_r)과 반사방위각(φ_r) 상황에서 지표면 반사복사휘도($L_{지표}$)는 다음과 같이 된다(Jeff Dozier and Alan H. Strahler, 1983; 조규전, Dr.-Ing.mult. Gottfried Konecny, 2005).

$$L_{지표,\lambda}(\mu_r, \phi_r) = \frac{E_d}{\pi} R_{s\lambda}(\mu_r) + \mu_0 E_s f_{r\lambda}(\mu_0, \mu_r, \phi_r)$$

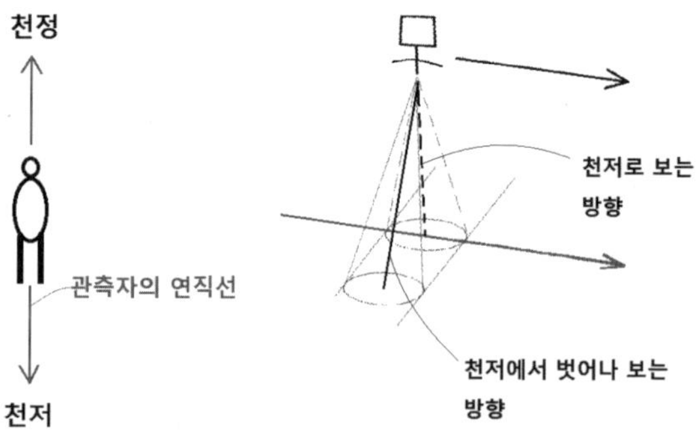

<그림 103> 천정과 천저, 그리고 천저에서 벗어나 보는 방향

55 『Wikipedia』, 'Albedo', https://en.wikipedia.org/wiki/Albedo 의 도표, 'The percentage of diffusely reflected sunlight relative to various surface conditions', https://en.wikipedia.org/wiki/Albedo#/media/File:Albedo-e_hg.svg[접근: 2019.10.02]

천정(天頂, zenith)과 천저(天底, nadir)에 대하여 그림 103으로 다시 정리해 보자. 센서가 바라보는 방향이 연직선 아래 방향(지구 중력 방향)일 경우 천저(nadir) 방향이라 하며, 연직선 아래 방향이 아닐 경우는 천저에서 벗어난(off-nadir) 방향이라 한다.[56]

지표면은 다양하며, 다양한 반사율을 보인다.[57] 이를 유형화하여 람베르트면, 거울반사면, 후방산란면, 전방산란면으로 나눌 수 있다. 이는 지표면 거칠기(roughness)에 따라 파장이 반응하는 방식에서 나온 것이기도 하다. 이에 대해 다음에 위상차 개념과 같이 소개할 것이다.

람베르트면이 등방성(等方性, isotropic)을 띠는 것은 입사하는 전자기파의 방향과는 상관없이 모든 방향으로 반사하기 때문인 것임을 이미 살펴보았다. 이와 가까운 지표면의 예를 다시 들면, 평지의 적설면(積雪面), 평지의 하얀 종이면, 평지의 하얀 모래언덕, 수평으로 놓은 난반사체(spectralon, 확산반사체) 등을 들 수 있다.[58]

거울반사면은 태양주면(입사면) 상에서 입사각과 반사각이 같은 지표면을 의미한다(그림 104). 예를 들면, 거울, 매우 잔잔한 수면, 매끈한 금속표면이라 할 수 있다.

56 천저 – 위키백과, 우리 모두의 백과사전 (wikipedia.org)[접근: 2022.04.22.]

57 Reflectance – Wikipedia[접근: 2022.04.22.]

58 Spectralon – Wikipedia; 람베르트 반사 – 위키백과, 우리 모두의 백과사전 (wikipedia.org); Lambertian reflectance – Wikipedia[접근: 2022.04.22.]

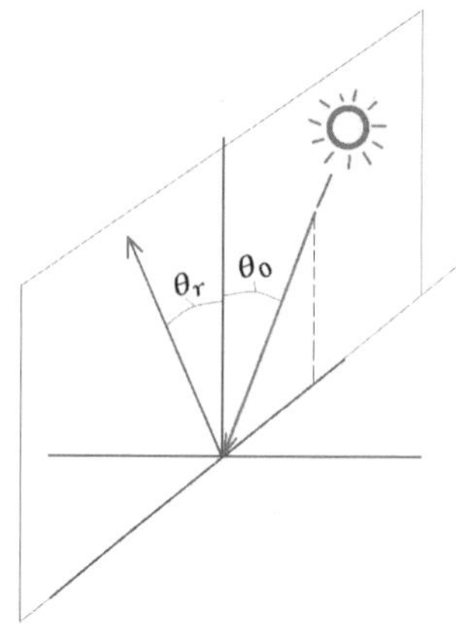

〈그림 104〉 거울반사면

후방산란면은 지표면의 일반적인 산란 형태라 할 수 있다. 왜냐하면 그늘을 지고 있는 지표면이 대부분 후방산란을 하기 때문이다. 나무, 건물 등이 있는 지표면을 예로 들 수 있다. 전방산란면은 보기 드문 편이며 풍랑이 심한 수면 등을 예로 들 수 있다.

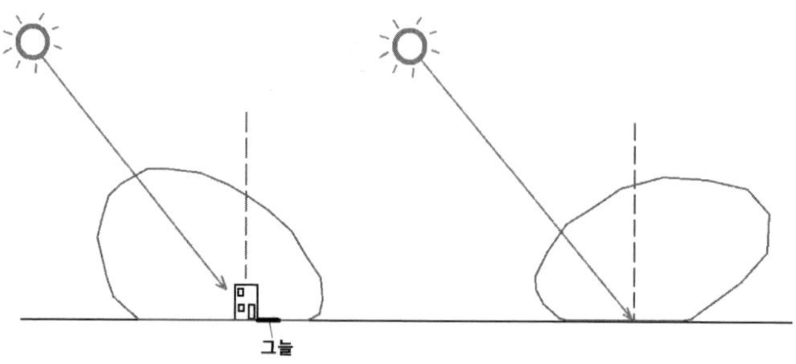

〈그림 105〉 후방산란면과 전방산란면

후방산란(backscattering)은 전자기파가 입사한 방향으로 반사되는 것으로 산란으로 인한 확산반사(diffuse reflection)의 일종이기도 하다. 전방산란(forward scattering)은 물질에 의해 전자기파가 입사방향의 90° 내로 굴절하여 진행하는 것을 의미한다.[59] 지표면의 반사율을 다각도로 실측하는 장치를 고니오스펙트로레이디오미터(goniospectroradiometer, 고니오분광복사계, 측각분광복사계, 측각분광반사계, 그림 98), 고니오리플렉토미터(gonioreflectometer, 측각반사계 測角反射計)라는 것을 그림 98에서 알 수 있었다. 고니오스펙트로레이디오미터는 시야천정각(view zenith)과 시야방위각(view azimuth) 전체를 돌며 반사되는 복사량을 측정하는 것이다.[60] 이 기구를 사용하여 측정된 반사율은 대개 극좌표계도표(polar plot, 극좌표도표極座標圖表; 물체의 위치를 기준이 되는 점이나 선으로부터 각도와 거리로 나타낸 수치체계 그림)로 나타낸다(그림 106). 3차원 그래프(3차원 도표)라고도 한다(Donald W. Deering, 1989; John R. Jensen, 2016, 『원격탐사와 디지털 영상처리』, 그림 1-13에서 실제 예를 볼 수 있다). 극좌표도표 혹은 3차원 그래프를 보는 법은 그림 106을 참고하기 바란다.

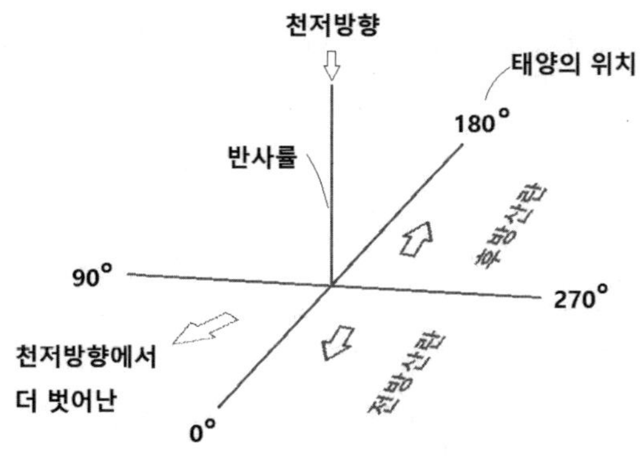

〈그림 106〉 반사율 극좌표 도표의 관례

59 Backscatter – Wikipedia; Diffuse reflection – Wikipedia; Forward scatter – Wikipedia[접근: 2022.04.22.]

60 Gonioreflectometer – Wikipedia[접근: 2022.04.22.]

8. 태양복사스펙트럼

태양복사스펙트럼(그림 107)을 보면, 대기 최상부와 해수면 상에서 받는 태양 복사에너지양에서 차이 나는 것을 알 수 있다. 이는 태양 전자기복사가 대기에 전달되면서 물질과 상호작용하여 흡수되거나 산란되어 해수면까지 도달하지 못하는 파장이 있기 때문이다.

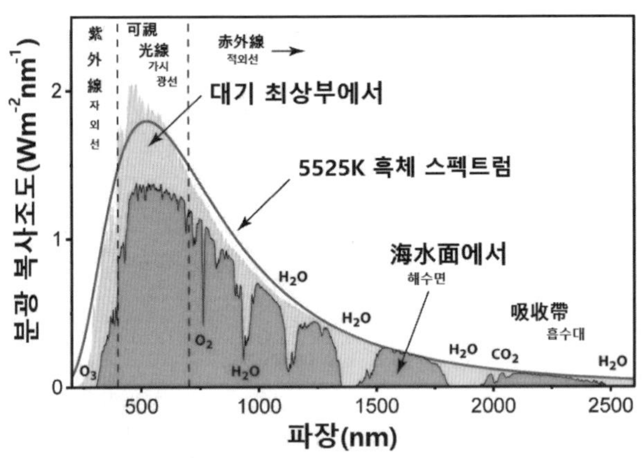

〈그림 107〉 태양복사스펙트럼[61]

가시광선대는 사람의 눈에 보이는 전자기파의 영역으로 대개 400~700nm 범위를 가진다고 하였다. 색(色), 색깔, 빛깔은 파장에 따라 다르게 느껴지는 색상(色相)을 의미한다. 색(色)은 전자기파의 파장

61 태양 에너지 – 위키백과, 우리 모두의 백과사전 (wikipedia.org) '태양복사스펙트럼'[접근: 2022.04.19.]

대에서 사람이 인식할 수 있는 부분이다.[62] 즉 빛 자체에 색이 있는 것이다(EBS다큐프라임 〈빛의 물리학〉 제작팀, 2014). 이 인식이 가능한 색깔은 방출(emission)에서의 온도, 방사율에 따라 결정되는 것이다. 지구상에 있는 물질의 색을 구별할 수 있는 것은 물질마다 특정 파장의 빛을 투과(透過) 혹은 반사하거나 특정 파장의 전자기파를 흡수하는 정도에 따른 것이다(김기융, 2018). 오색(五色)이 영롱(玲瓏)한 스테인드글라스(stained glass)는 전자기파를 투과하여 빛깔을 낸다. 빨간색 옷은 빨강의 빛을 반사하는 것이다. 식물 잎의 경우 파란색과 빨간색의 전자기파장을 흡수하고 녹색 전자기파장을 반사 또는 투과하기 때문에 녹색으로 보이는 것이다(John R. Jensen, 2016).

〈그림 108〉 아름다운 전자기파 세상

그림 108은 미세먼지가 많은 날이지만 아름다운 전자기파 세상을 보여준다. 이렇게 아름다운 세상을 즐기며 걷는 자체가 작은 행복이 아니

62 RUDOLF PENNDORF(1956); I. Nimeroff(1968); 가시광선 – 위키백과, 우리 모두의 백과사전(wikipedia.org); 색 – 위키백과, 우리 모두의 백과사전 (wikipedia.org)[접근: 2022.04.19.]

겠는가? 그런데 사진상의 식물이 붉은색을 띤다! 대부분의 광합성 작용은 빨간색과 파란색 파장을 흡수하는 데 비해, 이 식물은 청색이나 녹색 빛을 흡수하고, 붉은색의 파장을 반사 혹은 투과시킨다(이와나미 요조, 2019). 식물에 의해 그늘진 곳을 보아 후방산란면이라 할 수 있다.

허먼 멜빌(Herman Melville)의 『백경(白鯨, MOBY-DICK, 모비딕)』, "42 고래의 순백(42. The Whiteness of the Whale)" 장의 구절을 인용해 본다.

…, that all other earthly hues - every stately or lovely emblazoning - the sweet tinges of sunset skies and woods; yea, and the gilded velvets of butterflies, and the butterfly cheeks of young girls; all these are but subtle deceits, not actually inherent in substances, but only laid on from without; …, the great principle of light, for ever remains white or colourless in itself, and if operating without medium upon matter, would touch all objects, even tulips and roses, with its own blank tinges —…

…장려하게 혹은 어여쁘게 치장된 지상의 모든 색조들, 해 질 녘 하늘과 숲의 예쁜 색들, 정말 예쁘지 않은가, 그리고 나비의 빛나는 우단(羽緞) 색과 맵시를 낸 젊은 여인의 볼 빛깔들, 이 모든 색들이 단지 교묘한 속임수일 뿐, 실제로 타고난 것이 아니라 오로지 외부로부터 칠해진 것일 뿐, …빛의 대원리란 것은, 그 자체로는 백색이거나 무색으로 언제나 머물면서, 매개 없이 물질에 작용하더라도 모든 사물에 닿아 색을 입힐 수 있으니, 원래의 무미한 색깔로 튤립과 장미까지도 색으로 물들일 수 있으니—…

소설의 42장은 고래의 피부색인 백색이 가지는 의미를 서술한다. 소설의 주요 대상이 흰 고래인 점을 고려하면, 굉장히 중요한 장이라 할 수 있다. 발췌한 부분은 사람이 사물이나 세상사를 보고 겪으면서 표현하는 색깔의 의미를 따지는 것이다. 소설은 빛과 색으로 꾸며진 가상공간의 일종으로 종이라는 매체에 이야기가 펼쳐지는 곳이다. 그래서 소설을 읽는다는 것은 가상공간에서 보는 것과 같다. 독자 스스로 어떤 가상공간을 자기 생각이란 빛깔로 채우는 정도에 따라 소설 이야기가 받아들여지는 정도가 결정된다. 가상세계에서 보는 것이 실제세계에서 보는 것처럼 묘사될 때 이야기는 현실적이라고 느낀다. 『백경』을 읽으면서 우리는 이시마엘이 되고 온갖 고래잡이 세상사를 진짜로 겪는다. 그리고 우리는 생각을 가지게 되고 어떤 의미를 얻게 된다.

눈으로 들어온 가시광선의 파장별 복사량을 우리의 머리속에서 그 정도에 반응하여 각각의 색으로 구별하는 감각을 색각(色覺)이라 한다(박영수, 2019). 빛깔이란 사람이 전자기파를 파장별로 인지하는 것에서 생긴 것이다. 인간은 빛과 색에 어떤 의미를 부여한다. 일상 공간이나 일하는 공간, 인공 및 자연 환경에 대해 부여한 의미를 빛깔로 표현한다. 가맹점들은 비슷한 빛으로 꾸며진다.[63] 다국적 인스턴트 음료 가맹점이 전 세계에 들어선 것은 세계인이 그 장소의 빛이 표현하는 의미를 폼 나게 즐길 수 있기 때문이다. 세계인이 모두 좋아하는 빛깔로 꾸며진 것이다. 어느 장소에나 고유의 빛깔이 있다. 문명에도 색깔이 있다. 문명의 빛깔(문명색文明色)은 각종 상징에 나타난다. 심지어 언색(言色)이란 것도 있다. 예를 들면, 공식 자리에서의 발언에 맞는 말의 색깔이 있는 것이다.

63 "프랜차이즈가 뭔가요"– 중앙일보 (joongang.co.kr)[접근: 2021.11.29.]

좋은 글이란 전달하고자 하는 바에 맞는 글의 빛깔로 표현할 때 부여되는 것이다. 즉 사람이 좋은 글을 읽으면 자기 가상공간을 빛깔로 마음껏 치장할 수 있다. 이 모두가 진실이 되기 위해서는 환경광학적으로 맞아야 하는 것이다.

〈그림 109〉 잘 보이는 먼지

그림 109는 가구에 붙은 먼지를 보여주고 있다. 집안으로 들어온 햇살을 먼지가 반사하면서 밝게 보인다. 어두운 방 안에 틈새로 빛줄기가 들어올 때 먼지가 빛을 산란하기에 빛을 내는 것처럼 보이기도 한다(김기융, 2018). 대기 중의 수증기나 미세입자의 산란에 의해 빛의 경로가 잘 보이는데, 이를 틴들 효과(Tyndall Effect, Tyndall phenomenon, 틴들 현상)라고 한다.[64] 이 책의 다른 그림들 중에 틴들 효과를 보이는 데가 있다. 한 번 그림들을 살펴보기 바란다.

64 틴들 효과 – 위키백과, 우리 모두의 백과사전 (wikipedia.org); Tyndall effect – Wikipedia[접근: 2022.03.03.]: 다양한 틴들 현상 사진이 여러 인터넷에서 소개되어 있다.

〈그림 110〉 빛과 물질의 상호작용 파티현장, E129.36°N35.36°

그림 110의 장소는 돔 윤곽을 보이는 지표물을 보고 추측할 수 있다. 태양의 천정각과 방위각을 구해 보고 이렇게 아름다운 모습을 보이는 물질과 전자기파의 다양한 상호작용을 생각해보고 기록해 보자. 전자기파와 사물의 상호작용을 통해, 특정 파장에 대한 사물의 흡수 작용, 파장에 따른 반사율, 산란율, 굴절률, 회절, 간섭 현상 등으로 색깔을 생성한다(그림 111).

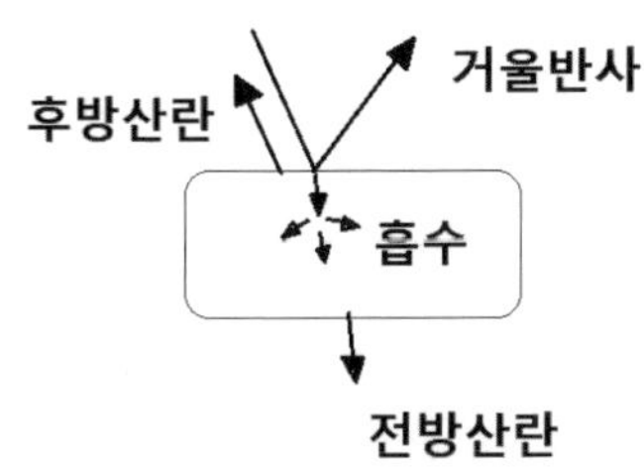

〈그림 111〉 가상물체에서의 반사, 흡수, 투과, 산란 모식도

전자기파와 물체 간의 상호작용은 사물의 규모, 즉 원자(전자) 규모와 분자 결합 수준, 먼지와 모래 및 세포와 같은 입자(粒子) 크기와 형태 및 밀도 수준, 자연 및 인공물의 표면 거칠기(그림 112), 그림자 수준, 지역

경관에서의 자연 및 인공물의 배열과 구조에 따라 다양하게 전개된다.

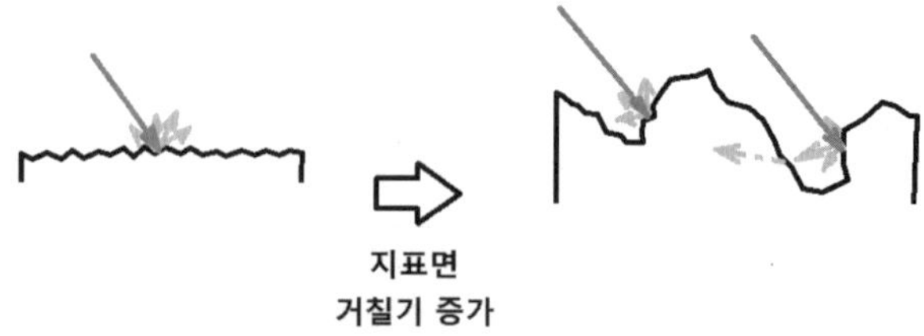

〈그림 112〉 표면 거칠기에 따른 반사와 흡수 모식도 (Evelien Rost, 2018, Figure 1)

표면 거칠기가 커지면 여러 면에서 수차례 산란 혹은 반사 현상이 일어나는데 이를 다중산란 혹은 다중반사라고 한다. 눈, 해빙과 같은 매질(medium) 내에서 산란이 발생할 수 있는데 이를 체적산란(volume scattering, 부피산란)이라 한다(김덕진 등, 2012, 그림. 4). 그림 113는 입자 수준에서 반사와 흡수 작용을 간략하게 보여준다.

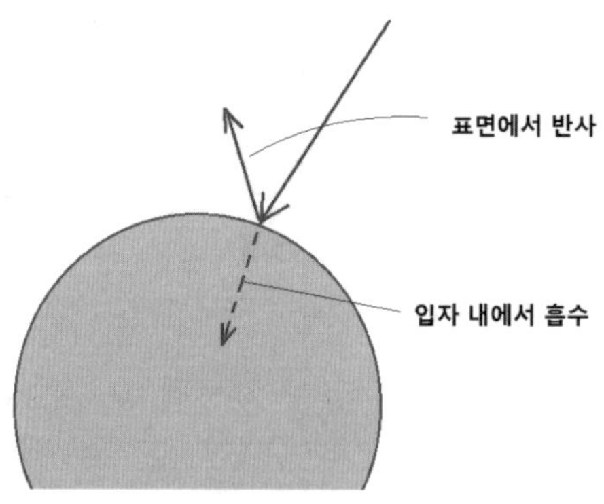

〈그림 113〉 입자 수준에서의 반사와 흡수

입자의 크기가 증가할 때 부피의 증가율이 표면적의 증가율보다 훨씬 빠르기 때문에, 예를 들어 모래 입자의 크기가 증가한다면(즉 부피가 클수록), 흡수량이 반사량보다 훨씬 많아지게 되어, 같은 성분의 모래라도 부피가 큰 모래가 약간 더 어둡게 보이게 된다(그림 114).

〈그림 114〉 같은 성분의 모래입자 크기에 따른 흡수량 상황 모식도
(Robert K. Vincent, 1997, Figure 2.3 수정)

눈의 입자크기 별 반사율이 다르다(예, Jeff Dozier et al, 2009). 새로 내린 눈은 입자크기가 미세하게 작으며 높은 반사율을 보인다. 오래 쌓인 눈은 입자크기가 증가함에 따라 어둡게 보인다. 구름의 알베도는 물방울 크기(droplet size, 빗방울 크기)가 커질수록 낮아진다(예, Ulrike Lohmann et al, 2000).

물질에서의 전자기파 흡수(吸收)에 대하여 살펴보자.

9. 흡수작용

전자가 에너지를 받으면 그 위치를 바꾸게 되는데 이 위치들을 에너지 준위라 하며, 원자나 분자가 가진 에너지 값이라 할 수 있다. 원자 및 분자 내에서의 에너지 준위의 변화는 전자기파의 흡수 및 방출을 일으킨다. 저준위로 될 때 전자기파 혹은 광자가 방출되며, 전자기파를 흡수할 때는 고준위 상태로 가는 것이다. 원자 내의 전자작용(electronic process or transitions), 분자결합(molecular bond)에서의 진동작용(vibrational process or transitions), 분자 간 회전작용(rotational process or transitions)에서 전자기파의 흡수작용이 발생한다.[65]

전자가 에너지를 흡수하면 바닥상태(ground state, 기저상태基底狀態)에서 높은 에너지 상태인 들뜬 상태(excited state, 여기상태勵起狀態)로 올라가는 것이다.[66] 물체가 광자를 흡수하는 데는 특정 에너지양과 관련된 것으로, 이를 특정 주파수 혹은 파장대에서 발생하는 것이라 말할 수 있다. 즉, $Q = h\nu = \frac{hc}{\lambda}$ 식을 설명한 것이다. 원자 내의 전자 위치변화는 높은 에너지와 관련되며 주파수가 높거나 파장이 짧은 적외선, 가시광선, 자외선에서 일어난다.

〈그림 115〉 산소원자 3개의 오존[67]

65 조민조 등(1992); Moustafa T. Chahine et al.(1983); Alexander F. H. Goetz(1989); Erwin Schanda(1986); Earle K. Plyler et al.(1960); W. S. Benedict and Earle K. Plyler(1951); Wenyi Zhong and Joanna D. Haigh(2013); Richard C. Nelson et al.(1948); Earle K. Plyler et al.(1964); Earle K. Plyler et al.(1955); 에너지 준위 – 위키백과, 우리 모두의 백과사전 (wikipedia.org); Energy level – Wikipedia; Absorption band – Wikipedia[접근: 2022.03.03.]

66 들뜬 상태 – 위키백과, 우리 모두의 백과사전 (wikipedia.org); 바닥 상태 – 위키백과, 우리 모두의 백과사전 (wikipedia.org)[접근: 2022.04.09.]

67 Ozone – Wikipedia, 'Resonance Lewis structures of the ozone molecule'[접근: 2022.04.22.] 수정

공액밴드(共軛−, Conjugate band, 공액결합共軛結合)에 의한 흡수는 원자 내의 전자가 이중결합에서 단일결합으로 혹은 반대로 전환할 때 발생한다.[68] 대기 중의 오존(Trioxygen, O_3)은 이중결합과 단일결합을 가지고 있다(그림 115). 이 결합이 전환될 때 높은 에너지가 필요하다. 자외선(紫外線, ultraviolet)과 가시광선대와 관련된다. 삼원자 오존은 200~315nm의 UV−C와 UV−B 파장의 자외선을 흡수하여 이원자 산소와 산소원자가 된다. Chappuis 밴드 (Chappuis band)는 400~650nm 파장대에서 오존에 의해 흡수되며 최고 흡수파장은 575 및 603nm이다.[69]

엽록소(葉綠素, chlorophyll)는 엽록체 속에 들어 있는 녹색의 색소로 전자기파를 흡수하는 안테나 역할을 한다. 물과 이산화탄소의 결합을 원활하게 이루어내어 당분(糖分)과 녹말로 만들고 이때 산소가 발생해 공기 중으로 나간다. C(탄소炭素, carbon)와 N(질소窒素, nitrogen)의 화합에서 전자기파를 흡수한다. 엽록소a(chlorophyll a, 파랑−녹색, $C_{55}H_{72}MgN_4O_5$)의 최대 흡수파장은 0.43㎛, 0.66㎛이고, 엽록소b(chlorophyll b, 노랑−녹색, $C_{55}H_{70}MgN_4O_6$)는 0.45㎛, 0.64㎛이다.[70]

68 Conjugated system − Wikipedia [접근: 2022.03.03.]

69 Chappuis absorption − Wikipedia; Ozone − Wikipedia; Ozone−oxygen cycle − Wikipedia; Ozone layer − Wikipedia; 오존 − 위키백과, 우리 모두의 백과사전 (wikipedia.org); 오존층 − 위키백과, 우리 모두의 백과사전 (wikipedia.org)[접근: 2022.04.10.]

70 Robert K. Vincent(1997); Karl−Heinz Szekielda(1988); 엽록소 − 위키백과, 우리 모두의 백과사전 (wikipedia.org); Chlorophyll − Wikipedia[접근: 2022.04.09.]; 김기융(2018); 이와나미 요조(2019).

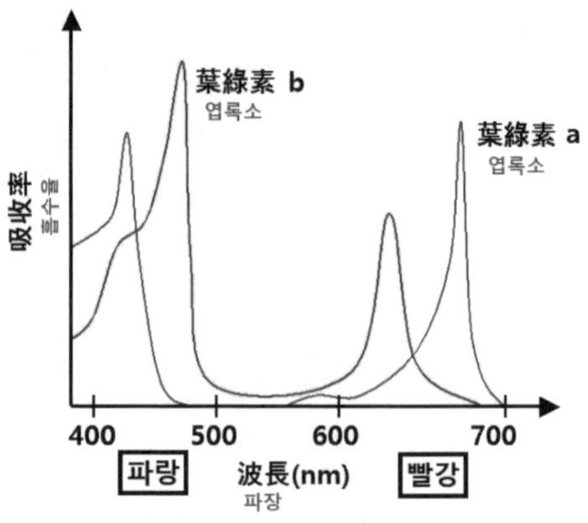

〈그림 116〉 엽록소의 흡수[71]

금속이나 반도체(半導體)에서 전도띠(傳導–, conduction band)는 전자가 원자가띠(原子價–, valence band)에서 벗어나 자유롭게 움직일 수 있는 곳이다. 원자가띠와 전도띠 사이에는 띠 간격(band gap)이 존재하는데, 광자가 최소필요에너지를 가질 때 원자가띠에서 전도띠로 도약할 수 있게 된다. 여기서 최소필요에너지보다 짧은 파장대의 전자기파는 모두 흡수된다. 띠 간격이 클 경우 최소필요에너지는 자외선 파장대에서 발생하며 띠 간격이 작을 경우 가시광선대에서 최소필요에너지 값이 발생한다.[72]

전하이동(電荷移動, charge transfer)은 이온(ion: 전자를 잃거나 얻어 전하를 띠는 원자 혹은 분자) 상태에서 전하가 이전(移轉)되는 것을 뜻한다. 예로 $Fe^{2+} \rightarrow Fe^{3+}$로 이전하는 것을 들 수 있다. 전하이동은 자철

71 File:Chlorophyll ab spectra.png – Wikimedia Commons[접근: 2022.03.03.]에서 수정

72 원자가띠 – 위키백과, 우리 모두의 백과사전 (wikipedia.org); 전도띠 – 위키백과, 우리 모두의 백과사전 (wikipedia.org); 반도체 – 위키백과, 우리 모두의 백과사전 (wikipedia.org); Valence and conduction bands – Wikipedia[접근: 2022.04.09.]

석(磁鐵石, magnetite, Fe_3O_4, $Fe^{2+}Fe^{3+}{}_2O_4$, 磁鐵鑛)에서 발생하며, 전도띠로 전자가 나가는 것처럼 높은 에너지 수준을 요구한다. 주로 가시광선대에서 발생한다.[73]

결정장(結晶場, crystal field, 結晶場理論)은 d전자궤도(electron orbital) 상태의 전자가 낮은 궤도에서 높은 궤도로 위치를 바꿀 때 발생하며 이때 전자기파를 흡수한다. 금속성분을 함유한 광물 혹은 결정구조의 금속에서 발생한다. 침철석(針鐵石, FeO(OH), goethite)과 적철석(赤鐵石, Fe_2O_3, hematite, 赤鐵鑛)의 결정구조에 철(鐵, Fe)을 함유하기에 결정장 흡수를 한다. 근적외선(near-infrared)대에서 발생한다.[74]

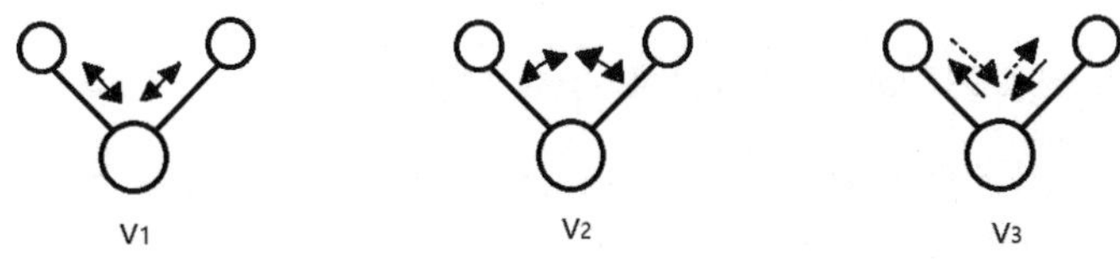

〈그림 117〉 물 분자의 진동[75]

진동흡수작용(vibrational absorption)은 분자결합의 진동 길이가 파장과 맞을 때 발생한다. 낮은 에너지 수준에서 발생하며 단

73 Robert K. Vincent(1997); Graham R. Hunt(1977); 자철석 – 위키백과, 우리 모두의 백과사전 (wikipedia.org); Magnetite – Wikipedia; Absorption band – Wikipedia; Charge–transfer complex – Wikipedia[접근: 2022.04.22.]

74 Robert K. Vincent(1997); Alexander F. H. Goetz(1989); Crystal field theory – Wikipedia; 침철석 – 위키백과, 우리 모두의 백과사전 (wikipedia.org); Goethite – Wikipedia; 적철석 – 위키백과, 우리 모두의 백과사전 (wikipedia.org); Hematite – Wikipedia[접근: 2022.04.10.]

75 Electromagnetic absorption by water – Wikipedia의 그림 'The three fundamental vibration of the water molecule'[접근: 2022.04.01.]

파 적외선(shortwave infrared)과 열 적외선(Thermal infrared) 파장대(**1μm~20μm**)에 해당된다. 물 분자의 운동으로 고조파적 흡수가 나타난다. 고조파(高調波, harmonic frequency, 倍音)란 원천주파수(fundamental frequency, 기본주파수, 기저진동수)의 정수배(整數倍) 주파수이다. 물(H_2O) 분자는 크게 세 가지의 진동운동을 한다(그림 117). 대칭뻗힘(v_1=2.734μm, O−H symmetric stretching), 굽힘(v_2=6.269μm, H−O−H bending), 비대칭뻗힘(v_3=2.662μm, O−H asymmetric stretching)이 있다. 진동은 원천주파수의 2배, 3배, 그 이상의 배수로 발생하거나(배음, overtone), 두 개 이상의 진동이 동시에 일어나 합성밴드(combination band, 조합밴드)를 형성하기도 한다. 기체 상태의 물, 즉 대기 수증기의 흡수 파장으로는 **0.942μm, 1.135μm, 1.38μm, 1.454μm, 1.875μm** 이 있다.[76] 이산화탄소(CO_2, carbon dioxide)는 **2.7μm, 4.5μm, 15μm** 파장을 진동흡수한다.[77] 수산화이온(水酸化−−, hydroxide)을 포함한 점토광물은 2.7μm에 강한 흡수작용을 한다. 고령석(高嶺石, kaolinite, $Al_2Si_2O_5(OH)_4$와 몬모릴로나이트(montmorillonite, $(Al,Mg,Fe)_4(OH)_n(Si,Al,Fe)_8O_{20-n}(OH)_n \cdot 6H_20$)가 그 예가 된다. 탄산염(炭酸鹽)이온($CO_3^{2-}$)을 함유한 방해석(方解石, calcite, $CaCO_3$), 돌로마이트(dolomite, 고회석, 백운석)도 진동흡수를 한다.[78]

76 A. F. H. GOETZ(1992); Electromagnetic absorption by water – Wikipedia[접근: 2022.04.01.]

77 W.S. Benedict and Earle K. Plyler(1951); K. YA. KONDRATYEV(1969); Greenhouse gas – Wikipedia[접근: 2022.04.01.]

78 Graham R. Hunt(1977); Robert K. Vincent(1997); Alexander F. H. Goetz(1989); Sabine CHABRILLAT et al.(2006); 수산화물 – 위키백과, 우리 모두의 백과사전 (wikipedia.org); 몬모릴로나이트 – 위키백과, 우리 모두의 백과사전 (wikipedia.org); 고령석 – 위키백과, 우리 모두의 백과사전 (wikipedia.org); 방해석 – 위키백과, 우리 모두의 백과사전 (wikipedia.org);

침엽수나 활엽수 등의 목질부를 구성하는 것 중 지용성 페놀 고분자인 리그닌(lignin, 대략적 화학식: $(C_{31}H_{34}O_{11})_n$), 녹색식물, 조류, 난균류의 1차 세포벽의 중요한 구조적 구성요소이며 유기화합물인 셀룰로스(cellulose, $(C_6H_{10}O_5)_n$)로 구성된 나무, 나무껍질 등도 진동흡수를 한다. 셀룰로스 흡수파장은 1.22, 1.48, 1.93, 2.28, 2.34, 2.48μm, 리그닌은 1.45, 1.68, 1.93, 2.05~2.14, 2.27, 2.33, 2.38, 2.50μm이다.[79]

회전흡수작용은 분자 내의 원자가 중심축을 기준으로 회전할 때 에너지를 흡수하는 것을 일컫는다. 낮은 에너지 수준을 가진 마이크로파(> 20μm)와 관련된다. 물(H_2O)는 파장 > **14μm**을 흡수한다. 분자의 회전작용에 대한 예는 Electromagnetic absorption by water – Wikipedia의 그림 'Rotating water molecule'[접근: 2022.03.04.])을 참고하기 바란다.

〈그림 118〉 경주시 감포읍 일본식 옛 산당의 금속지붕

Kaolinite – Wikipedia; Montmorillonite – Wikipedia; Carbonate – Wikipedia; Calcite – Wikipedia[접근: 2022.04.10.]; 엄진아 등(2019).

79 Christopher D. Elvidge(1990); Freek D. VAN DER MEER(2006); Lignin – Wikipedia; Cellulose – Wikipedia; 리그닌 – 위키백과, 우리 모두의 백과사전 (wikipedia.org); 셀룰로스 – 위키백과, 우리 모두의 백과사전 (wikipedia.org)[접근: 2022.04.10.]

〈그림 119〉 부산 광복동의 햇빛을 받고 있는 돼지상

〈그림 120〉 산복도로 계단, 부산

그림 118은 일본식 옛 산당을 보여주고 있다. 지붕과 신당의 문이 금속으로 조악하게 만들어져 있다. 금속 지붕의 반사는 가시광선대의 전 영역에서 일어나는 것 같으며 흰색과 회색을 띄고 있다. 그림 119은 부산 광복동에 있는 돼지상이다. 태양복사를 많이 반사하는 부분은 노란색에 밝게 빛나고 있다. 금속은 빛을 흡수하고 바로 광자를 방출하기 때문에 반사되는 것처럼 보이는 것으로, 금속의 색은 방출되는 파장에 의해 결정된다.[80] 그림 120는 계단의 손잡이가 거리에 상관없이 밝게 보인다.

80 Emission spectrum – Wikipedia[접근: 2022.03.21.]; 그냥 그런 블로그 :: [PBR 이란

분자나 결정들이 모인 물질 속에서의 흡수작용은 어떻게 되겠는가? 예를 들면, 해수는 어떻겠는가? 빛이 도달하는 수심은 파장별로 차이 나는가? 바닷속의 빛과 해초(海草)의 색은 어떤 관계가 있을까? 바다 깊이 들어갈수록 파란색이 짙어진다고 한다. 빛이 바닷속을 들어가면 파장이 긴 적색 빛은 먼저 흡수되기 때문이라 한다. 파장이 짧은 청색은 수심 약 200m에서 바닷물에 모두 흡수된다고 한다. 그래서 심해초가 존재하지 않는다고 한다(이와나미 요조, 2019; GEORGE L. PICKARD, 1979)(그림 121).

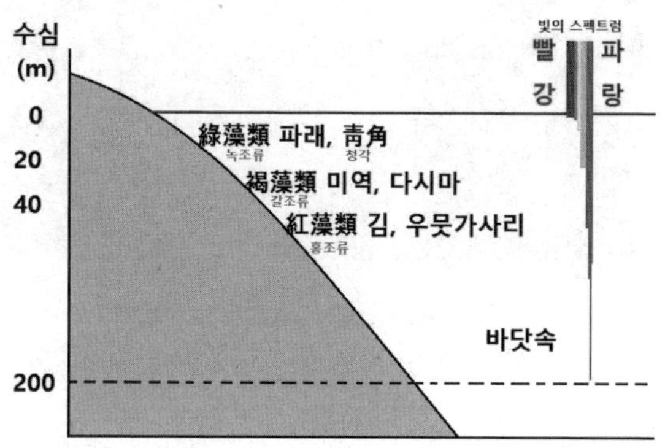

〈그림121〉 바닷속에서 빛의 도달 깊이와 해초의 색[81]

무엇인가] 16. Reflection 에 대한 잘못된 상식들 (tistory.com); 금속은 왜 광택을 가질까? – Sciencetimes; 8.2. 물질의 광학적 특성 (optical properties) : 네이버 블로그 (naver.com)에 설명이 잘 되어 있다. 비금속과 빛의 작용을 그림으로 소개하고 있다. 인터넷에서 '금속 반사 원리'를 입력하면 많은 자료들을 접할 수 있다.

81 이와나미 요조(2019) 〈그림 17〉과 『한국해양과학기술원 블로그』, "재밌는 해양상식: 바다 속에서 피의 색깔은 빨간색이 아니다?" https://m.blog.naver.com/PostView.nhn?blogId=kordipr&logNo=221630124969&proxyReferer=https:%2F%2Fwww.google.co.kr%2F의 '물의 흡수스펙트럼 표' [접근: 2020.09.21.] 및 바닷속에서의 빛과 소리 : 네이버 블로그 (naver.com)[접근: 2022.03.03.]에서 수정.

해조(海藻)의 색은 수심에 따라 바닷속 주위에서 얻을 수 있는 전자기 파장에 따라 발생했을 것이라고 한다. 이를 앵겔만의 보색적응설(補色適應說)이라 한다. 얕은 바닷속의 해조는 녹색을 띠는 것이고, 바닷속 깊이 사는 해초는 청색 빛을 흡수할 수 있어 붉은색을 띠게 되었다는 것이다.[82]

〈그림 122〉 신불산길 35.554°129.035°

그림 122에서 암석층 사이로 나온 지하수가 언 상태로 있다. 얼음 부분은 빛을 반사하고 있으나 물이 흐르는 부분은 검게 보인다. 분자나 결정 크기 이상의 경우 굴절, 반사, 산란의 기하로 다루게 된다. 먼저 굴절에 대해 살펴보자.

82 이와나미 요조(2019); 보색적응설(complementary adaptation theory) | 과학문화포털 사이언스올 (scienceall.com)[접근: 2021.10.07.]

10. 굴절

굴절(refraction)은 전자기파가 밀도가 다른 매질(媒質)로 나아갈 때 진행 방향이 경계면에서 바뀌는 것을 의미한다(그림 123).

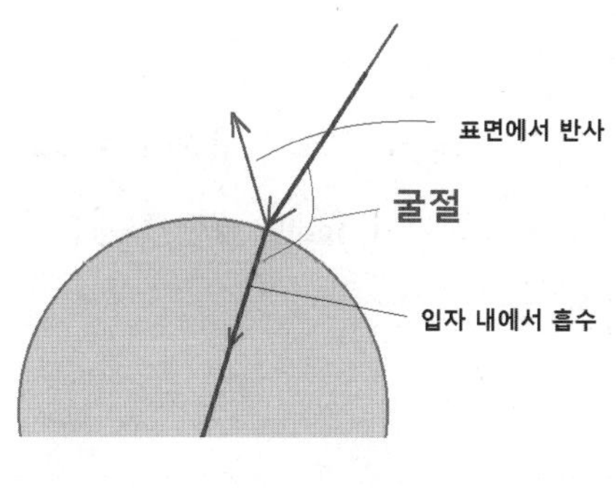

〈그림 123〉 굴절

복소굴절률(複素屈折率, complex refractive index)은 물질이 전자기파를 굴절하고 흡수하는 정도를 나타낸다.[83]

$$N = n + i\kappa$$

복소굴절률 N은 실수부(實數部) n과 허수부(虛數部) iκ로 구성되어 있다. 각각은 파장에 따라 다른 값을 가진다. n은 (단순)굴절률이며 무차원수(無次元數, dimensionless number)로 매체 내에서 전자기파가 진행되는 방식을 기술하며, 다음과 같이 나타낼 수 있다.

83 Refractive index – Wikipedia[접근: 2022.04.22.]; David J. Segelstein(1981); Marvin R. Querry(1983).

$$n = \frac{c}{v}$$

여기서 c는 진공(眞空, vaccum: 물질이 없는 空間)에서의 전자기파의 속도이며, v는 매체 내에서의 위상속도(位相速度, phase velocity: 파동상의 일정한 위치(위상)가 진행하는 속도)이다. 이 위상속도는 진공에서는 파장에 상관없이 모두 일정한 속도를 가지지만, 물질 내에서는 파장에 따라 달라진다. 파장 589nm, 20℃의 물의 $n = 1.333$이란 전자기파 속도가 진공상태에서 물속보다 1.333배 빨리 진행한다는 뜻이다. 모든 물질은 $n \geq 1$ 이다.[84]

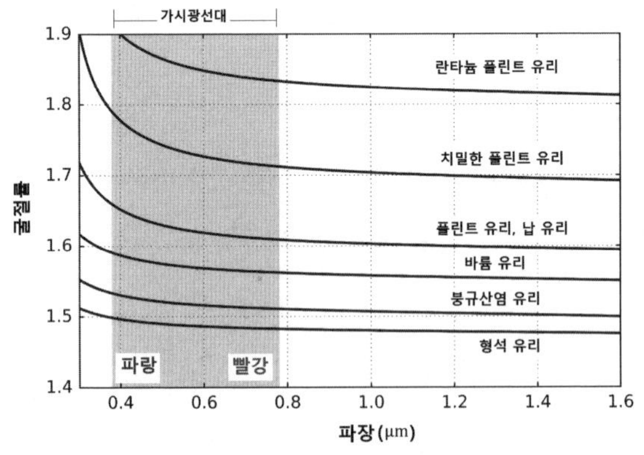

〈그림 124〉 유리(琉璃) 종류별 및 파장별 단순 굴절률[85]

그림 124과 같이 물질의 종류 및 파장별로 굴절률이 다른 것을 보여준

84 Refractive index – Wikipedia; List of refractive indices – Wikipedia; Phase velocity – Wikipedia; 진공 – 위키백과, 우리 모두의 백과사전 (wikipedia.org)[접근: 2022.03.05.]

85 File:Mplwp dispersion curves.svg – Wikimedia Commons[접근: 2022.04.01.]에서 수정.

다. 특히 짧은 파장일수록 상대적으로 더 높은 굴절률을 보여준다. 같은 매질에서 파랑 파장대가 빨강 파장대보다 더 많이 굴절하는 것이다.[86]

복소굴절률 식의 허수부 κ는 흡광계수(吸光係數, extinction coefficient, 소산계수消散係數, 소멸계수, 감쇠계수(attenuation coefficient)[계수: 물질의 종류에 따라 달라지는 비례상수])로 물질의 전자기파 흡수강도를 나타낸다. 전자기파가 매질 속에서 진행한 경로길이만큼 진폭이 작아지는 정도를 나타낸다. 파장에 따라 값이 달라진다. 단파장대의 경우 매우 작은 값을 보인다.[87]

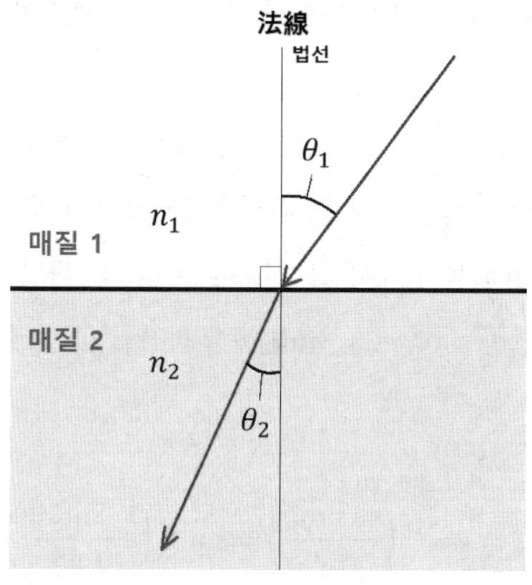

<그림 125> 두 매질 경계면에서의 전자기파 경로

물질의 경계면에서 굴절하는 각도에 대한 등식을 스넬 법칙(Snell's

86 다른 예, Optical properties of water and ice – Wikipedia; Prism – Wikipedia; 프리즘 – 위키백과, 우리 모두의 백과사전 (wikipedia.org)[접근: 2022.03.19.]

87 David J. Segelstein(1981); Attenuation coefficient – Wikipedia[접근: 2021.10.13.]

law)이라 한다.[88] 굴절률이 n_1과 n_2인 서로 다른 두 물질의 경계면에서 전자기파의 경로는 휘게 되는데, 그 휜 정도를 전자기복사의 입사평면 상에서 입사각과 굴절각을 각각 θ_1과 θ_2로 표현하면 다음과 같은 등식이 된다(그림 125).

$$n_1 \sin\theta_1 = n_2 \sin\theta_2$$

굴절률이 작은 곳에서 큰 곳으로 갈 때는 전자기파가 법선 쪽으로 기울어지며, 굴절률이 큰 데서 작은 곳으로 갈 때는 전자기파가 법선으로부터 멀어진다.

계산 연습해 보자. 대기의 굴절률을 $n_1 = 1.0$이라 가정하고, 그림 124의 플린트 유리 정삼각형 프리즘에서 0.4μm(파랑)에서 굴절률 $n_2 = 1.65$, 0.7μm(빨강)에서 굴절률 $n_2 = 1.62$을 바탕으로 입사각이 $\theta_1 = 30°$일 때, $n_1 \sin\theta_1 = n_2 \sin\theta_2$에서 파장별 굴절각($\theta_2$)을 구해 보자.

$$\theta_{2,\lambda=0.4\mu m} = sin^{-1}\left(\frac{n_1 \sin\theta_1}{n_2}\right) = sin^{-1}\left(\frac{1 \cdot \sin 30°}{1.65}\right) = 17.64°$$

$$\theta_{2,\lambda=0.7\mu m} = sin^{-1}\left(\frac{1 \cdot \sin 30°}{1.62}\right) = 17.98°$$

88 스넬의 법칙 – 위키백과, 우리 모두의 백과사전 (wikipedia.org)[접근: 2022.04.09.]; Jurgen R. Meyer–Arendt(1989).

C6 | f_x | =DEGREES(ASIN((C3*SIN(RADIANS(C2)))/C4))

	A	B	C
1	파장	0.4마이크로미터	0.7마이크로미터
2	입사각	30	30
3	굴절률1	1	1
4	굴절률2	1.65	1.62
5	굴절각	DEGREES(ASIN((굴절률1*SIN(RADIANS(입사각)))/굴절률2))	
6	프리즘으로	17.63970139	17.97740867

<그림 126> 엑셀을 이용한 굴절각 구하기

그림 126의 엑셀을 이용한 계산이 잘 되었는지를 인터넷상의 계산기로 검증할 수 있다.[89]

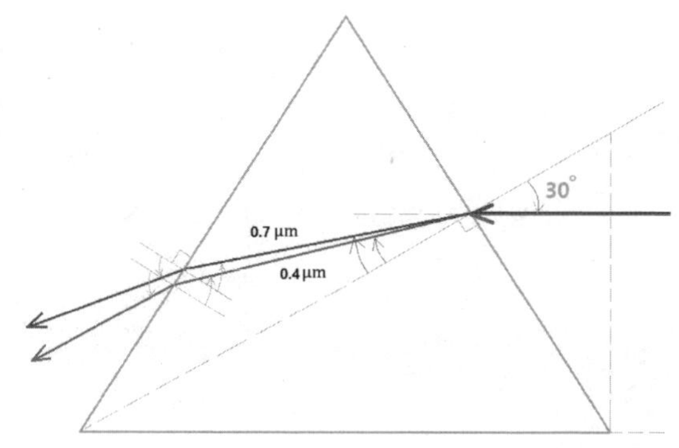

<그림 127> 플린트 유리 프리즘에서의 파장별 굴절[90]

앞의 굴절각 계산은 대기의 굴절률이 1로 가정하여 나온 것이다. 그러나 실제로는 고도에 따라 대기의 구성물질 밀도가 다른 점을 고려해야 한다(郭宗欽 · 蘇鮮燮, 1987). 그림 127에서 프리즘을 거친 가시광선이

89 예, Snell's Law – Refraction Calculator | Science Primer[접근: 2021.10.12.]

90 참고: 『Wikipedia』, 'Prism', https://en.wikipedia.org/wiki/Prism[접근: 2018.06.17.]

파랑으로 갈수록 굴절이 더 많이 일어나는 것을 알 수 있다(굴절각이 더 작아진다). 이렇게 파장별로 굴절각이 달라져 분리되는 현상을 빛의 분산이라 한다(닛타 히데오, 2021). 일출과 일몰 때의 가시광선대의 빨강 파장대의 빛이 굴절이 덜 되면서(즉 법선 쪽으로 덜 기울어지면서) 좀 더 먼 곳으로 전파될 수 있는 것이다(그림 128).

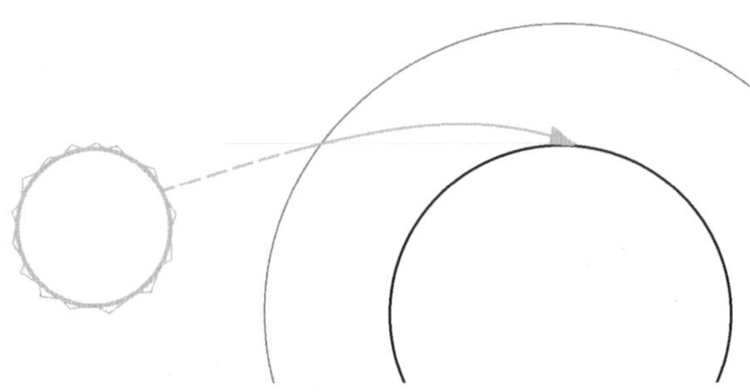

〈그림 128〉 일출과 일몰 때의 대기 굴절 상황[91]

〈그림 129〉 썬팅 필름 차창에서 바라본 서쪽 하늘 빛, 호포역 앞길

91 Atmospheric refraction – Wikipedia; Atmospheric optics – Wikipedia[접근: 2022.03.19.]

거짓 일몰(false sunset)이란 재미있는 현상이 있는데, 두 가지의 경우가 있다고 한다. 하나는 태양이 지평선 위에 아직도 있는 데도 지평선 아래로 내려간 것처럼 보이는 것과 다른 것은 태양이 이미 지평선 아래에 위치했는데도 지평선 위에 있는 것처럼 보이는 것을 말한다.[92] 거짓 일몰 및 일출을 확인하기 위해서는 태양의 위치를 구해 보면 될 것이다. 그림 129의 상황을 태양의 위치 계산을 하면 알게 될 것이다. 구글어스 등에서 호포역 근처의 경위도를 구하고 주어진 현지시간 2018년 5월 3일 19:28을 참고로 하여 태양의 위치와 일몰 시간을 구해 보자.

2018년8월22일19시18분경 촬영

〈그림 130〉 양산신도시 저녁때의 경관. 왼쪽: 서쪽 방향, 오른쪽: 동남쪽 방향

그림 130에서 하늘에 지배적인 색채(왼쪽 그림)와 건물 등의 색(오른쪽 그림)이 전반적으로 붉은 것을 볼 수 있다. 거짓 일몰인지 계산해 보자. 구글어스에서 양산시청의 경위도를 참고해서 구해 보자.

92 False sunset – Wikipedia[접근: 2022.04.22.]

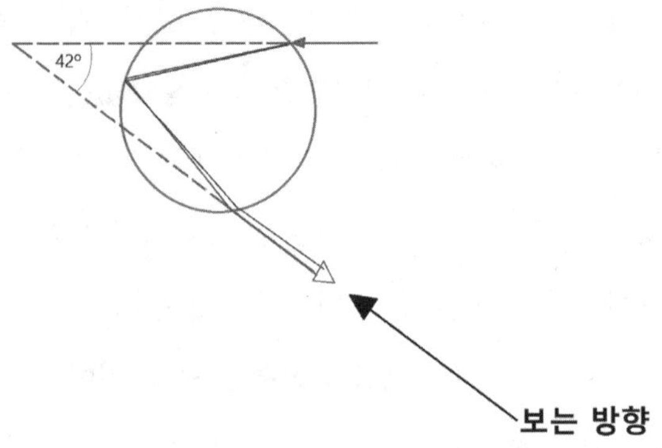

〈그림 131〉 무지개의 원리[93]

무지개는 대기의 물방울에서 빛이 다르게 굴절됨으로써 색띠가 형성된 현상을 가리킨다(그림 131). 또한 물방울에 입사되는 전자기파와 지상에서 보는 방향의 각도가 붉은색은 42°, 보라색은 40°로 약 2°의 범위 내에서 보이게 된다고 한다.[94]

햇빛으로 달궈진 지표면에서 관찰되는 아지랑이는 지표면 근처의 뜨거워진 공기가 팽창하면서 주위의 공기보다 가벼워져 상승하게 되고 남은 빈 자리에 주위의 찬 공기가 채워지는 과정에서 공기의 밀도 변화가 일어나 빛의 굴절률이 달라지면서 나타난다고 한다.[95]

전반사(全反射, total internal reflection)는 전자기파가 물질의 경계면으로 진입하면서 입사각이 임계치(臨界値)를 넘어설 때 굴절각이 90°

93 Rainbow – Wikipedia의 'Mathematical derivation' 그림 참고[접근: 2022.03.19.]

94 JOHN M. WALLACE · PETER V. HOBBS(2006); Craig F. Bohren and Eugene E. Clothiaux(2006); Rainbow – Wikipedia; Atmospheric optics – Wikipedia[접근: 2022.03.19.]; 닛타 히데오(2021).

95 도쿠마루 시노부(2013); 아지랑이 – 위키백과, 우리 모두의 백과사전 (wikipedia.org)[접근: 2022.02.06.]

가 되는 것을 의미한다. 전반사가 발생하기 시작하는 각도를 임계각(臨界角, critical angle)이라 한다. 굴절률이 낮은 매질로 입사하고 입사각이 임계각보다 클 경우, 전자기파는 그 경계를 통과할 수 없으며 전부 반사된다. 정리하면, 전자기파가 굴절률이 큰 매질(媒質)에서 작은 매질로 입사(入射)할 때, 입사각이 임계각보다 크면 그 경계면에서 전자기파가 모두 반사되는 현상이며 온반사(-反射)라고도 한다.[96]

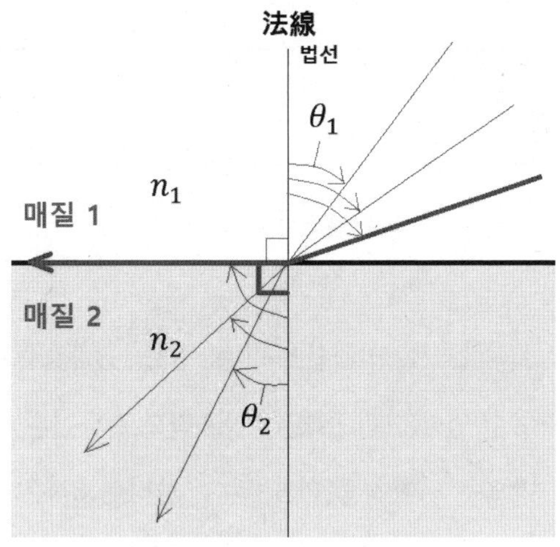

〈그림 132〉 전반사 및 임계각 상황

전반사가 발생할 때는 $\theta_2 = 90°$일 때이며, $\theta_1 \geq$ 임계각이 된다(그림 132). 굴절각 $\theta_2 = 90°$일 때, 스넬 법칙에서 $n_1 \sin\theta_1 = n_2 \sin\theta_2$은 $n_1 \sin\theta_1 = n_2$이 된다. 그래서 다음과 같이 임계각을 구할 수 있다.

96 Total internal reflection - Wikipedia; 전반사 - 위키백과, 우리 모두의 백과사전(wikipedia.org)[접근: 2022.04.09.] 등에서 사진자료를 볼 수 있다; Jurgen R. Meyer-Arendt(1989).

$$\theta_1 = sin^{-1}\left(\frac{n_2}{n_1}\right)$$

전반사의 대표적 예가 광섬유 케이블이다. 광섬유(光纖維, optical fiber)는 광섬유 내부와 외부를 서로 다른 밀도와 굴절률을 가지는 유리 섬유로 제작하여 한 번 들어간 빛이 전반사하며 진행하도록 만들어진다(그림 133).[97]

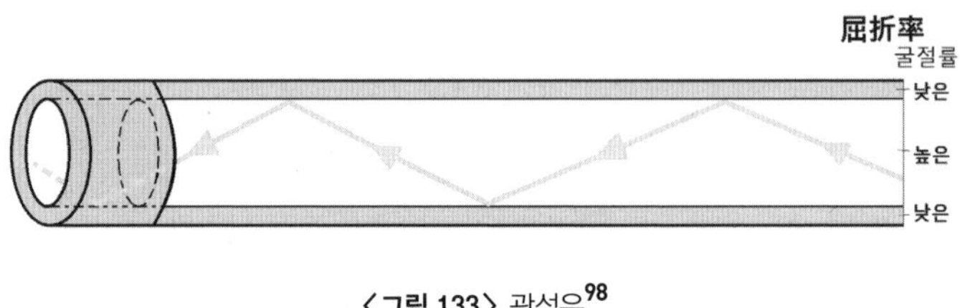

〈그림 133〉 광섬유[98]

전반사의 또 다른 예로 잎의 책상조직(柵狀組織, palisade parenchyma, 울타리조직)을 들 수 있다(그림 134). 책상조직으로 들어온 전자기파는 전반사되어 조직 밖으로 나가지 못하게 된다. 울타리조직은 녹색파장대를 반사하고 적색파장대를 흡수하며, 해면조직(스폰지조직)은 근적외선을 반사한다고 한다(조규전, Dr.-Ing.mult. Gottfried Konecny, 2005).

97 Optical fiber - Wikipedia; 광섬유 - 위키백과, 우리 모두의 백과사전 (wikipedia.org)[접근: 2022.04.22.]; 谷腰欣司(2004); Jurgen R. Meyer-Arendt(1989); 나카츠카 고키, 노자키 히로시(2020).

98 고토 나오히사(2018) 〈그림 99〉 및 File:Laser in fibre.jpg - Wikimedia Commons[접근: 2022.04.22.]

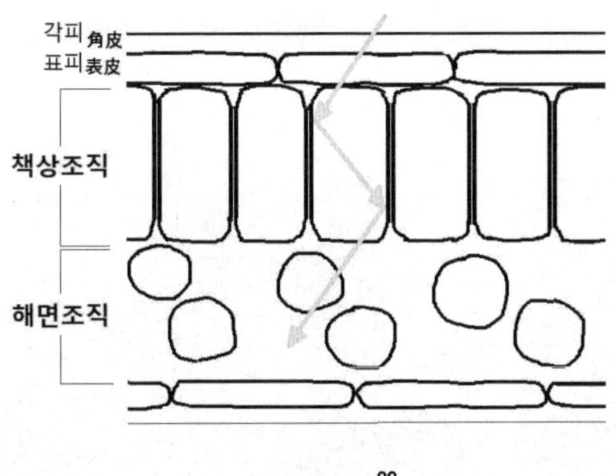

〈그림 134〉 책상조직[99]

지표면에서 발사된 전파가 대기의 전리층에서 굴절되어 지표면으로 돌아오기도 한다. 郭宗欽 · 蘇鮮燮(1987)의 『일반기상학』에 그림2.5와 그림2.6에 모식도와 함께 전반사가 소개되어 있다. 도쿠마루 시노부(2013) 『알기 쉬운 전파기술 입문: 전파기술에의 길잡이』의 2-2전파의 전반사 현상을 간단히 그려 소개하고 있다. 반사, 굴절, 전반사를 그림으로 정리해 본다(그림 135).

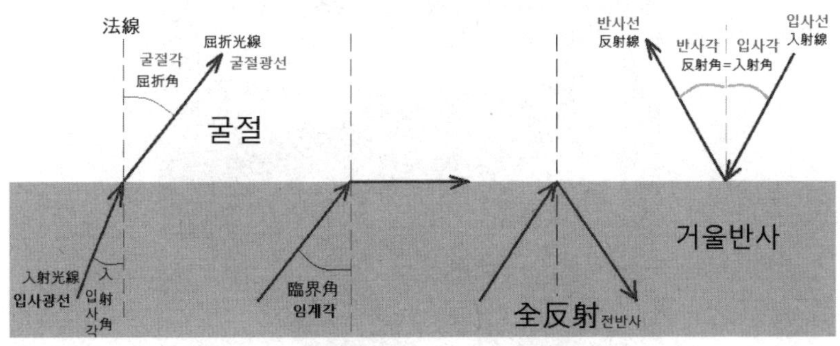

〈그림 135〉 반사 및 굴절, 전반사 정리[100]

99 참조: Leaf – Wikipedia[접근: 2022.04.10.]

100 Reflection (physics) – Wikipedia 에서 'Diagram of specular reflection' 및 'Refraction of

〈그림 136〉 경남 바닷가 일몰, 34.82°, 127.98°

그림 136은 일몰 때의 남해의 어느 해변을 보여준다. 거짓 일몰 현상을 보이는 것일까? 그림의 상단에 있는 구름은 어떤 역할을 하고 있는가? 해면의 색깔과 육지는 왜 어둡게 보이는가? 바닷가의 태양 일몰이 매우 붉게 보이는 이유는 무엇일까?

〈그림 137〉 양산시청, 물고기를 보는 새

light at the interface between two media' 그림[접근: 2022.04.11.]에서 수정.

그림 137에서 다양한 광학적 현상을 볼 수 있다. 어떤 게 있을까? 새와 물고기 상황을 그림으로 간단하게 그려보자. 혹은 사진을 촬영하는 위치에서 물고기들의 물속 위치를 그림으로 그려보자. 사진상에 보이는 물고기의 물속 위치가 정말로 그 위치인가?

11. 전자기파 흡수 정도

그림 138은 동일한 플라스틱 컵에 왼쪽 그림은 맨 물 상태이고 오른쪽 그림은 검은색 잉크를 넣은 상태를 보인다. 이번 절에서는 오른쪽 그림처럼 컵 바닥 아래에 있는 동전이 보이지 않는 현상에 대하여 살펴볼 것이다. 좌측 그림에서도 동전이 약간 흐리게 보인다. 이는 전자기파가 물질 속에서 진행할 때 에너지를 잃기 때문이다. 앞에서 소개된 복소굴절률 식의 허수부 κ와 관련된 것으로, 이는 에너지를 잃는 정도를 나타낸 것이다. 에너지를 잃는 것을 감쇠(減衰, attenuation)라고 하며, 물질 내에서 지수적(指數的)으로 일어나기에 지수적 감쇠(exponential decay)라고 한다. 이 지수적 감쇠 현상은 전자기파의 침투깊이를 구하는 데 쓰인다. 이에 대해 살펴보자.[101]

101 Iain H. Woodhouse(2006); 지수적 감쇠 - 위키백과, 우리 모두의 백과사전 (wikipedia.org)[접근: 2022.03.21.]

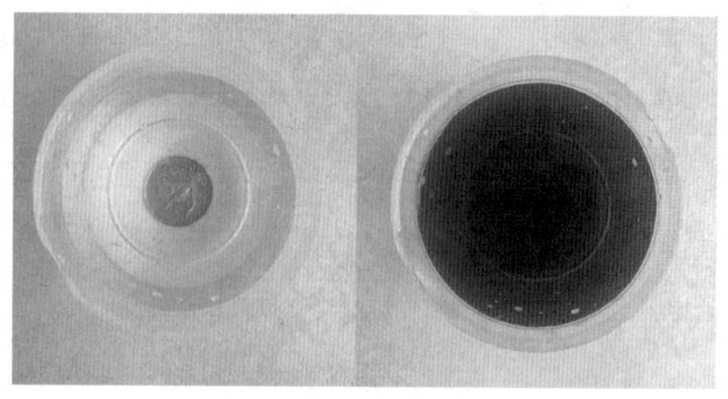

〈그림 138〉 동일한 컵 아래의 동전을 보기

매질을 통한 전자기파의 흡수작용은 매질의 흡력(吸力, strength, 내력耐力, 강도)과 경로 길이에 따른다(조규전, Dr.-Ing.mult. Gottfried Konecny, 2005)(그림 139). 물의 경우 전자기파 흡수가 약해 대부분을 투과시킨다(그림 138 왼쪽 그림). 흡력이 높은 잉크의 밀도가 증가함에 따라 전자기파의 흡수가 증가하고 컵 아래의 동전으로 도달하는 전자기파가 감소하게 된다. 잉크가 매우 작은 밀도일 때, 컵의 깊이가 증가할수록 컵 아래의 동전이 보이지 않게 된다.

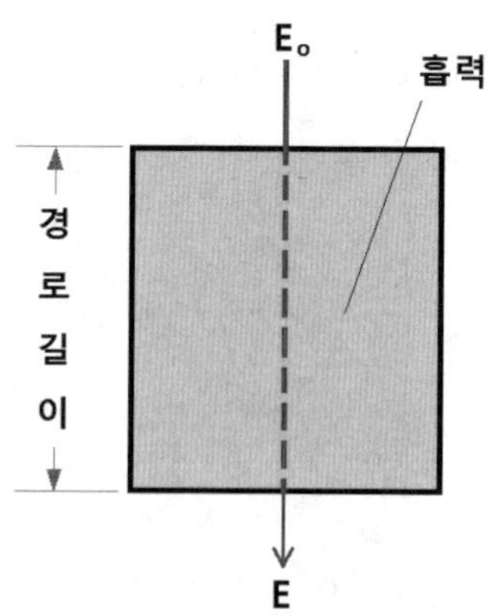

〈그림 139〉 매질 속 전자기파 흡수 모식도

(E_0: 입사파 혹은 입사에너지, E: 측정된 투과파 혹은 투과에너지)

경로길이(path length)는 전자기파가 물체 속을 이동한 거리를 뜻한다. 물체의 흡력은 흡수계수(吸收係數, α, absorption coefficient)로 표현할 수 있다. 이 두 요인을 고려하여 입사에너지와 투과에너지 간의 관계를 비어 법칙(Beer's law, Beer–Lambert law, Beer–Lambert–Bouguer law, 비어–람베르트 법칙)으로 표현할 수 있다.[102]

$$E = E_0 e^{-\alpha d}$$

여기서 α: 흡수계수이며 단위는 cm^{-1}이다. 그리고 파장별 값을 가진다. d: 경로길이이며 단위는 cm이다.

위 식에서 바로 투과율(透過率, transmittance)을 구할 수 있다.[103]

$$T = \frac{E}{E_0} = e^{-\alpha d}$$

위의 식에서 흡수계수를 나타낼 수 있다.

$$\ln(T) = -\alpha d$$

$$\alpha = \frac{-\ln(T)}{d}$$

흡수계수(α)는 흡광계수 (吸光係數, κ, extinction coefficient)와 같이

102 JAY M. HAM(2005); Jurgen R. Meyer–Arendt(1989); Beer–Lambert law – Wikipedia[접근: 2022.04.19.]

103 Transmittance – Wikipedia[접근: 2022.04.19.]

파장을 사용하여 다음과 같이 표현된다.[104]

$$\alpha = \frac{4\pi\kappa}{\lambda}$$

그러므로 흡광계수는 다음과 같이 표현된다.

$$\kappa = \frac{\alpha\lambda}{4\pi}$$

흡수계수 및 흡광계수 모두 파장별로 값을 가지는 것을 알 수 있다. 흡광계수는 전자기파가 물질 속에서 진행할 때 흡수에 의해서 그 양이 감소하는 정도를 나타내는 상수이다.[105]

계산 연습을 해 보자. 물체가 1cm 두께이며, 물체 투과율이 20%(=0.2)일 때, 흡수계수를 구해 보자.

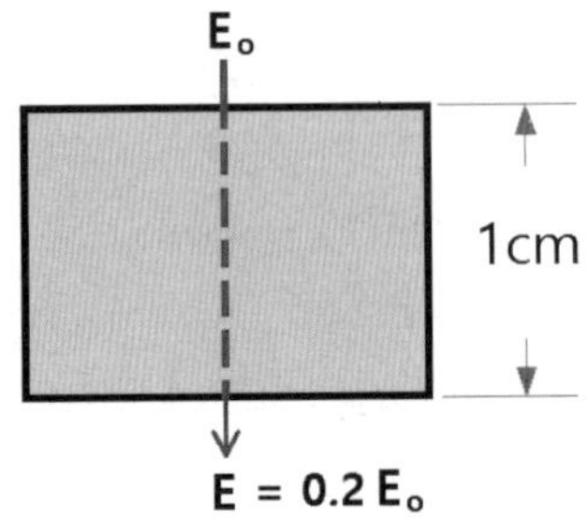

〈그림 140〉 흡수계수 구하기 상황

104 James R. Irons et al.(1989); Craig F. Bohren and Eugene E. Clothiaux(2006); Refractive index – Wikipedia; Beer–Lambert law – Wikipedia; Cross section (physics) –Wikipedia[접근: 2022.03.05.]

105 흡광 계수 뜻: 파동이나 방사선이 물질의 어떤 층을 지날 때 흡수에 의해서 그 양이 감소하는 정도를 나타낸다(wordrow.kr).[접근: 2022.04.04.]

$$\alpha = \frac{-\ln(T)}{d} = \frac{-\ln(0.2)}{1cm} = 1.609\,cm^{-1}$$

B3 | =-LN(B2)/B1

	A	B	C	D	E
1	경로길이	1			
2	투과율	0.2			
3	흡수계수	1.609438			

〈그림 141〉 엑셀을 사용한 흡수계수 구하기

비어법칙은 나중에 다룰 대기의 흡수 작용을 설명하는 데에도 쓰인다. 침투깊이(penetration depth, e-folding distance, e배 거리, 지수적 감쇠거리)는 전자기파가 물질 속으로 침투할 수 있는 정도이며, 입사된 전자기파의 e^{-1}배의 값이 되는 깊이다. 즉 $T = e^{-\alpha d}$에서 $\alpha d = 1$ 인 깊이를 뜻한다. 또한 이 깊이에서 $T = e^{-1} = 0.3679$이기에, 약 37%의 투과율을 보이게 된다. 또한 침투깊이를 식으로 나타내면 다음과 같다.[106]

$$d = \frac{1}{\alpha}$$

비어법칙, 흡수계수와 침투깊이의 관계를 고려하여 나뭇잎이나 식생

106 Penetration depth – Wikipedia; e-folding – Wikipedia; 지수적 감쇠 – 위키백과, 우리 모두의 백과사전 (wikipedia.org); 자연로그의 밑 – 위키백과, 우리 모두의 백과사전 (wikipedia.org); Attenuation coefficient – Wikipedia; Refractive index – Wikipedia[접근: 2022.03.05.]

천개(天蓋, canopy)의 수분 함량을 측정할 수 있다. 예를 들면, Nieves Pasqualotto et al.(2018), E. Raymond Hunt Jr et al.(2015), Matthias Wocher et al.(2018) 연구를 들 수 있다. 하상(河床)으로부터 투과되고 반사된 전자기파를 분석하여 하천수심을 측정하는 연구도 있다. 예를 들면, Carl J. Legleiter et al.(2004), Carl J. Legleiter and Ryan L. Fosness(2019)의 연구가 있다. 또한 빙하표퇴(氷河漂堆, supraglacial: 빙하 표면에 녹은 물)인[107] 빙하표면 호수 혹은 하천 연구에 적용되기도 했다(예, C. J. Legleiter et al., 2014).

계산 연습을 해 보자. 물 깊이 20m에서 파장 450nm, 550nm, 650nm 각각의 투과율을 구해 보자. 파장별 흡수계수는 다음과 같다(참고: Raymond C. Smith and Karen S. Baker, 1981).

$$\alpha_{\lambda=450nm} = 1.45 \times 10^{-4} cm^{-1}$$

$$\alpha_{\lambda=550nm} = 6.38 \times 10^{-4} cm^{-1}$$

$$\alpha_{\lambda=650nm} = 3.49 \times 10^{-3} cm^{-1}$$

가시광선 파장대에서 파장이 길수록 흡수계수가 높아지는 것을 알 수 있다. 투과율을 구하면 다음과 같다.

$$T_{\lambda=450nm} = e^{-\alpha d} = e^{-1.45\times10^{-4}cm^{-1}\cdot 2{,}000cm} = 0.7483$$

$$T_{\lambda=550nm} = e^{-6.38\times10^{-4}cm^{-1}\cdot 2{,}000cm} = 0.2792$$

107 참고: 북극 이어, 남극 빙하도 녹고 있다– Sciencetimes; Supraglacial lake – Wikipedia[접근: 2021.10.13.]

$$T_{\lambda=650nm} = e^{-3.49\times10^{-3}cm^{-1}\cdot2{,}000cm} = 0.0009$$

침투깊이(e배 거리), 즉 파장별 37%의 투과율을 보이는 깊이를 구해볼 수 있다.

$$d_{\lambda=450nm} = \frac{1}{1.45\times10^{-4}cm^{-1}} = 6896.55cm = 68.97m$$
$$d_{\lambda=550nm} = \frac{1}{6.38\times10^{-4}cm^{-1}} = 1567.40cm = 15.67m$$
$$d_{\lambda=650nm} = \frac{1}{3.49\times10^{-3}cm^{-1}} = 286.53cm = 2.87m$$

D4 : =EXP(-B4*C4)

	A	B	C	D	E
1		흡수계수(cm^-1)	물깊이(cm)	투과율	침투깊이(cm)
2	450nm	1.450E-04	2000	0.748264	6896.551724
3	550nm	6.380E-04	2000	0.279152	1567.398119
4	650nm	3.490E-03	2000	0.00093	286.5329513

〈그림 142〉 엑셀을 사용한 파장별 투과율 및 침투깊이 구하기

그림 142의 엑셀에서 수심을 다르게 주어 투과율을 계산해 보자. 파장 450nm는 깊이 200m로 계산한 투과율=0.055이며, 파장 550nm는 깊이 40m에서 투과율=0.0779로 계산된다. 위 계산을 수심을 달리하면서 해 보자. 이번 장의 어떤 그림이 지금 했던 계산과 관련되어 있는가?

정리하는 의미에서 계산 연습을 더 해 보자. 태양천정각 30°로 태양광선이 입사하는 5m의 물 바닥에 도달하는 650nm 파장의 투과율을 구해 보자(그림 143). 파장 650nm에서의 물의 흡수계수

$\alpha_{\lambda=650nm} = 3.49 \times 10^{-3} cm^{-1}$, 굴절률 $n = 1.33$(Alexey N. Bashkatov and Elina A. Genina, 2003)으로 가정한다. 대기 $n_1 = 1$로 한다.

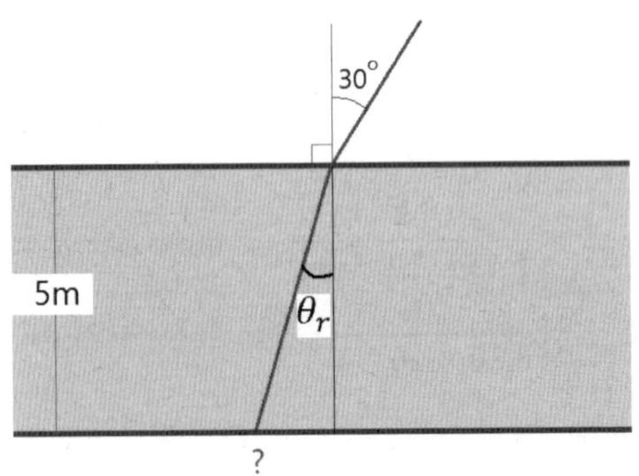

〈그림 143〉 문제 상황 그려보고 관련 공식 생각하기

먼저 굴절각을 구해 보자. 어떤 법칙을 사용하는가?

$$n_1 \sin\theta_1 = n_2 \sin\theta_r$$

$$\sin 30° = 1.33 \sin\theta_r$$

$$\theta_r = sin^{-1}\left(\frac{\sin 30°}{1.33}\right) = 22.08°$$

경로길이를 구해 보자. 그림 143의 그림으로 관계식을 생각해 볼 수 있다.

$$\cos\theta_r = \frac{5m}{d}$$

$$d = \frac{5m}{\cos 22.08°} = 5.396m \rightarrow 539.6cm$$

이제 바닥의 투과율을 구해 보자. 어떤 식을 사용하는가?

$$T = e^{-\alpha d} = e^{-3.49 \times 10^{-3} cm^{-1} \cdot 539.6 cm} = 0.15$$

바닥까지 15%가 전해지는 것을 알 수 있다.

B8	=EXP(-B4*(B7*100))	

	A	B	C
1	파장(nm)	650	
2	입사각(°)	30	
3	굴절률	1.33	
4	흡수계수(cm^-1)	0.00349	
5	굴절각	22.08241	DEGREES(ASIN(SIN(RADIANS(B2))/1.33))
6	물기둥깊이(m)	5	
7	경로길이	5.395815	B6/COS(RADIANS(B5))
8	투과율	0.152112	EXP(-B4*(B7*100))

〈그림 144〉 엑셀을 사용한 물 바닥까지의 투과율 구하기

전자기파가 경계면에서 굴절되는 정도를 다루었다. 이제 경계면에서 전자기파가 반사되는 양과 투과되는 양을 구해 보자. 먼저 편광에 대해 살펴보자.

12. 편광

음파(音波)는 공기의 입자가 파동의 진행 방향으로 진동하기에 종파(縱波, longitudinal wave)를 이룬다. 종파는 파동의 진행 방향과 매질(媒質)의 진동 방향이 일치하는 파동을 말한다. 전자기파는 횡파(橫波,

transverse wave)이다. 파동의 진행 방향과 매질의 진동 방향이 직각을 이루는 파이다.[108]

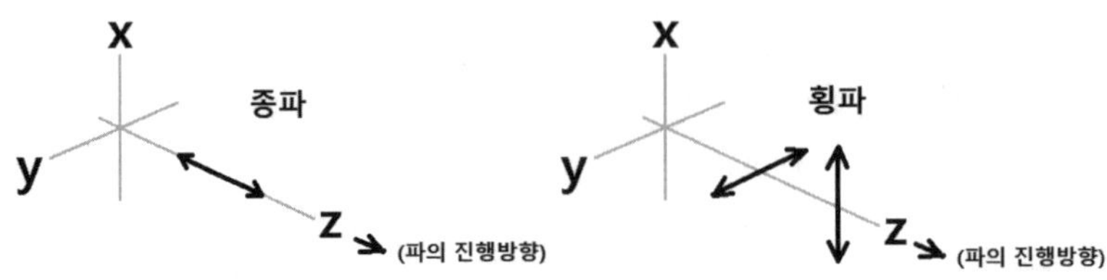

〈그림 145〉 종파와 횡파

파동이 그림 145에서 z 방향으로 진행하는 경우, 종파일 경우에는 입자가 진동하는 방향은 z축 하나밖에 없다. 그러나 횡파일 경우 x 방향과 y 방향으로 진동할 수 있다. 전기파의 x, y의 방향 진동을 편광(偏光, 편파)이라 하며 빛을 두 종류의 편광으로 나눠 볼 수 있다(고토 나오히사, 2019). 편광은 그 방향으로 전기파의 움직이는 힘을 가진다고 할 수 있다. 다시 정의하면, 편광(偏光, polarization, 편파)은 전기파(電氣波)의 진동이 특정 방향(orientation)으로만 진동하는 현상이다[109]. 편광에서는 전기장 진동만을 다룬다.

108 고토 나오히사(2019, 2018); 종파 (물리학) – 위키백과, 우리 모두의 백과사전 (wikipedia.org); 횡파 – 위키백과, 우리 모두의 백과사전 (wikipedia.org)[접근: 2021.10.17.]

109 Polarization (waves) – Wikipedia[접근: 2022.04.09.]

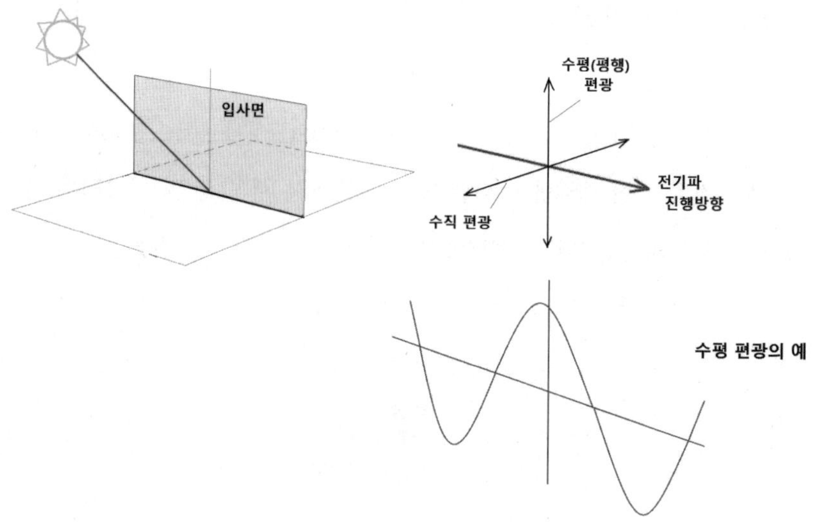

<그림 146> 가시광선대 및 근적외선 광학분야에 쓰이는 편광 관례[110]

태양주평면, 즉 태양복사의 입사면(入射面, plane of incidence)을 참조하여 평행하게 진동하면 수평(평행) 편광(parallel or horizontal polarization, p-polarized)이라 하며, 입사면과 직각으로 파동이 진동하면 수직 편광(perpendicular or vertical polarization, s-polarized)이라 부른다(그림 146). 그림 146의 제일 아래에 태양복사의 입사면과 평행하게 진행하는 수평편광의 예를 보여주고 있다. 자연광(自然光)과 태양광(太陽光)은 편광되지 않은 전자기파라 할 수 있다. 편광의 예로는 레이저(laser), 레이다(radar), 광학통신(wireless and optical fiber telecommunications)이 있다.[111]

110 참고: Plane of incidence – Wikipedia; Fresnel equations – Wikipedia[접근: 2021.10.13.]

111 햇빛 – 위키백과, 우리 모두의 백과사전 (wikipedia.org); 레이다 – 위키백과, 우리 모두의 백과사전 (wikipedia.org); Laser – Wikipedia; Radar – Wikipedia; Polarization (waves) –

13. 프레넬 방정식

프레넬 방정식(---方程式, Fresnel's equation, Fresnel's formula)은 전자기파가 한 매질에서 다른 매질로 들어갈 때 반사 및 투과되는 비율을 구하는 데 쓰인다. 경계면에서 반사되거나 투과되는 비율을 구하는 것이다. 경계면은 매끄러워야 하며 각각의 비율은 파장별로 다르다.[112]

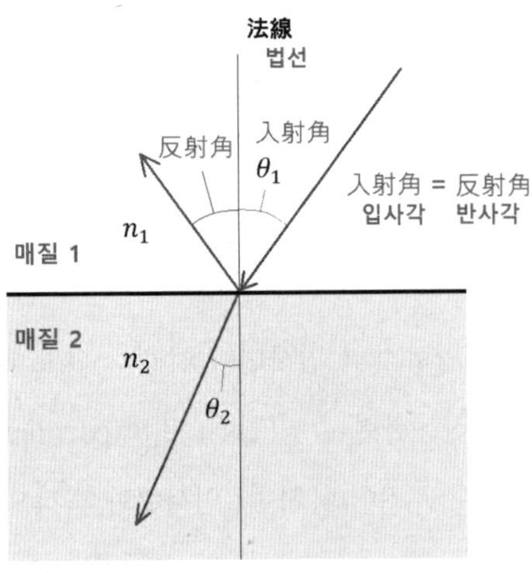

〈그림 147〉 프레넬 방정식 상황

반사의 정도는 수직 편광과 수평 편광에 대하여 다르며, 그래서 각각의 식을 가지며, 둘을 합쳐 전체 반사율을 구하게 된다. 『위키백과』에서

Wikipedia[접근: 2022.04.22.]

112 프레넬 방정식 – 위키백과, 우리 모두의 백과사전 (wikipedia.org); Fresnel equations – Wikipedia[접근: 2022.04.22.]; '프레넬 방정식 계산기' 링크에 접속하면 반사율을 쉽게 구할 수 있다. 혹은 계산 활동의 검증으로 활용할 수 있다. 예) https://www.fxsolver.com/solve/[접근: 2020.09.28.]

소개된 반사율은 전자기파의 세기에서 얼마나 반사했는가를 나타내는 비율이며, 프레넬 계수를 이용하여 나타낸 것이다(그림 147).[113]

$$R_{\parallel} = \left|\frac{n_1 \cos\theta_2 - n_2 \cos\theta_1}{n_1 \cos\theta_2 + n_2 \cos\theta_1}\right|^2$$

$$R_{\perp} = \left|\frac{n_1 \cos\theta_1 - n_2 \cos\theta_2}{n_1 \cos\theta_1 + n_2 \cos\theta_2}\right|^2$$

여기서 $R_{\parallel}$: 수평편광반사율, $R_{\perp}$: 수직편광반사율, n_1: 매질1의 굴절률, n_2: 매질2의 굴절률, θ_1: 입사각, θ_2: 굴절각은 스넬 법칙을 통하여 구할 수 있다.

위의 식은 흡광(吸光)을 하는 물질에서 전자기파의 세기가 감쇠되는 현상을 포함하지 않는다.[114] 그래서 흡광계수(소광계수, 소산계수)를 사용한 수직 및 수평 편광 각각의 반사율 식을 데니슨 교수가 수업시간에 판서한 것을 소개하면 다음과 같다.

$$R_{\parallel} = \frac{(n_2 \cos\theta_1 - n_1 \cos\theta_2)^2 + (\kappa_2 \cos\theta_1 - \kappa_1 \cos\theta_2)^2}{(n_2 \cos\theta_1 + n_1 \cos\theta_2)^2 + (\kappa_2 \cos\theta_1 + \kappa_1 \cos\theta_2)^2}$$

$$R_{\perp} = \frac{(n_2 \cos\theta_2 - n_1 \cos\theta_1)^2 + (\kappa_2 \cos\theta_2 - \kappa_1 \cos\theta_1)^2}{(n_2 \cos\theta_2 + n_1 \cos\theta_1)^2 + (\kappa_2 \cos\theta_2 + \kappa_1 \cos\theta_1)^2}$$

여기서 $R_{\parallel}$: 수평편광반사율, $R_{\perp}$: 수직편광반사율, κ: 흡광계수, n_1: 매질1의 굴절률, n_2: 매질2의 굴절률, θ_1: 입사각, θ_2: 굴절각이다.

113 Jurgen R. Meyer-Arendt(1989); Fresnel equations – Wikipedia[접근: 2021.10.12.]

114 Attenuation coefficient – Wikipedia[접근: 2022.04.22.]

총 반사율은 수직편광반사율과 수평편광반사율의 합을 2로 나눈 값이며, 0~1 값을 가진다(Max Born and Emil Wolf, 1980). 다음과 같이 구할 수 있다.

$$R = \frac{R_{\parallel} + R_{\perp}}{2}$$

그러므로 총 투과율은 다음과 같다.

$$T = 1 - R$$

만약 매질이 투명하고, $k_2 \rightarrow 0$ (매우 작은 값이라면), 다음과 같이 나타낼 수 있다.[115] 가장 많이 사용되는 형태라고 한다.

$$R_{\parallel} = \left[\frac{tan(\theta_1 - \theta_2)}{tan(\theta_1 + \theta_2)}\right]^2$$

$$R_{\perp} = \left[\frac{sin(\theta_1 - \theta_2)}{sin(\theta_1 + \theta_2)}\right]^2$$

입사각이 0°라면 굴절각도 0°가 된다(즉 $\theta_1 = \theta_2 = 0°$). 입사각 0°는 편광과 굴절현상을 서로 관련 없게 만든다. 그래서 매우 작은 흡광계수를 가정하면, 다음과 같은 식으로 표현된다.

115 Fresnel equations – Wikipedia[접근: 2021.10.12.]: 이곳에 식이 도출되는 과정이 설명되어 있다.

$$R = \frac{(n_2 - 1)^2}{(n_2 + 1)^2}$$

대기에서 다른 매질로 전자기파가 들어갈 때 n_2가 증가하거나 θ_1가 증가하면 반사율도 높아진다. 이제 계산 연습을 해 보자. 물의 굴절률 $n_2 = 1.33$, 흡광계수 $\kappa_2 = 9.6 \times 10^{-9}$(참고: David J. Segelstein, 1981; Marvin R. Querry, 1983)라 할 때, 파장 $\lambda = 600\text{nm}$의 입사각 변화에 따른 반사율과 투과율을 구해 보자.

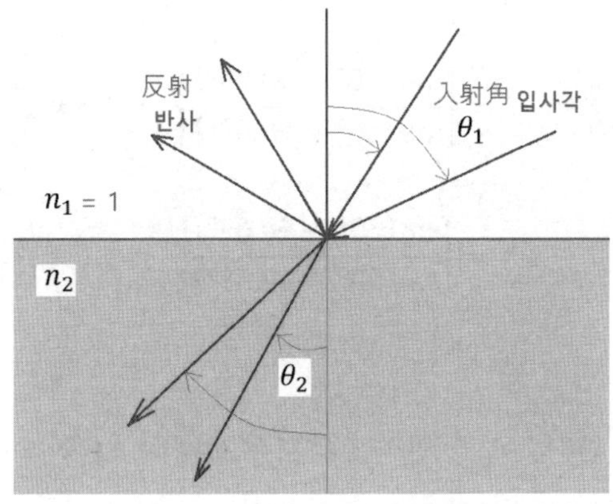

〈그림 148〉 입사각 변화에 따른 반사율과 투과율 변화 상황 가정

먼저 굴절률 $n_2 = 1.33$을 사용해 입사각 30°와 60°일 때의 굴절각(θ_2)을 구해 보자.

$$\theta_{2,\theta_1=30^\circ} = sin^{-1}\left(\frac{\sin 30^\circ}{1.33}\right) = 22.08^\circ$$

$$\theta_{2,\theta_1=60^\circ} = sin^{-1}\left(\frac{\sin 60^\circ}{1.33}\right) = 40.63^\circ$$

흡광계수가 매우 작은 값이므로 다음 식으로 입사각 30°, 60°일 때의 수평편광반사율과 수직편광반사율을 구할 수 있다.

$$R_{\parallel\ 입사각=30^\circ} = \left[\frac{tan(30^\circ - 22.08^\circ)}{tan(30^\circ + 22.08^\circ)}\right]^2 = 1.2\times 10^{-2}$$

$$R_{\perp\ 입사각=30^\circ} = \left[\frac{sin(30^\circ - 22.08^\circ)}{sin(30^\circ + 22.08^\circ)}\right]^2 = 3.0\times 10^{-2}$$

$$R_{\parallel\ 입사각=60^\circ} = \left[\frac{tan(60^\circ - 40.63^\circ)}{tan(60^\circ + 40.63^\circ)}\right]^2 = 4.4\times 10^{-3}$$

$$R_{\perp\ 입사각=60^\circ} = \left[\frac{sin(60^\circ - 40.63^\circ)}{sin(60^\circ + 40.63^\circ)}\right]^2 = 1.1\times 10^{-1}$$

입사각 30°, 60°일 때 총 반사율은 각각 2.1%와 5.9%로 나온다.

입사각 $\theta_1 = 0^\circ$일 때의 반사율을 구해 보자. $\theta_1 = \theta_2 = 0^\circ$이고, 흡광계수가 매우 작으므로 다음과 같이 구할 수 있다.

$$R_{입사각=0^\circ} = \frac{(n_2-1)^2}{(n_2+1)^2} = \frac{(1.33-1)^2}{(1.33+1)^2}$$

반사율이 2%로 나온다. 그러면 투과율은 98%가 되는 것이다. 입사각 θ_1이 커질수록 반사율이 증가하는 것을 알 수 있다.

B5 =((TAN(RADIANS(B1-B3))/(TAN(RADIANS(B1+B3))))^2)

	A	B	C	D
1	입사각30도	30		
2	입사각60도	60		
3	굴절각(입30)	22.08241	=DEGREES(ASIN((SIN(RADIANS(B1))/1.33)))	
4	굴절각(입60)	40.62813	=DEGREES(ASIN((SIN(RADIANS(B2))/1.33)))	
5	R수평(입30)	1.2E-02	=((TAN(RADIANS(B1-B3))/(TAN(RADIANS(B1+B3))))^2)	
6	R수직(입30)	3.0E-02	=((SIN(RADIANS(B1-B3))/(SIN(RADIANS(B1+B3))))^2)	
7	R수평(입60)	4.4E-03	=((TAN(RADIANS(B2-B4))/(TAN(RADIANS(B2+B4))))^2)	
8	R수직(입60)	1.1E-01	=((SIN(RADIANS(B2-B4))/(SIN(RADIANS(B2+B4))))^2)	
9	총R(입30)	0.021112	=((B5+B6)/2)	
10	총R(입60)	0.059126	=((B7+B8)/2)	
11				
12	입사각0도	1.33	굴절률	
13	총R	0.020059	=(B12-1)^2/(B12+1)^2	

〈그림 149〉 엑셀을 사용한 입사각에 따른 반사율과 투과율 계산

프레넬 방정식은 거울반사율 계산, 지표면으로부터의 반사량 등을 계산할 때 쓰인다. 또한 컴퓨터 모델링에서 표면에서 반사되는 빛의 양을 결정짓는 데 사용되기도 한다. 대표적 예는 Persistence of Vision Ray Tracer(POV-Ray) 프로그램을 들 수 있다.[116]

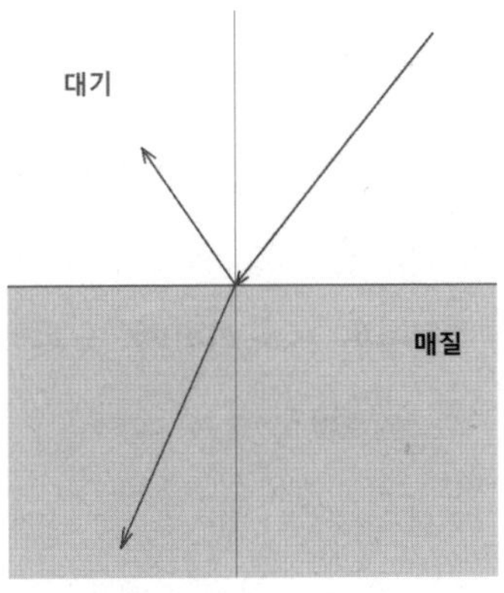

〈그림 150〉 그림을 보며 정리하기

116 POV-Ray – Wikipedia; POV-Ray – The Persistence of Vision Raytracer (povray.org)[접근: 2021.11.21.]

지금까지 다룬 개념들을 그림 150을 보면서 정리해 보자. 우선 입사하는 전자기파에 람베르트 코사인법칙이 적용될 것이다. 스넬의 법칙, 프레넬 방정식을 이용하여 반사율을 구하고 경로길이와 흡수계수, 비어법칙을 통하여 투과율을 구할 수 있을 것이다. 스넬의 법칙은 굴절각을 구하기 위한 것이고, 프레넬 방정식은 경계면에서의 전자기파의 반사율과 투과율을 구하는 것이다.

브루스터각(Brewster's angle, 편광각偏光角, 편파각)은 굴절률이 다른 매질의 경계에서 편광 상태의 전자기파가 경계면에서 반사되지 않는 특정 입사각을 의미한다.[117] 수평편광 반사율을 다시 보자.

$$R_{\parallel} = \left[\frac{tan(\theta_1 - \theta_2)}{tan(\theta_1 + \theta_2)}\right]^2$$

위의 식 분모 부분에서 $\theta_1 + \theta_2 = 90°$이면 $tan90° \rightarrow \infty$가 되고, 그러면 $R_{\parallel} = \frac{\text{값}}{\infty} \approx 0$이 되는 것을 알 수 있다. 그래서 브루스터각에서는 수평편광 반사가 발생하지 않게 된다. 그냥 다 통과하는 것이다. 브루스터각으로 입사하는 전기파가 반사되는 것은 수직 편광 부분인 것이다. $n_1 \sin\theta_1 = n_2 \sin\theta_2$에서 $\theta_2 = 90° - \theta_1$이기에 다음과 같다.[118]

$$n_1 \sin\theta_1 = n_2 \sin(90° - \theta_1)$$

$$n_1 \sin\theta_1 = n_2 \cos\theta_1$$

117 브루스터 각 – 위키백과, 우리 모두의 백과사전 (wikipedia.org)[접근: 2022.04.09.]

118 Brewster's angle – Wikipedia: 이해하기 쉽게 그림으로 잘 보여준다; Dielectric – Wikipedia; Specular reflection – Wikipedia[접근: 2021.11.21.]

$$\frac{n_2}{n_1} = \frac{\sin\theta_1}{\cos\theta_1} = \tan\theta_1$$

이제 브루스터각(θ_1)을 다음과 같이 나타낼 수 있다.

$$\theta_1 = tan^{-1}\left(\frac{n_2}{n_1}\right) = arctan\left(\frac{n_2}{n_1}\right)$$

계산 연습을 해 보자. 전자기파가 물에 입사할 때, 대기의 굴절률을 $n_1 = 1$로 하고 물의 굴절률을 $n_2 = 1.33$이라 하면 브루스터각은 다음과 같다.

$$\theta_1 = tan^{-1}1.33 = 53.06°$$

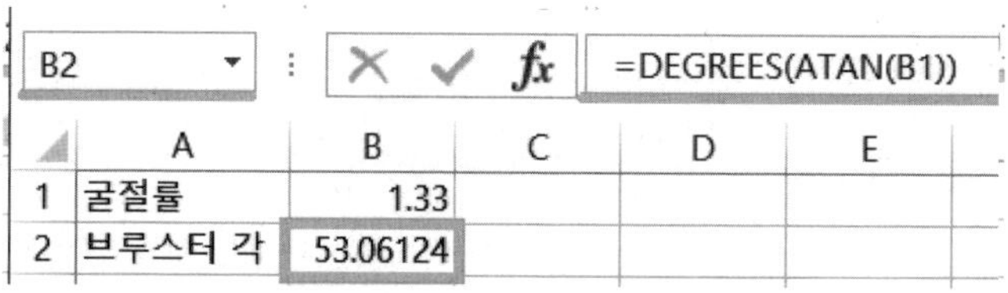

B2 =DEGREES(ATAN(B1))

	A	B	C	D	E
1	굴절률	1.33			
2	브루스터 각	53.06124			

〈그림 151〉 엑셀을 사용한 브루스터각 구하기

가시광선대의 브루스터각은 약 56°이며, 대기와 물의 경계면에서 n_1=1, n_2=1.33으로 할 때 약 53°의 값을 보인다. 굴절률(refractive index)은 파장별로 다르므로 브루스터각도 파장별로 다르다.[119]

이제 간섭 현상에 대하여 살펴보자. 비눗방울(soap bubble) 표면, 새의 깃털, 기름띠(oil film, 유막油膜, 기름 막), 나비의 날개에서 보이는 색깔

119 Brewster's angle – Wikipedia; Optical properties of water and ice – Wikipedia[접근: 2022.03.19.]

은 오직 간섭 현상으로 설명될 수 있다.[120] 간섭을 기술하기 위해서는 위상에 대한 이해가 필요하다.

14. 위상과 간섭

위상(位相, phase)은 앞에서 설명한 것처럼, 주기적으로 되풀이되는 전자기파에서의 특정 상태나 위치다. 또는 전자기파가 다른 전자기파에 대한 상대적 위치라 할 수 있다. 간섭(干涉, Interference)은 둘 이상의 전자기파가 한 점에서 만날 때 그 점에서 서로 겹쳐 강해지거나 약해지는 현상을 가리킨다. 정리하면, 두 개 이상의 파가 첨가되어 새로운 파가 형성되면서 두 개 이상의 전자기파에서의 위상차(位相差, phase difference)에서 간섭 현상이 발생하는 것이다.[121]

그림 152 왼쪽 그림에서 두 개의 전자기파 마루가 같이 진동하는 것을 알 수 있다. 즉 위상차가 0즉 2π인 것을 알 수 있다. 이를 동위상(同位相, in phase)이라 한다. 그림 152 오른쪽 그림처럼 두 개의 전자기파가 마루와 골끼리 서로 겹쳐지는 것, 혹은 위상차가 날 때, 동위상이 아니라고(out of phase) 표현한다. 동위상이 아닌 최대 위상차는 π인 것을 알 수 있다.

120 Soap bubble – Wikipedia; Butterfly – Wikipedia; Bird – Wikipedia; Thin-film interference – Wikipedia[접근: 2022.04.22.]

121 간섭 (파동 전파) – 위키백과, 우리 모두의 백과사전 (wikipedia.org); Phase (waves) – Wikipedia; Optics – Wikipedia[접근: 2022.04.09.]

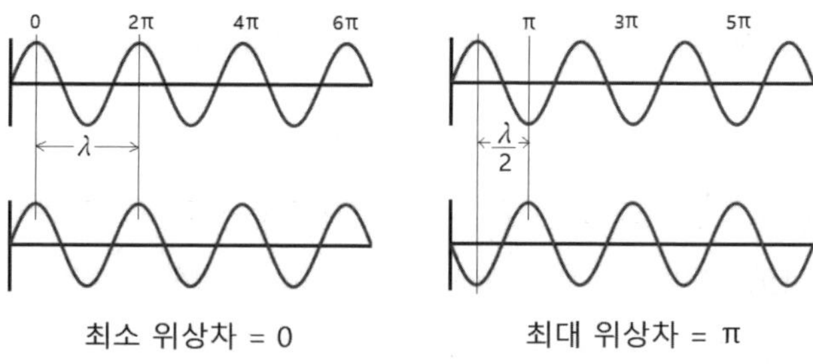

〈그림 152〉 동일 진폭 및 파장을 가진 두 전자기파의 최소 및 최대 위상차[122]

그림 152의 오른쪽 그림에서처럼 최대 위상차를 파장과 연관지어 나타내면 다음과 같다.

$$\pi = \frac{\lambda}{2}$$

두 개의 전자기 파동이 동위상일 경우와 위상차가 날 경우, 보강간섭과 상쇄간섭을 각각 일으킨다(그림 153).[123]

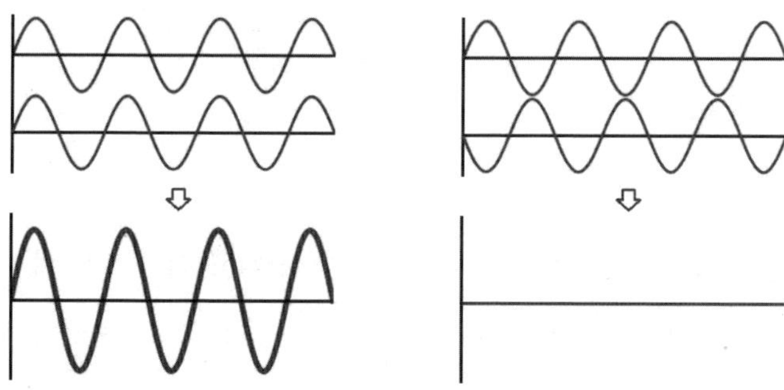

〈그림 153〉 보강간섭과 상쇄간섭의 예[124]

122 File:Interference of two waves.svg – Wikimedia Commons[접근: 2022.04.09.]

123 谷腰欣司(2004); Wave interference – Wikipedia; Optics – Wikipedia[접근: 2022.04.15.]

124 谷腰欣司(2004); File:Interference of two waves.svg – Wikimedia Commons[접근: 2022.04.09.]

동위상에서의 보강간섭(補强干涉)(그림 153 왼쪽)은 진폭이 2배 증가하며 최대 위상차 때의 상쇄간섭(相殺干涉)일 때(그림 153 오른쪽) 진폭이 0이 된다. 이 위상차를 바탕으로 박막간섭에 대하여 알아보자.

박막간섭(薄膜干涉, Thin-film interference, 얇은 필름)은 필름에서 일어나는 보강 및 상쇄간섭 현상을 일컫는다(그림 154, 1과 2는 평행하게 진행한다).[125]

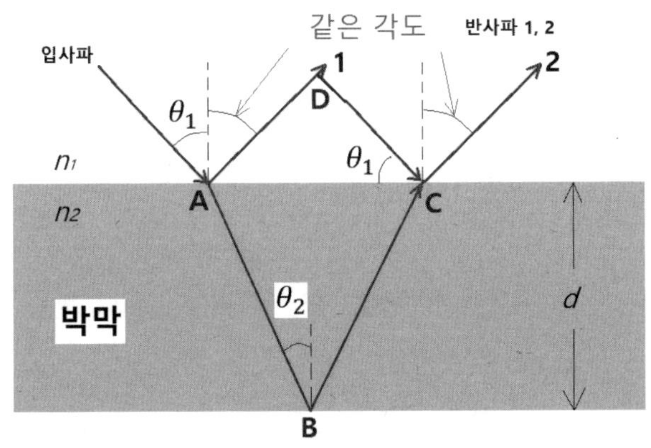

〈그림 154〉 박막간섭 간단 예[126]

박막의 두께가 입사하는 전자기파 파장의 반 배수라면, 반사되는 전자기파는 서로 보강된다. 결국 특정 파장(색깔)을 더욱 강하게 보여주게 된다. 보강간섭이 발생할 때, 박막에서의 전자기파의 경로차이(path length difference)는 파장의 정수배이다. 그림 154로 보강간섭이 발생

125 Thin-film interference – Wikipedia[접근: 2022.04.22.]

126 Thin-film interference – Wikipedia의 그림 'Demonstration of the optical path length difference for light reflected from the upper and lower boundaries of a thin film.' 수정[접근: 2022.04.22.]

하는 경로차이(혹은 광학적 경로차이)를 구하면 다음과 같다.

$$경로차 = 2n_2 d \cos\theta_2 = m\lambda$$

여기서 m: 1, 2, 3, … 이다.

그림 154에서 전자기파가 박막의 경계면에서 같은 반사각으로 평행하게 진행하는 전자기파가 겹치면서 보강 및 상쇄간섭이 발생하는 것을 알 수 있다.

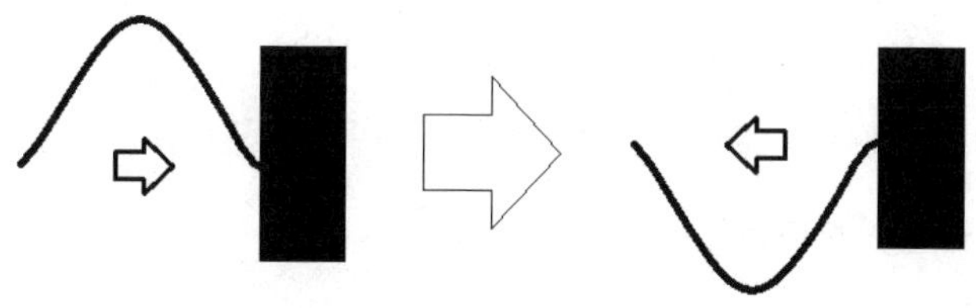

〈그림 155〉 단단한 경계면에서의 펄스의 위상변화[127]

전자기파가 굴절률이 낮은 매질에서 높은 매질로 진행할 경우 반사되는 전자기파의 위상이 파장의 $\frac{\lambda}{2}$인 π(180°)만큼 변하지만(그림 155), 굴절률이 높은 물질에서 낮은 물질로 진행할 경우에는 위상 변화가 없다. 이 현상을 굴절률이 다른 매질 경계를 통과하거나 반사되는 전자기파의 위상변화로 표현하면 〈그림 156〉과 같다.

127 Wave equation – Wikipedia 'A pulse traveling through a string with fixed endpoints as modeled by the wave equation.' 그림 수정[접근: 2022.04.22.]

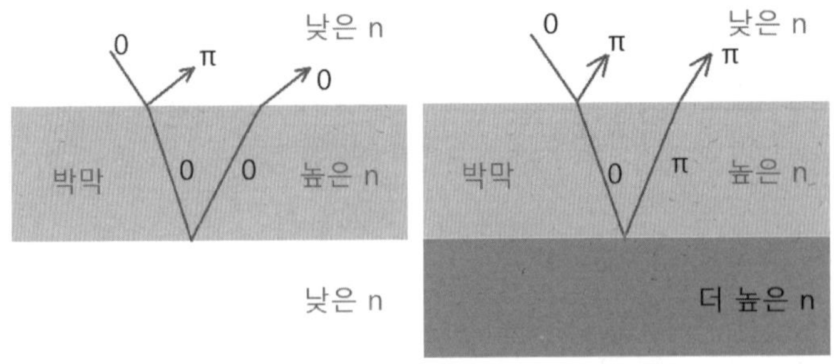

〈그림 156〉 매질 사이의 박막간섭 상의 위상변화[128]

그림 156의 왼쪽 상황은 전자기파가 낮은 굴절률 매질에서 높은 굴절률로 다시 낮은 굴절률 매질의 경계면에서 반사되는 상황을 예시한 것이다. 비눗방울(거품)을 예로 들 수 있다. 이때의 보강간섭과 상쇄간섭은 다음과 같이 발생한다.[129]

$$2nt = \left(m + \frac{1}{2}\right)\lambda \leftarrow \text{보강간섭}$$

$$2nt = m\lambda \leftarrow \text{상쇄간섭}$$

여기서, n: 단순 굴절률, t: 박막 두께, m= 0, 1, 2, 3 ….이다.

그림 156의 오른쪽 상황은 전자기파가 낮은 굴절률 매질에서 높은 굴절률 매질로 들어가서 더 높은 굴절률을 가진 매질의 경계에서 반사될

128 Thin-film interference – Wikipedia 'Light incident on a soap film in air' 및 'Light incident on an anti-reflection coating on glass' 그림 수정[접근: 2022.04.15.]

129 Thin-film interference – Wikipedia[접근: 2022.04.22.]

때를 보여준다. 보강간섭과 상쇄간섭은 다음과 같이 발생한다.

$$2nt = \left(m + \frac{1}{2}\right)\lambda \leftarrow \text{상쇄간섭}$$

$$2nt = m\lambda \leftarrow \text{보강간섭}$$

무반사코팅(無反射--, 반사방지막反射防止膜, 다층막코팅) 렌즈를 예로 들 수 있다.[130]

계산 연습을 해 보자. 비눗방울의 굴절률, n=1.3(Y.D. Afanasyev et al., 2011)이고 가시광선(可視光線) 노랑(570nm)의 보강간섭이 일어나는 비누 거품의 최소 두께를 구해 보자.

$$2nt = \left(m + \frac{1}{2}\right)\lambda \leftarrow \text{보강간섭}$$

최소 두께를 구하는 것이므로 m=0이 된다.

$$2nt = \frac{1}{2}\lambda$$

$$t = \frac{1}{4 \times 1.3} 570nm$$

위의 식으로 노란색의 보강간섭이 발생하는 최소 박막두께(t)를 구할 수 있을 것이다.

130 Anti-reflective coating - Wikipedia[접근: 2022.04.22.]; Jurgen R. Meyer-Arendt(1989); 나카츠카 고키, 노자키 히로시(2020).

위상배열(位相排列, phased array) 안테나는 안테나마다 위상을 다르게 제어한 뒤 간섭을 이용하여 방위각을 조절하는 체계라고 한다.[131]

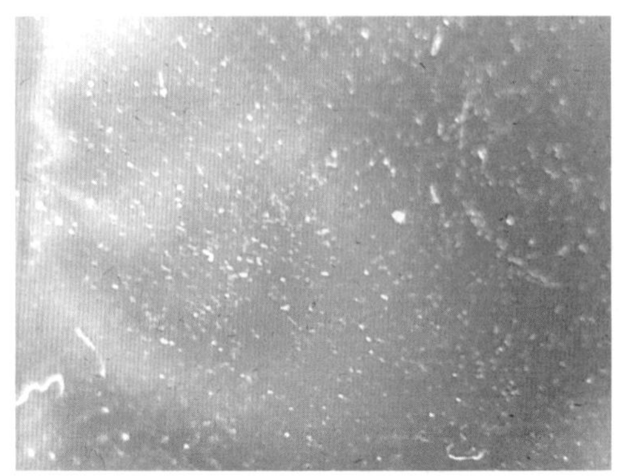

〈그림 157〉 프라모델 창문의 박막간섭

그림 157은 플라스틱창의 표면에 박막간섭을 보여준다. 회절에 대하여 알아보자.

15. 회절

회절(回折, diffraction)은 전자기파가 장애물로 가로막혔을 때 틈의 직선 경로 이외의 장애물 뒤쪽 그늘 부분에도 전자기파가 미치는 현상을 말한다. 어떤 틈을 지나는 직선 경로뿐 아니라 그 주변의 일정 범위까지

131 위상배열 – 위키백과, 우리 모두의 백과사전 (wikipedia.org); Phased array – Wikipedia; Active electronically scanned array – Wikipedia[접근: 2022.04.22.] 재미있는 내용이므로 한 번 읽어보기 바란다.

돌아 전자기파가 전파되는 것이다. 회절은 틈의 크기에 비해 파장이 길수록 더 많이 일어난다. 파장이 일정할 때는 틈의 크기가 작을수록 회절이 잘 일어난다.[132]

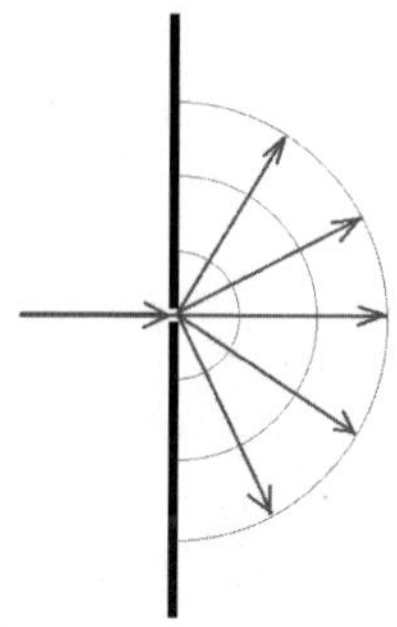

〈그림 158〉 다시 보는 회절 현상

틈이 두 개 이상일 경우 간섭 현상이 발생하게 된다. 이 이중슬릿 실험을 통해 전자기파의 회절과 간섭 현상을 동시에 살펴볼 수 있다(그림 159).[133]

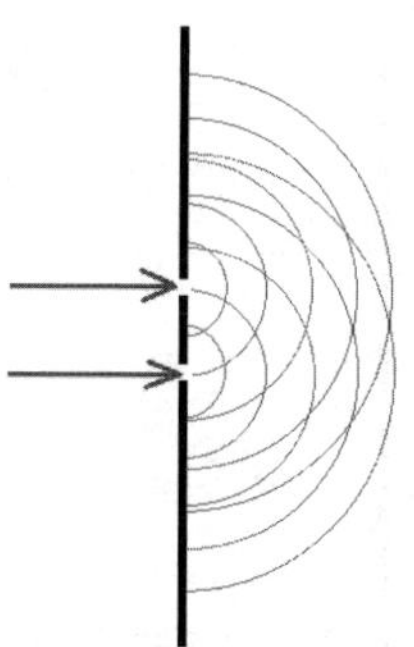

〈그림 159〉 틈 두 개의 회절 현상으로 발생한 간섭 현상

132 회절 – 위키백과, 우리 모두의 백과사전 (wikipedia.org); Diffraction – Wikipedia[접근: 2022.04.09.]

133 이중슬릿 실험 – 위키백과, 우리 모두의 백과사전 (wikipedia.org); Double-slit experiment – Wikipedia[접근: 2022.04.22.]; 고야마 게이타(2018).

그림 159의 오른쪽 일정 거리에 장막을 세우면, 그림 160처럼 장막 표면에 일련의 밝은 색깔의 점들(단면으로 볼 경우)이 나타난다.

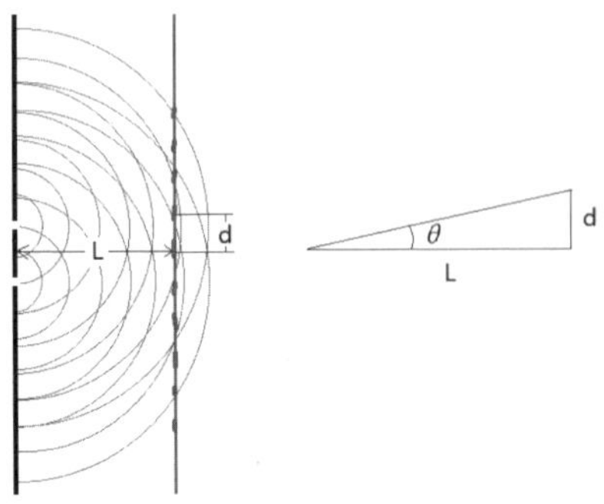

〈그림 160〉 이중슬릿 회절에 따른 일정 거리의 장막에 나타난 간섭 현상[134]

그림 160에서 **L > d, L > λ**을 가정하고 있다. 이 그림에서 장막의 평면에 나타난 일련의 밝은 부분은 보강간섭이 발생하는 곳이라 할 수 있다. 즉 위상차=0인 곳으로 0, λ, 2λ, …가 되는 곳이다. 이를 회절이 발생하는 두 개의 틈 기하를 그린 그림 161과 연결하여 생각할 수 있다.

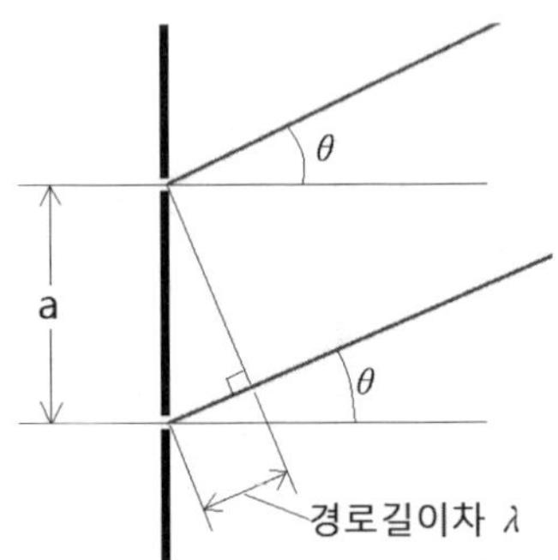

〈그림 161〉 위상차= 0인 이중슬릿 회절 및 간섭 기하[135]

134 谷腰欣司(2004); Double–slit experiment – Wikipedia 'Two slits are illuminated by a plane wave.'그림 수정[접근: 2022.04.22.]

135 Wave interference – Wikipedia 'Geometrical arrangement for two plane wave interference' 그림 수정[접근: 2022.04.22.]

보강간섭이 발생하는 곳(0, λ, 2λ, … 지점)은 위상차= 0인 곳으로 그림 161에서 전자기파의 경로길이차=파장 길이(λ)가 되어야 하는 것임을 알 수 있다.[136] 그림 161을 기초로 이 장막 표면에서의 보강간섭을 수식으로 표현하면 다음과 같다.

$$m\lambda = a\sin\theta$$

$$\tan\theta = \frac{d}{L}$$

여기서 m: 0, 1, 2, ……이며, 상쇄간섭은 다음 수식으로 표현된다.

$$\left(m + \frac{1}{2}\right)\lambda = a\sin\theta$$

그림 161의 기하에서 장막 표면의 보강간섭으로 나타나는 밝은 점들의 강도(intensity)를 다음과 같이 나타낼 수 있다.[137]

$$\text{intensity} = intensity_{최대} cos^2\left(\frac{\pi a\sin\theta}{\lambda}\right)$$

앞에서 지표면 거칠기와 파장 간의 관계에 따라 지표면을 람베르트면과 거울반사면, 전방산란면 등으로 구분할 수 있다는 언급이 있었다.[138] 위상차와 간섭 현상을 이해했기 때문에 그에 대해 이론적으로 살펴보자.

136 Wave interference – Wikipedia; List of equations in wave theory – Wikipedia[접근: 2022.04.22.]; Jurgen R. Meyer–Arendt(1989).

137 http://web.mit.edu/8.02t/www/802TEAL3D/visualizations/coursenotes/modules/guide14.pdf; Fraunhofer diffraction – Wikipedia[접근: 2022.04.22.]

138 p53a (nasa.gov)[접근: 2022.04.06.]

먼저 파의 결맞음(coherence, 결맞음성, 간섭성, 가간섭성)에 대해 알아보자(그림 162 상단). 결맞음은 파들의 위상이 일치하거나 균일한 정도를 뜻한다. 위상차(phase difference)가 나는 두 개의 전자기파가 시간의 경과에도 계속 일정하게 그 위상차를 유지하면, 결 맞는다(coherent)라고 한다. 결이 맞는다는 뜻은 파장(주파수)이 동일하다는 것이다. 파장이 동일할수록 간섭 현상이 어떻게 일어날지 예상할 수 있게 된다.[139] 지금까지 설명된 간섭 현상은 모두 결 맞는 전자기파를 가정한 것이다.

지표면 거칠기는 지표면 높이의 표준편차(h)로 나타낼 수 있으며, 이 h와 전자기파들의 위상차 간의 관계로 거칠기 정도를 나타낼 수 있다. 레일리 기준(Rayleigh criterion)에 따르면, 지표면 높이 차이로 인해 발생한 반사파들의 위상차가 $\pi/2(90°)$ 이내여야 결 맞게 되며, 그 이상일 경우 지표면에서 산란된 파(반사파들)들이 결이 어긋나서(incoherent, 결 안맞는, 비간섭성인) 확산된다고 한다(diffuse, 지표면에서 모든 방향으로 산란한다는 뜻이다. 예: 람베르트면, 그림 68)(Iain H. Woodhouse, 2006). 레일리 기준은 다음과 같다.

$$h < \frac{\lambda}{8\cos\theta_i}$$

여기서, θ_i: 입사각, λ: 파장이다.

표면의 h가 위와 같다면, 표면이 매끈한(smooth) 것이며, 산란파들이

139 Iain H. Woodhouse(2006); Coherence (physics) – Wikipedia; 코히어런트 (ktword.co.kr)접근: 2022.03.30.]: 간명하게 설명이 잘 되어 있다.

결 맞게 된다(그림 104, 거울반사면 상황).

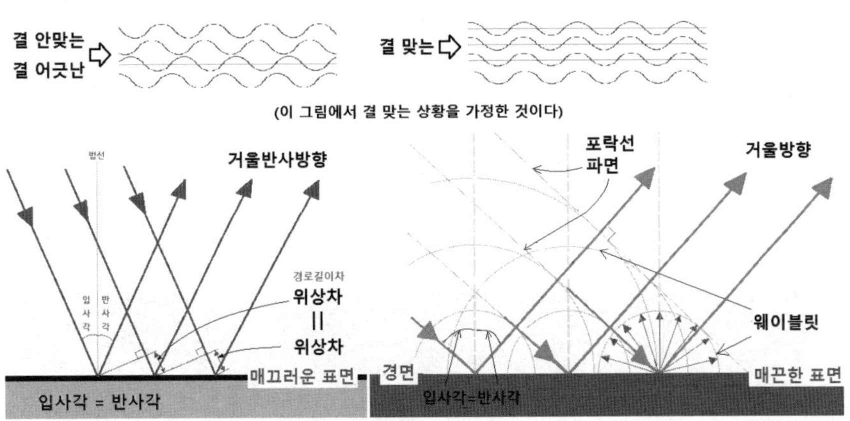

〈그림 162〉 산란파 위상차와 거울반사(Iain H. Woodhouse(2006) FIGURE 5.6 수정)[140]

그림 162는 산란과 관련하여 그림 104의 거울반사 현상을 설명하기 위해 그려진 것이다. 그림 162 왼쪽 그림은 결 맞으면서 반사되는 파의 위상차가 입사각에 의해 정해지며, 매끈한 표면에서의 반사파들이 서로 똑같은 위상차를 보이는 거울반사를 보여준다. 오른쪽 그림은 매끈한 표면의 여러 곳에서 난반사(산란)하는 것을 가정한 것이다. 여기서 입사각과 같은 각도 값을 가진 반사각 방향을 거울방향(specular direction)이라 하는데, 오직 이 방향에서만 위상차가 같은 산란파들의 보강간섭이 발생하는 것을 보여준다(Iain H. Woodhouse, 2006). 파면(wave front)이란 전자기파가 퍼져나갈 때 동일한 위상을 가진 지점을 연결할 때 생기는 면이고, 포락선(包絡線, envelope, 포락체包絡體)은 여러 곡선이 무한

140 하위헌스 원리 – 위키백과, 우리 모두의 백과사전 (wikipedia.org)[접근: 2022.04.02.]

대로 있을 때 이 모든 곡선에 접하는 곡선을 뜻한다. 그림 162에서 지표의 각 지점에서 모든 방향으로 산란하면서 작은 웨이블릿(wavelet, 잔물결)들을 이루는데, 이 잔물결들과 모두 접하는 포락선을 그리면 거울반사되는 파면과 같게 되는 것이다. 거울방향으로 반사된 산란파의 위상은 입사파의 위상을 그대로 반영하며, 거울반사파의 위상과 같아서 결 맞는 상황을 보여주게 된다.[141]

〈그림 163〉 좌: 경남 의령 어느 한옥, 중앙: 개좌생태터널 35.251°129.141°, 우: 전자기파와의 다양한 상호작용

그림 163 왼쪽 그림에서 빛이 직사되지 않는 부분이 밝게 보이고 있다. 바닥에서 빛이 반사되어 밝게 보이는데 크게 기여하는 듯하다. 중앙의 그림은 터널 내부에 빛이 산란되어 들어와 비추고 있는 것을 볼 수 있다. 우측 그림에서는 LED 형광등에서 나온 전자기파와 물질과의 다양한 상호작용을 볼 수 있다. 지금까지의 광학개념으로 설명해 볼 수 있을 것이다.

다음 장은 대기와 전자기파의 상호작용에 대하여 살펴본다.

141 EUGENE HECHT(2021); Huygens–Fresnel principle – Wikipedia; 포락선 – 위키백과, 우리 모두의 백과사전 (wikipedia.org); Physical Optics: Huygens's Principle (physical-optics.blogspot.com); Wavefront – Wikipedia; 파면(wave front) | 과학문화포털 사이언스올 (scienceall.com)[접근: 2022.03.30.]

5장

전자기파와 대기

대기는 주로 기체로 구성되어, 그 속에서 에너지 흐름이 항상 발생하고 있으며 다양한 광학적 현상을 보인다.[1] 대기에 대하여 간략하게 모형으로 나타내면 그림 164와 같다.

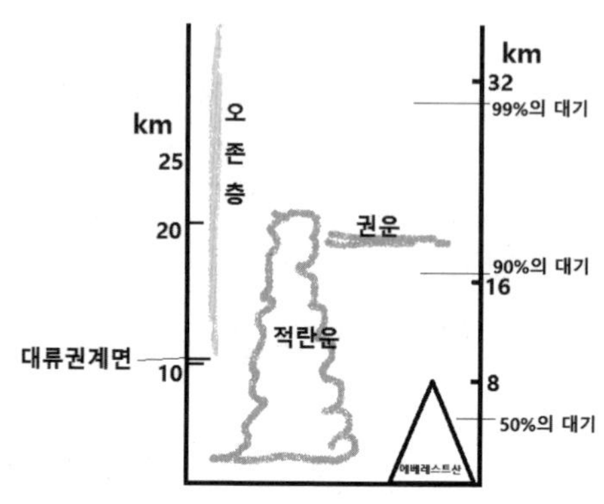

〈그림 164〉 간단 모식화한 대기의 고도별 정보
(김기융, 2018, 〈그림 35〉; 윤일희 편역, 2004, 그림 2.26에서 발췌)[2]

대류권(對流圈, Troposphere)는 지구 대기권의 가장 낮은 부분으로 약 11km까지의 고도를 가지고 있다. 전체 대기 질량의 약 90%까지 차지하고 있으며 기상 현상을 일으킨다. 대류권에서의 수직적 열전달(heat transfer)은 대개 지표면에서 방출된 열복사에 의한 것이거나, 대류권 하부 경계면에서의 열 대류(convection)에 의해 이뤄진다. 대류권의 온도는 지표면에서 높으며 대류권계면으로 갈수록 낮아진다. 성층권(成層圈, stratosphere)은 대류권 위쪽에 있으며, 고도가 올라갈수록 온

1 Atmospheric optics – Wikipedia[접근: 2022.03.19.]

2 오존의 농도는 고도 25Km 부근에서 가장 높다고 한다.

도가 상승한다. 성층권은 지표에서 10km에서 50km 사이에 위치하며, 25km 부근에는 오존(O_3)의 밀도가 가장 높다. 성층권에서의 기온역전은 오존에 의한 태양 자외선 복사 흡수로 가열되기 때문이다. 중간권(中間圈, mesosphere)은 지표면으로부터 50~80km 고도에 위치하며, 고도 증가에 따라 기온이 감소한다. 기온이 낮아지는 것은 고도 증가에 따라 오존량이 줄어들고 이산화탄소에 인한 적외선 복사를 주로 우주로 내보내면서 냉각속도가 증가하기 때문이다. 성층권과 중간권을 중간대기(中間大氣, middle atmosphere)라고도 하는데 지구의 거주성(居住性, habitability, 살 수 있음, 살기에 알맞음)을 유지하는 데 중요한 역할을 한다. 중간대기에서 중간권의 낮은 기온의 변화는 장기적 기후변화와 관련되며, 태양 자외선복사에서 지구를 보호하는 오존층의 존재로도 알 수 있다. 중간권의 상부에 열권(熱圈, thermosphere)이 있으며 태양으로부터의 높은 복사에너지와 상호작용하기에 온도가 높아진다. 대기는 자외선, 우주선(宇宙線, cosmic ray)과 같은 지구 생명에 해로운 전자기파를 차단하는 역할을 하며, 온실효과도 발생시켜 지구의 에너지수지에 영향을 준다.[3] 대기(大氣)도 물질, 즉 기체(氣體)로 구성되어 있다. 전자기파는 이들 기체와 상호작용을 하는데 그림 165와 같이 간단하게 정리할 수 있다.

3 Atmosphere of Earth – Wikipedia; Greenhouse effect – Wikipedia; 대류권 – 위키백과, 우리 모두의 백과사전 (wikipedia.org); 성층권 – 위키백과, 우리 모두의 백과사전 (wikipedia.org); 중간권 – 위키백과, 우리 모두의 백과사전 (wikipedia.org); 지구 대기권 – 위키백과, 우리 모두의 백과사전 (wikipedia.org)[접근: 2022.04.07.]; Iain H. Woodhouse(2006).

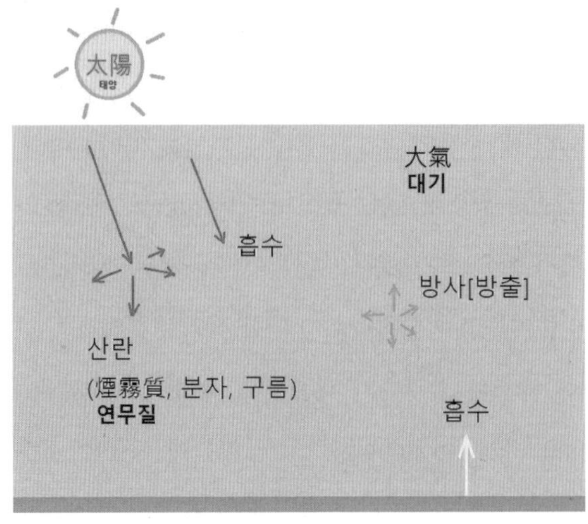

〈**그림 165**〉 대기와 전자기파 간 작용

대기에서의 산란(散亂)은 자외선, 가시광선, 근적외선 파장대에서 발생한다. 앞의 장에서 언급된 전자 흡수(예, 오존층 흡수파장대 및 최대 흡수파장: 200~315nm, 250nm), 진동 흡수(예, 이산화탄소 흡수파장: 2.7, 4.3, 15μm), 수증기의 흡수(파장: 0.94, 1.135, 1.38, 1.454, 1.875 μm)가 있다.[4] 방출은 절대영도(絕對零度) 이상의 물질에서 발생하며 대기 물질의 온도와 방사율에 따른다.

온실효과(溫室效果)는 태양의 열이 지구로 들어와 지구 밖으로 다시 나가지 못하고 지구의 대기에서 순환되는 현상을 말한다.[5] 온실효과를 가져오는 주요 온실기체(溫室氣體, greenhouse gases)는 수증기

4 Peng-Sheng Wei et al.(2018); A. F. H. GOETZ(1992); Scattering – Wikipedia; Ozone layer – Wikipedia; Electromagnetic absorption by water – Wikipedia; Absorption band – Wikipedia; Infrared window – Wikipedia[접근: 2022.04.15.]

5 온실 효과 – 위키백과, 우리 모두의 백과사전 (wikipedia.org) [접근: 2022.04.19.]

(水蒸氣, water vapor), 이산화탄소(二酸化炭素, carbon dioxide), 메탄(methane), 오존(ozone)이며 이들의 대기 중 전자기파 흡수 영역을 구글하면 확인할 수 있다.[6] 이산화탄소의 경우 가시광선은 통과시키지만 열 작용이 강한 적외선은 흡수하는 성질을 가지고 있다(김기융, 2018). 대기에 흡수되지 않는 전자기파 영역, 즉 대기를 통과하는 전자기파 영역인 대기의 창(大氣 窓, atmospheric window), **8~12μm** 구간도 인터넷에서 확인할 수 있다.[7] 대기에 의해 태양복사가 완전히 감쇠(attenuation)되는 것, 즉 흡수가 완전히 되는 전자기스펙트럼을 대기의 벽이라 할 수 있다(Iain H. Woodhouse, 2006). 특정 파장대에서 원격탐사를 할 수 있는 것을 알 수 있다.

1. 대기 입자와 산란

산란은 전자기파가 매질과 마주쳐 원래의 진행방향에서 벗어나는 현상을 뜻한다. 반사, 굴절, 회절 등은 산란의 한 형태로 볼 수 있다. 파장에 비해 크기가 작거나 비슷한 사물에서 전자기파의 진행이 무작위로 변형될 때를 산란이라 하며, 수면과 같은 매끄러운(smooth) 표면에서 질서 있게 산란되는 것을 반사라 하는 것을 앞 장에서 설명했다. 회절은 모서리(edge)나 개구(開口, aperture, 구멍, 틈, 구경口徑) 등의 불연속적인

6 예를 들면, 『NASA Earth Observatory』, "Climate Forcings and Global Warming", https://earthobservatory.nasa.gov/Features/EnergyBalance/page7.php[접근: 2018.06.09.] 등이다.

7 예, Atmospheric window – Wikipedia[접근: 2022.04.19.]; 조규전, Dr.–Ing.mult. Gottfried Konecny(2005).

(discrete) 사물의 경계에서 질서 있게 산란되는 현상이라 정의할 수 있다(Iain H. Woodhouse, 2006). 전자기파가 물질에 닿으면, 물질의 전자가 흔들려 움직이게 되고, 진동하는 전자에서 전자기파가 방출되는 것이 산란의 원인이라 한다(닛타 히데오, 2021, 〈그림 21〉 참조). 그러므로, 대기 중 산란은 대기 구성물질의 입자 크기와 대기의 구성 및 복사 에너지 파장에 따라 다양하다.

대기의 구성물질의 크기는 구성물질의 반경(半徑, radius, 반지름)으로 표현되며, 파장(λ)별 및 물질 크기별 산란현상을 구분하는 데 쓰인다.[8]

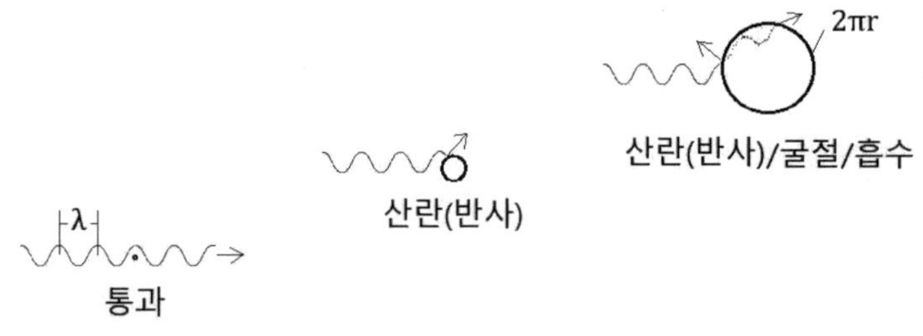

〈그림 166〉 동일 파장 대 대기 구성물질의 크기

대기 중 미립자(微粒子) 크기에 비해 전자기파의 파장이 길수록 산란이 일어나기 힘들게 된다(도쿠마루 시노부, 2013). 그림 166은 가상의 대기 구성물질의 크기 대비 전자기파의 작용을 간단히 그린 것이다. 대기입자의 크기가 전자기파 파장보다 작은 경우 입사파는 그냥 통과하

8 Stanley Q. Kidder and Thomas H. Vonder Haar(1995); JOHN M. WALLACE · PETER V. HOBBS(2006); 산란 – 위키백과, 우리 모두의 백과사전 (wikipedia.org); Scattering – Wikipedia[접근: 2022.04.19.]

게 된다. 입자크기가 파장의 크기와 비슷하게 될 때부터 반사 및 산란이 발생하게 된다. 입자크기가 전자기파 파장보다 월등히 클 경우 체적 산란을 하게 되며 대기입자 내에서 굴절과 흡수가 발생하면서 산란현상이 줄어들게 된다. 그림 166에서 복소굴절률도 관련되어 있음을 알 수 있다($N = n + i\kappa$). 전자기파의 파장과 대기 구성물질 크기와의 관계로 크기매개변수(size parameter, χ)를 다음과 같이 나타낼 수 있다(Stanley Q. Kidder and Thomas H. Vonder Haar, 1995; JOHN M. WALLACE · PETER V. HOBBS, 2006).

$$\chi = \frac{2\pi r}{\lambda}$$

여기서 r: 구체의 반지름이다.

크기매개변수 χ가 0.1~50일 경우 미산란을 일으킨다. 연기(煙氣, smoke), 먼지(dust), 연무(煙霧, haze)가 해당된다. χ가 10^{-3}~0.1일 경우 레일리 산란이 발생하며, χ 〉50의 경우, 비선택적 산란이 발생한다. 기하광학(광선의 경로를 취급하는 광학분야, 직진, 반사, 굴절 등을 다룬다)으로 다루어진다(Stanley Q. Kidder and Thomas H. Vonder Haar, 1995; JOHN M. WALLACE · PETER V. HOBBS, 2006). 데니슨 교수가 수업 중 판서한 것과 오늘날 인터넷('scattering', 'size parameter'을 입력하면 여러 곳에 접속할 수 있다. 예, Wikipedia)에서 소개하는 기준을 참고하면, 매개변수〈1: 레일리 산란, ~1: 미산란, 〉1: 비선택적 산란으로 보기도 한다.

대기 산란의 측정은 흡광단면적(吸光斷面積, extinction cross section, 소산단면적消散斷面積, 소광단면적, 산란단면적+흡수단면적)

으로 이뤄진다(H.C. van de Hulst, 1981; Jim Coakley and Ping Yang, 2014). 흡광단면적은 구성입자에 의해 입사된 전자기파가 흡수되거나 산란되는 정도를 나타내며, 입자의 전자기파 유효면적(effective area)이어서 단위가 m^2 이다(그림 167).[9]

관측각(angle of observation, θ)을 고려한 방향성적 산란단면적(directional scattering cross section) 식을 다음과 같이 나타낼 수 있다.[10]

$$\sigma_{관측각\theta} = \frac{관측방향\ \theta으로의\ 입체각\ 당\ 복사강도(W sr^{-1})}{평면입사파의\ 입체각\ 당\ 복사조도(W m^{-2} sr^{-1})}$$

구름의 밝기는 구름입자(cloud drop, 구름방울)의 유효반지름(cloud drop effective radius)의 크기에 반비례(反比例)한다고 한다(Jim Haywood, 2021). 구름입자가 클수록 구름이 어둡게 보인다는 것이다.

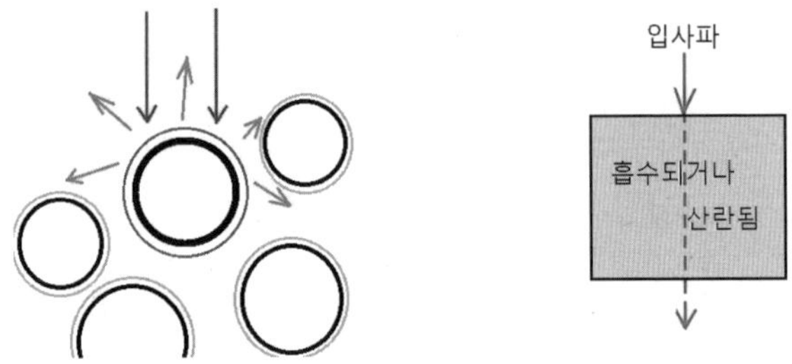

〈그림 167〉 좌: 대기입자의 유효면적(참조: Jim Haywood, 2021, FIGURE 30.3),
우: 대기 덩어리의 흡광단면적 가상도(참조: Ronald M. Welch et al., 1980, FIG. 5.1)

9 JOHN M. WALLACE · PETER V. HOBBS(2006); D. P. Donovan et al.(2001); Ronald M. Welch et al.(1980); Cross section (physics) – Wikipedia; Cloud drop effective radius – Wikipedia[접근: 2021.10.07.]

10 Iain H. Woodhouse(2006); Scattering Cross Section – an overview | ScienceDirect Topics[접근: 2022.04.04.]

그림 167 왼쪽 그림은 대기입자 실제크기보다 좀더 큰 유효면적을 보여주고 있다. 입사파의 파장보다 큰 반지름을 가지며 흡수를 하지 않는 대기입자를 가정할 때, 이 입자는 모든 입사파를 산란하게 된다. 이때 산란단면적(scattering cross section)은 대기입자의 실제단면적(geometric cross section)보다 2배 정도가 된다고 한다. 이는 대기입자 가장자리와 주위에서 회절(diffraction)이 발생하기 때문이라고 한다.[11] 산란단면적은 대기입자의 크기와 대기입자의 흡수와 관련되어 대기입자의 굴절현상도 고려하게 된다. 그림 167 오른쪽 그림의 흡광단면적 개념은 대기 중 흡수되거나 산란되는 각각의 정도에 대해서 잘 모르는 것을 나타낸다. 그래서 흡광단면적은 흡수와 산란을 모두 포함해서 다음과 같이 나타낸다.[12]

$$\sigma_{흡광단면적} = \sigma_{흡수단면적} + \sigma_{산란단면적}$$

산란의 형태는 크게 등방성 산란과 비등방성 산란으로 볼 수 있다(그림 168)[13].

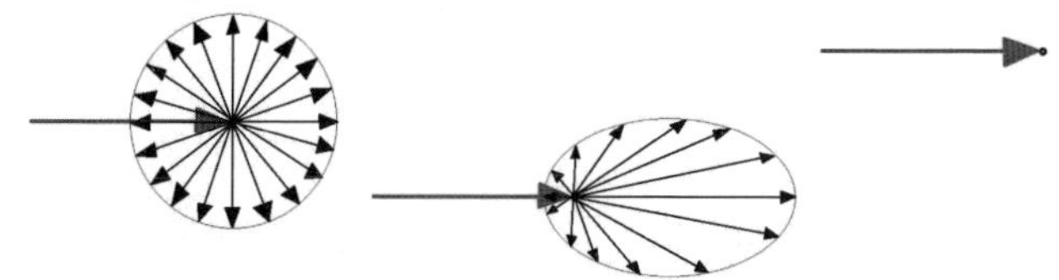

〈그림 168〉 등방성 산란과 비등방성 산란, 흡수 간단모식도
(참고: YORAM J. KAUFMAN, 1989, Figure 4; Baptiste Jayet, 2015, Figure1.2)

11 Scattering Cross Section – an overview | ScienceDirect Topics, Absorption Cross Sections – an overview | ScienceDirect Topics[접근: 2021.11.08.]

12 JOHN M. WALLACE · PETER V. HOBBS(2006); Craig F. Bohren and Eugene E. Clothiaux(2006); Cross section (physics) – Wikipedia; Beer–Lambert law – Wikipedia[접근: 2022.04.02.]

13 Scattering – Wikipedia[접근: 2022.04.19.]; Jurgen R. Meyer–Arendt(1989).

입자 크기가 전자기파 파장보다 작은 경우(파장의 약 1/10), 등방성 산란(isotropic scattering) 형태를 띤다. 산란이 모든 방향으로 골고루 발생하는 것이다. 이에 반해 연무질(aerosols)과 같이 전자기파의 파장보다 월등히 큰 입자에 의한 산란은 비등방성을 띠며 주로 전방 산란의 형태를 보인다.[14]

분자산란은 레일리산란을 한다. 이 산란은 대기의 기체인 질소(nitrogen, N_2), 산소(oxygen, O_2) 등에 의해 발생한다(John R. Jensen, 2016; 'oxygen size'를 구글해 보자). 레일리산란은 확산 하늘복사(diffuse sky radiation)를 발생시키는 것이다.[15] 분자산란의 산란단면적은 다음과 같다(K.N. LIOU, 2002).

$$\sigma_{분자\ 산란} = \frac{8\pi^3(n^2-1)^2}{3\lambda^4 N^2}$$

여기서, n: 단순 굴절률, N: 단위 부피당 입자수($입자수 \cdot m^{-3}$)이다.

위의 식에서 산란단면적이 파장의 $^1/_{\lambda^4}$인 것을 알 수 있다(Jurgen R. Meyer-Arendt, 1989; John R. Jensen, 2016). 즉 파장이 길어질수록 산란이 급속히 줄어드는 것을 의미한다. 단파가 장파보다도 산란이 훨씬 더 잘 된다는 것이다.[16] 계산 연습을 해 보자. 가시광선인 파랑 454nm, 빨강 656nm이 산란되는 정도를 비교해 보자.

14 Aerosol – Wikipedia; 탁도(혼탁도)의 정의, 계측방법 및 단위 : 네이버 블로그 (naver.com); Nephelometer – Wikipedia; Nephelometry – an overview | ScienceDirect Topics[접근: 2022.04.04.]

15 Rayleigh scattering – Wikipedia[접근: 2022.04.09.]

16 레일리 산란 – 위키백과, 우리 모두의 백과사전 (wikipedia.org)[접근: 2022.04.09.]

$$\frac{\text{파랑산란}_{454nm}}{\text{빨강산란}_{656nm}} = \frac{\frac{1}{\lambda^4_{\text{파랑}}}}{\frac{1}{\lambda^4_{\text{빨강}}}} = \frac{\frac{1}{(454nm)^4}}{\frac{1}{(656nm)^4}} = \left(\frac{656nm}{454nm}\right)^4$$

계산을 끝내보길 바란다. 가시광선대에서 파랑의 산란이 더 많이 되기에 그늘의 색깔이 옅은 푸른 색조를 띤다. 파란색이 많이 산란되고 확산되어 그늘로까지 복사되었기 때문이다. 레일리산란은 낮 동안의 하늘 빛이 푸른 이유와 일몰 때의 하늘이 붉게 되는 것을 설명한다. 태양의 색깔이 노란 것은 태양의 최고 방출 파장대가 녹색(green)이며, 파랑이 많이 산란되어졌기 때문이다.[17] 레일리산란은 고도가 높아질수록 줄어드는데 대기입자가 줄어들기 때문이다. 그래서 대기보정(atmospheric correction)을 할 때 고도를 고려하는 것이다.

미산란은 입자의 크기가 전자기파 파장의 크기와 비슷할 때 발생한다. 연무질(煙霧質), 화산회(火山灰), 먼지, 화분(花粉) 등이 미산란을 일으킨다.[18] 해안가나 도시 지역이 흐릿하게 보이는 이유가 된다.

비선택적 산란은 빗방울, 얼음결정 등에 의해 산란되는 것으로, 특정 파장을 선택적으로 산란하는 것이 아니기에 구름과 같이 하얀색을 띠게 된다.[19] 앞 장의 그림들 중 어떤 그림을 설명하는 것 같은가?

미산란과 비선택적 산란을 일으키는 입자들은 공간적으로 골고루 분

17 Shadow – Wikipedia; Sun – Wikipedia; 원색 – 위키백과, 우리 모두의 백과사전 (wikipedia.org)[접근: 2022.04.09.]

18 John R. Jensen(2016); 미 산란 – 위키백과, 우리 모두의 백과사전 (wikipedia.org)[접근: 2022.04.09.]

19 Scattering – Wikipedia; Light scattering by particles – Wikipedia[접근: 2022.04.09.]; Ronald M. Welch et al.(1980).

포되어 있지 않거나 대기 중 밀도차가 많이 나서 모형으로 다루기가 힘들다. 분자산란을 일으키는 질소, 산소 기체들은 대기 중에 혼합이 골고루 되어있지만, 수증기는 지표면 가까이에서 더 많이 분포하면서 그 분포가 지역적으로 고르지도 않다. 오존의 경우도 대기 중에 골고루 혼합되어 있지 않다. 연무질(aerosols)도 대기 중에 고르게 분포하지 않으며 해안지역의 경우 다른 지역보다 대기 중 소금 먼지의 양이 많다.

대기의 산란 현상을 사진과 함께 설명하는 웹사이트가 있다.[20]

대기의 압력과 대기의 입자 밀도는 주로 고도(高度, elevation, 높이)에 따라 달라진다. 이를 고려한 높이척도에 대하여 살펴보자.

2. 높이척도

대기 중 고도의 변화는 대기의 밀도와 기압 변화를 가져온다. 이 관계를 다음과 같이 나타낼 수 있다(R.A. Minzner et al., 1959; Moustafa T. Chahine et al., 1983; JOHN M. WALLACE · PETER V. HOBBS, 2006).

$$dP(z) = -g\rho(z)\,dz$$

여기서, z: 고도, P: 기압, g: 중력가속도, ρ: 대기의 밀도이다.

위의 식을 통해 해수면(海水面, sea level)에서부터 고도가 증가함에

20 Atmospheric light scattering – FlightGear wiki; Science and Fiction – Atmospheric Light Scattering (science-and-fiction.org)[접근: 2021.11.21.]

따라 산란의 정도를 알아낼 수 있다. 우선 기압, 부피, 기체의 수, 기온 간의 관계를 나타내는 이상기체법칙(理想氣體法則, ideal gas law)을 보면, 다음과 같다.[21]

$$PV = nRT$$

여기서 P: 기압, V: 부피, n: 기체 성분의 양(기체수), R: 기체 상수, T: 절대 온도이다.[22]

밀도를 다음과 같이 나타낼 수 있다.

$$\rho = \frac{n \cdot M}{V}$$

여기서 M: 평균 분자량(지구 대기 입자: $0.029\mathrm{kg/mol}$) 이다.[23]

이상기체법칙($\frac{n}{V} = \frac{P}{RT}$) 양변에 M을 곱하면 다음과 같다

$$M \cdot \frac{n}{V} = \frac{P}{RT} \cdot M$$

이를 밀도로 정리를 하면 다음과 같다(R.A. Minzner et al., 1959; JAY M. HAM, 2005).

$$\rho = \frac{P \cdot M}{RT}$$

21 이상기체 법칙 – 위키백과, 우리 모두의 백과사전 (wikipedia.org)[접근: 2022.04.09.]; 로저 G 배리와 리처드 J. 초얼리(2002); Moustafa T. Chahine et al.(1983); David M. Gates(1980); 郭宗欽 · 蘇鮮燮(1987); 김금무(2014).

22 기체 상수 – 위키백과, 우리 모두의 백과사전 (wikipedia.org)[접근: 2022.04.09.]

23 Scale height – Wikipedia[접근: 2022.04.09.]

위의 식을 이용하여 고도 변화에 따른 대기 밀도와 기압의 관계식을 다음과 같이 바꿀 수 있다.

$$dP(z) = \frac{-gMP(z)}{RT} dz$$

위의 식 우변을 상수로 만들어 높이척도(scale height)로 따로 정의할 수 있는데 다음과 같다.[24]

$$H = \frac{RT}{gM}$$

여기서, R: 기체 상수(氣體常數), T: 평균대기온도(단위: K), g: 중력가속도, M: 대기입자 평균 분자량이다.

달리 정의된 경험식을 소개하면 다음과 같다(R.A. Minzner et al., 1959).

$$H = 287.03963 \frac{T_M}{g}$$

T_M: 분자규모 온도(molecular scale temperature, 288.16K), g: 중력가속도(重力加速度, 9.80665ms^{-1}), H=8.434km(R.A. Minzner et al., 1959)이다.[25]

24 R.A. Minzner et al.(1959); JOHN M. WALLACE · PETER V. HOBBS(2006; 1977); Moustafa T. Chahine et al.(1983); Scale height – Wikipedia; Gas constant – Wikipedia[접근: 2022.04.09.]

25 Molecular-scale temperature – Wikipedia[접근: 2022.04.09.]

높이척도로 대기밀도와 기압 간의 식을 표현하면 다음과 같다.

$$dP(z) = \frac{-P(z)}{H} dz$$

위의 식을 적분하여 해수면 기준으로 고도에 따른 기압을 나타내면 다음과 같다(JOHN M. WALLACE · PETER V. HOBBS, 2006; 1977; Moustafa T. Chahine et al., 1983).

$$P(z) = P_0 e^{-\frac{z}{H}}$$

여기서 P_0: 해수면 대기압이다.

위의 식은 고도 증가에 따라 기압이 지수적 감쇠하는 것을 나타낸다. 산란 기체의 수도 고도 증가에 따르는데, 이를 나타내면 다음과 같다(Yoram J. Kaufman, 1989; Moustafa T. Chahine et al., 1983).

$$N(z) = N_0 e^{-\frac{z}{H}}$$

여기서 N_0: 해수면에서의 기체의 수이다.

위의 식 $\frac{N(z)}{N_0}$을 통해 고도에 따른 단위 부피당 산란을 일으키는 기체의 수를 파악할 수 있다.

$$\frac{N(z)}{N_0} = e^{-\frac{z}{H}}$$

위의 식은 해수면에서의 기체수에 대한 비율을 표현한 것이라 할 수 있다. 고도 z의 단위는 km이다.

계산 연습을 해 보자. 천산산맥(天山山脈, 탕그리 토그)의 한텡그리봉(7,010m) 상의 해수면 기준 기체수 비율을 구해 보자.[26]

$$\frac{N(z)}{N_0} = e^{-\frac{7.0km}{8.434km}} = 0.4361$$

B3 : fx =EXP(-B2/B1)

	A	B	C	D	E
1	H	8.434			
2	지점고도	7			
3	기체수비율	0.436061	EXP(-B2/B1)		

<그림 169> 엑셀을 이용한 기체수 비율 구하기

한텡크리봉에서 산란 기체수는 해수면에 비해 약 43.61% 인 것을 알 수 있다. 즉 산봉우리에서 산란이 해수면의 43.61% 수준인 것을 의미한다. 또한 한텡그리봉에서는 해수준보다 약 43.61%의 대기압인 것도 알 수 있다. 기체의 수가 줄어들고 산란도 줄면서 한텡그리봉에서의 하늘 색은 짙고 어두운 푸른 색깔을 띤다. '석양이 질 때의 한텡그리봉'[27] 에서 배경이 되는 하늘의 색을 확인해 본다. 『Wikipedia』, 'Everest base camps'[28] 의 다양한 사진들에서 배경이 되는 하늘의 색을 살펴보자. 만

26 텐산산맥 – 위키백과, 우리 모두의 백과사전 (wikipedia.org)[접근: 2022.04.09.]

27 Peak of Khan Tengri at sunset – 텐산산맥 – 위키백과, 우리 모두의 백과사전 (wikipedia.org).

28 Everest base camps – Wikipedia.

약 저지대에서 에베레스트 산과 그 위의 하늘을 보면 어떤 색일까? 사진을 구해 보고 확인해 보자. 저지대에서 본 에베레스트산과 주위 하늘 배경 간에 대비(contrast)가 뚜렷한가?

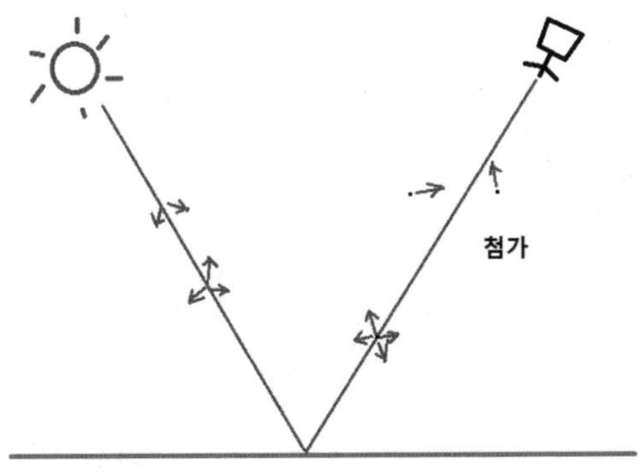

〈그림 170〉 센서의 경로복사휘도

그림 170은 전자기파가 대기 속에서 진행하면서 일어날 수 있는 현상을 매우 단순하게 나타낸 것이다. 여기서 고산 정상을 저지대에서 볼 때 대기에 의해 산란된 빛이 우리의 눈으로 들어오는 양이 많아지는 것을 알 수 있다. 이 대기에 의해 산란되어 센서로 들어가는 복사휘도를 경로복사휘도(path radiance)라고 한다. 대기는 전자기파를 산란하는 것과 함께 흡수하기도 한다. 이를 광학적 깊이로 설명할 수 있다.

3. 광학적 깊이

광학적 깊이(광학적 두께, optical thickness, optical depth, τ)는 물질

을 지나는 동안에 산란 또는 흡수에 의해 제거되는 전자기파의 양을 의미한다. 광선이 흡수물질(吸收物質)을 어느 정도 통과할 수 있는지를 나타낸다(郭宗欽 · 蘇鮮燮, 1987). 물질을 통과하는 동안 입사량에 대한 투과된 전자기파 비율의 자연로그 값을 가진다. 또한 파장에 따라 값이 다르다. 광학적 깊이(optical depth)는 주어진 고도 상층을 수직으로 측정한 광학적 두께(optical thickness)를 뜻하나 이 책에서는 광학적 두께와 같은 개념으로 다룬다.[29]

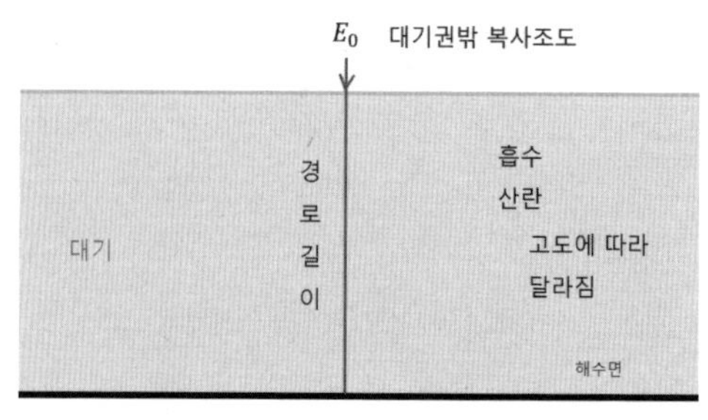

<그림 171> 대기에서 광학적 깊이 상황

대기 중 전자기파와 물질 간의 상호작용을 나타낼 때 비어 법칙($E = E_0 e^{-\alpha d}$)을 사용할 수 없는데, 이유는 대기의 흡수와 산란이 고도에 따라 달리 발생하기 때문이다(그림 171). 그래서 대기 중 산란과 흡수를 모두 고려한 흡광단면적을 고도에 따라 적분하여 사용하게 된다.[30]

29 광학적 깊이 – 위키백과, 우리 모두의 백과사전 (wikipedia.org); Optical depth – Wikipedia; Optical depth – Glossary of Meteorology (ametsoc.org)[접근: 2022.04.09.]

30 Moustafa T. Chahine et al.(1983); Jeff Dozier and Alan H. Strahler(1983); Beer–Lambert law – Wikipedia[접근: 2022.03.19.]

$$E = E_0 e^{-\int_0^{\infty} \sigma_{총광단면적} \cdot N_s(z) dz}$$

여기서 $N_s(z)$: 고도(z)에 따른 단위 부피당 기체 수이다.

위 식에서 대기에 의한 전자기파 흡력의 정도를 나타내는 광학적 깊이(τ)를 다음과 같이 나타낼 수 있다(K.N. LIOU, 2002).

$$\tau = \int_0^{\infty} \sigma_{총광단면적} \cdot N_s(z) dz$$

광학적 깊이를 사용하여 다음과 같은 식으로 정리할 수 있다(Yoram J. Kaufman, 1989).

$$E = E_0 e^{-\tau}$$

위의 식에서 투과율을 바로 구할 수 있다.[31]

$$\frac{E}{E_0} = T = e^{-\tau}$$

$$\ln T = -\tau$$

여기서 T: 투과율이다.

광학적 깊이는 흡수와 산란을 하는 다양한 기체의 광학적 깊이의 합이

31 L. ELTERMAN(1968); JOHN M. WALLACE · PETER V. HOBBS(2006); Ronald M. Welch et al.(1980); Moustafa T. Chahine et al.(1983); Cross section (physics) – Wikipedia[접근: 2022.04.04.]

며, 대기 구성물질 전체의 광학적 깊이를 의미한다.[32]

$$\tau = \tau_{산소} + \tau_{질소} + \tau_{이산화탄소} + \tau_{오존} + \tau_{연무질} + \tau_{수증기} \cdots$$

고도가 증가할수록 광학적 깊이는 작아지는데 대기의 고도가 높아질수록 기체의 수가 줄어들기 때문이다. 전자기파가 진행하는 경로길이가 길어질수록 광학적 깊이도 증가하게 된다(Craig F. Bohren and Eugene E. Clothiaux, 2006; Moustafa T. Chahine et al., 1983)(그림 172).

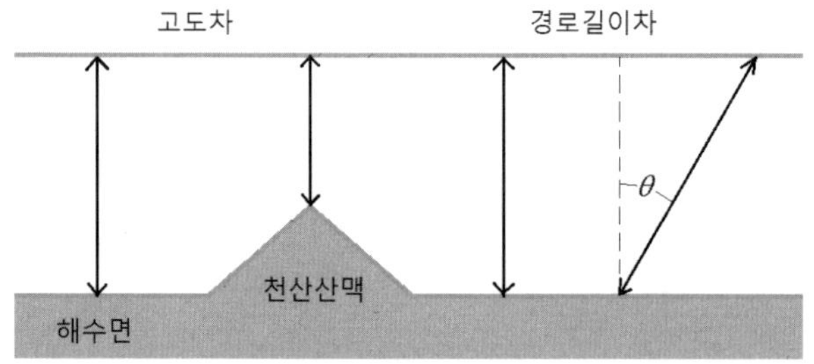

<그림 172> 광학적 깊이에 영향을 주는 고도와 경로길이

고도(高度)를 고려한 광학적 깊이를 나타내 보자. 앞의 광학적 깊이 식에서 고도에 따른 단위 부피당 기체 수($N_s(z)$)를 다음과 같이 나타낼 수 있다(Moustafa T. Chahine et al., 1983).

$$N_s(z) = N_{s0} e^{-\frac{z}{H}}$$

여기서 N_{s0}: 해수면(z=0)에서의 단위 부피당 기체 수, H: 높이척도이다.

32 Moustafa T. Chahine et al.(1983); Beer–Lambert law – Wikipedia[접근: 2022.03.19.]

위의 식을 정리하면 다음과 같다(Yoram J. Kaufman, 1989).

$$\frac{N_s(z)}{N_{s0}} = e^{-\frac{z}{H}}$$

그래서 고도(z)에 따른 광학적 깊이(τ_z)를 다음과 같이 나타낼 수 있다.

$$\tau_z = \tau_0 \frac{N(z)}{N_0}$$

$$\tau_z = \tau_0 e^{-\frac{z}{H}}$$

여기서 τ_0: 해수면($\theta = 0^0, z = 0$)에서의 광학적 깊이를 의미한다(그림 173).

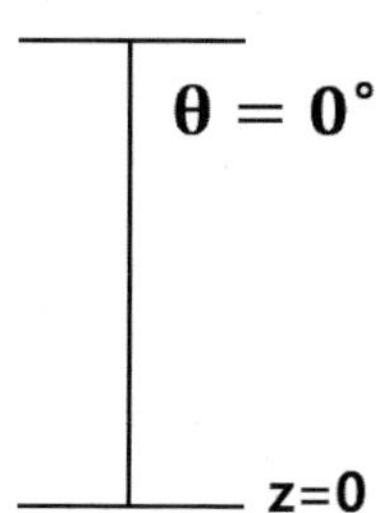

〈그림 173〉 τ_0의 상황

이에 따라 고도(z)에 따른 투과율(T_z)은 다음과 같다.(Yoram J. Kaufman, 1989).

$$T_z = e^{-\tau_0 e^{-\frac{z}{H}}}$$

계산 연습을 해 보자. 해수면에서 투과율이 50%일 때, 천산산맥의 한텡그리봉(7.0km) 정상에서의 투과율을 구해 보자. 먼저 해수면(z=0)에서의 광학적 깊이를 구해 보자.

$$T_{z=0} = e^{-\tau_0}$$

$$-ln0.5 = \tau_0$$

$$\tau_0 = 0.69$$

한텡그리봉(z=7.0km)에서의 광학적 깊이를 구해 보자.

$$\tau_z = \tau_0 e^{-\frac{z}{H}}$$

$$\tau_{7.0km} = 0.69 \cdot e^{-\frac{7.0km}{8.434km}} = 0.30$$

한텡그리봉에서의 투과율은 다음과 같다.

$$T_z = e^{-\tau_0 e^{-\frac{z}{H}}}$$

혹은

$$T_z = e^{-\tau_z}$$

$$T_{7.0km} = e^{-\tau_{7.0km}} = e^{-.30} = .7391$$

약 74%의 투과율을 보인다.

B5 | =B2*(EXP(-B3/B4))

	A	B	C
1	해수면투과율	0.5	
2	해수면광학깊이	0.693147	-LN(B1)
3	고도	7	
4	높이척도표준	8.434	
5	고도에서광학깊이	0.302254	B2*(exp(-B3/B4))
6	고도에서투과율	0.73915	EXP(-B5)
7			

〈그림 174〉 엑셀을 사용한 고도에 따른 대기 투과율 구하기

이제 경로길이에 따른 광학적 깊이를 생각해 보자. 대기질량지수(大氣質量指數, air mass, AM, 대기질량大氣質量)는 천정각에 따른 대기 중 전자기파의 경로길이를 의미한다(그림 175).[33] 즉 태양복사가 통과해야 하는 대기덩어리 양이라 할 수 있다.

$$1\ \textit{대기질량지수} = AM = \frac{1}{\cos\theta} = \sec\theta$$

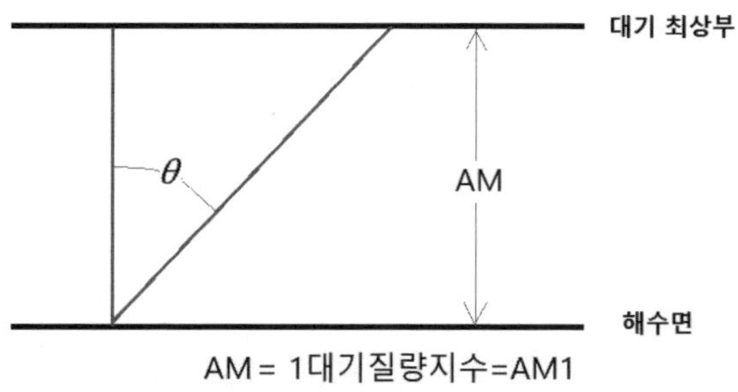

〈그림 175〉 대기질량지수 개념

33 Moustafa T. Chahine et al.(1983); JOHN M. WALLACE · PETER V. HOBBS(2006); Craig F. Bohren and Eugene E. Clothiaux(2006); Air mass (solar energy) – Wikipedia[접근: 2022.04.22.]

계산 연습을 해 보자. 태양의 천정각이 0°, 30°, 60°, 89°일 때의 대기 질량지수를 (직접) 구해 보자.

$$AM_{\theta=0^o} = \frac{1}{\cos 0^o} = 1.0$$

$$AM_{\theta=30^o} = \frac{1}{\cos 30^o} = 1.2$$

$$AM_{\theta=60^o} = \frac{1}{\cos 60^o} = 2.0$$

$$AM_{\theta=89^o} = \frac{1}{\cos 89^o} = 57.3$$

태양이 지평선(수평선) 가까이 위치할수록 대기질량지수가 급격하게 증가하는 것을 알 수 있다. 천정각(θ)이 90°일 때의 대기질량지수를 구할 수 있는가? 그림 176에서, 대기상층부와 해수면이 평행한 수평대기(plane parallel atmosphere)를 가정할 때는 대기질량지수가 무한대 값이 될 것이다. 그러나 실제 지구는 두 경계면이 구부러져 있다. 그래서 수평대기를 가정하고 $\theta > 75^o$ 일 때는 대기질량지수 값을 과하게 어림치게 된다. 그래도 수평대기를 가정할 때에는 $\theta \leq 75^o$까지 비교적 정확한 대기질량지수 수치를 가진다고 한다.[34]

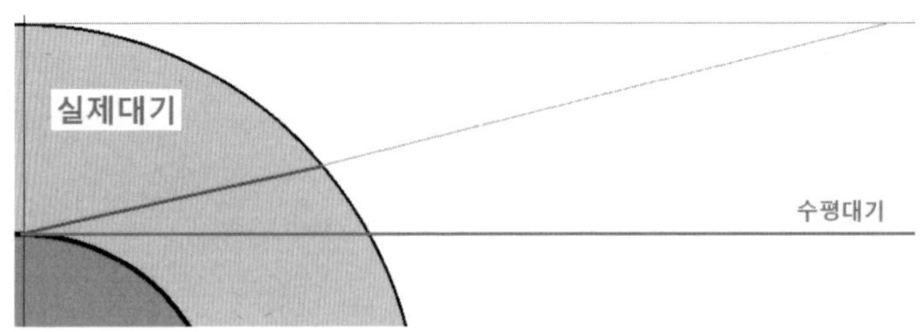

〈그림 176〉 실제 지구 대기와 수평대기의 차이(과장되어 있음)

34 Air mass (solar energy) – Wikipedia[접근: 2022.04.22.]

실제 대기의 광학적 깊이 보정식이 제안되었는데 그중 하나를 소개하면 다음과 같다.[35]

$$AM = \frac{1}{\cos\theta + 0.50572(96.07995 - \theta)^{-1.6364}}$$

대기압을 고려한 절대적 대기질량지수(absolute air mass)을 소개하면 다음과 같다(STEVE KLASSEN AND BRUCE BUGBEE, 2005).

$$\text{절대적}AM = \cos\theta + 0.5057 \times (96.080\theta)^{-1.634} \times \frac{P}{P_0}$$

여기서 θ : 천정각, P: 대기압, P_0 : 표준대기압(standard air pressure), $\frac{P}{P_0} \approx e^{-.0001184 \times h}$ (h: 고도, 단위: m)이다.

대기질량지수는 태양천정각 0°이고 해수면에서 값이 1이 되며, 일출과 일몰 때에는 약 10의 값을 가진다고 한다(STEVE KLASSEN AND BRUCE BUGBEE, 2005). 대기질량지수는 태양천정각의 함수인 것을 알 수 있다.

대기질량지수를 고려한 광학적 깊이는 다음과 같다(수평대기를 가정한 것이다)(L. ELTERMAN, 1968; R.A. McCLATCHEY et al., 1972; 1971; Moustafa T. Chahine et al., 1983; JOHN M. WALLACE · PETER V. HOBBS, 2006).

35 Fritz Kasten and Andrew T. Young(1989); Air mass (solar energy) – Wikipedia; Air mass (astronomy) – Wikipedia[접근: 2022.04.22.]

$$\tau = \tau_0 \sec\theta$$

여기서 τ_0: 천정각($\theta = 0°$)일 때의 광학적 깊이이다.

천정각을 고려한 투과율은 다음과 같다.

$$T = e^{-\tau_0 \sec\theta}$$

천정각과 고도를 모두 고려한 투과율은 다음과 같다.

$$T = e^{-\tau_0 \sec\theta e^{-\frac{z}{H}}}$$

계산 연습을 해 보자. 연습의 편의를 위해 수평대기를 가정한다. 경상남도 양산시(위도: **35.34°**), 2018년 5월 20일 오후 3시, 대기의 투과율이 0.60이라 가정하면 태양정오 때의 투과율을 구해 보자.

$$T_{15시} = e^{-\tau}$$

오후 3시, 광학적 깊이는 다음과 같다.

$$\tau_{15시} = -\ln(T) = -\ln(0.6) = 0.51$$

아날렘마 도표에 따르면 균시차는 약 4분 빠르며 적위는 **+20°**임을 알 수 있다. 시간대 중앙 자오선(+135°)에 비해 양산시(+129°)는 24분의 시간차가 나므로 태양정오는 12:00 − 4분 + 24분이므로 12:20이 된다.

15:00와 12:20의 시간차는 160분이 된다.

시간각은 $160분 \times \frac{1^\circ}{4분}\left(\frac{15^\circ}{1시간}\right) = 40^\circ$, 오후이므로 -40°가 된다.

오후 3시의 태양천정각은 $\theta = cos^{-1}(\sin +20^\circ \cdot \sin +35.34^\circ + \cos +20^\circ \cdot \cos +35.34^\circ \cdot \cos -40^\circ) = 38.28^\circ$ 이다.

H1 =DEGREES(F1)

	A	B	C	D	E	F	G	H	I
1	시각	-40	(SIN(RADIANS(B2))*SIN(RADIANS(B3)))+(COS(RADIANS(B2))*COS(RADIANS(B3))*COS(RADIANS(B1)))	0.78504	ACOS(D1)	0.668	DEGREES(F1)	38.28	<-- 천정각
2	태양적위	20							
3	위도	35.34							

〈그림 177〉 엑셀을 이용한 태양천정각 구하기

태양천정각 $\theta = 0^\circ$일 때, 광학적 깊이 τ_0는 다음과 같을 것이다. 먼저 이 상황을 그림 178과 같이 나타낼 수 있다.

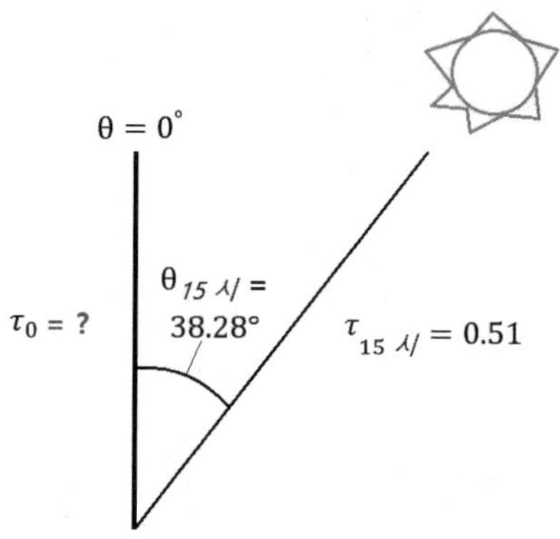

〈그림 178〉 태양천정각 $\theta = 0^\circ$, τ_0 구하기 그림

그림 178을 바탕으로 다음과 같이 광학적 깊이 τ_0를 구할 수 있다.

$$\tau_0 = \tau_{15시} \cos\theta = 0.51 \times \cos 38.28° = 0.40$$

태양정오 때의 광학적 깊이를 구하기 위해서는 먼저 태양정오 때의 태양천정각이 필요하다.

$$\theta_{태양정오} = |35.34° - 20°| = 15.34°$$

광학적 깊이 τ_0에서 태양정오 때의 광학적 깊이를 구하는 기하를 그림 179로 그려본다.

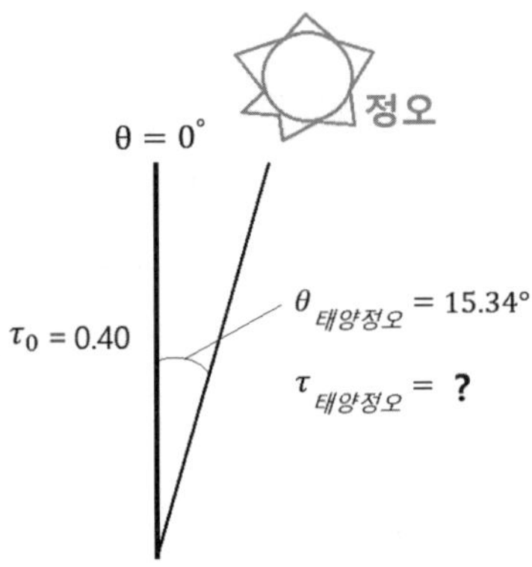

〈그림 179〉 태양정오 때, τ

그림 179에서 $\tau_{태양정오}$를 다음과 같이 구할 수 있다.

$$\tau_{태양정오} = \tau_0 \sec\theta_{태양정오} = 0.40 \times \frac{1}{\cos 15.34°} = 0.415$$

태양정오 때의 투과율을 구하면 다음과 같다.

$$T_{태양정오} = e^{-\tau_{태양정오}} = e^{-0.415} = .66$$

지금까지의 식들은 투과율에 대한 참조 값을 구하는 것으로, 시간에 따라 달라지는 태양의 복사조도와 센서에서 감지되는 복사휘도 중에 사물에서 반사된 에너지양을 구하는데 참조하기 위한 것이다.

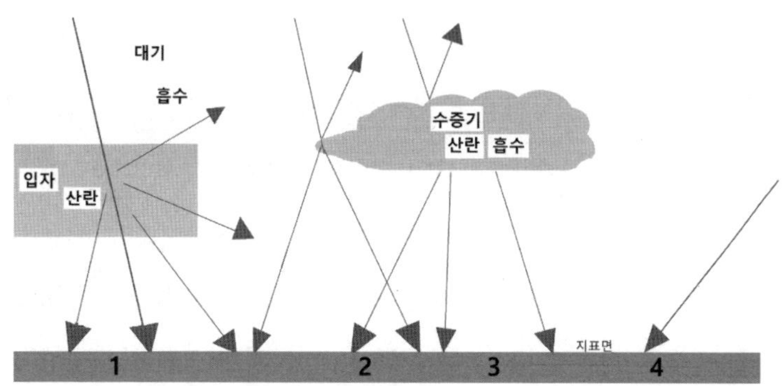

〈그림 180〉 그림 181의 직달 및 확산일사(산란복사) 모식도. 번호는 그림 181의 번호와 같다.

그림 180에서 태양복사 혹은 일사는 지표면에 그대로 도달하지 않는 것을 보여준다. 대개 오존, 이산화탄소 등의 기체, 먼지 입자, 수증기의 흡수 및 산란, 구름에 의한 반사를 받기 때문이다. 대기의 입자나 수증기 등에 산란되거나 흡수되지 않고 지표면에 도달되는 태양복사를 직달일사(direct solar radiation, 직달복사)라 하며 구름과 먼지 입자 등에 의해 산란되었지만 지표면에 도달하는 복사를 산란일사(scattered radiation, 산란복사)이라 한다(John R. Jensen, 2016). 직달일사와 산란일사를 합친 일사를 전천일사(global solar radiation)라 한다.[36]

36 Diffuse sky radiation – Wikipedia; Atmospheric optics – Wikipedia[접근: 2022.03.19.]

〈그림 181〉 대기의 상태, 경위도: 129.033°35.330°

그림 181 1번 그림에서 하늘의 색깔이 옅은 푸른색을 띠고 있다. 지표면에 가까울수록 옅으며 밝은 회색이 더 많이 가미된다. 2번 그림에서는 구름에 의해 태양복사가 많이 투과되지 않는 모습을 보인다. 또한 구름의 두께에 따라 투과되는 정도가 다른 것을 알 수 있다. 3번 그림은 대기의 수증기 분포가 거의 균일하게 분포하는 모습을 보인다. 구름의 밝기가 거의 비슷한 것을 알 수 있다. 2번과 3번에서 지상의 물체들이 전반적으로 어두운 모습을 균일하게 보인다. 4번 그림은 저녁 시간이라 태양복사가 많이 감쇠되었으나 직달복사를 하는 경관을 보이고 있다. 태양복사가 되는 아파트 벽면이 매우 밝게 보인다. 또한 그림자가 있는 곳과 직달일사를 받는 곳의 대비가 뚜렷하다. 배경이 되는 산에서 불에 탄 식생의 색깔이 주위의 식생의 것과 뚜렷하게 구별된다.

〈그림 182〉 직달 태양복사, 산란일사의 예

그림 182 왼쪽 그림은 직달복사의 예를 보여준다. 환경원격탐사의 최적의 상태라 할 수 있다. 오른쪽 그림은 장소 전체가 그늘진 곳에 위치하였지만 건물 전체가 밝은 모습을 보이며 검은색 바닥을 제외하고 모든 것을 식별할 수 있다.

랭글리 도표를 사용해 지상에서 대기 최상부의 복사조도를 구하는 법을 알아 보자.

4. 랭글리 도표

랭글리 도표(Langley plot)는 지상에서 대기최상부의 복사조도 혹은 복사휘도를 계산하기 위해 고안된 것이다.[37] 랭글리 도표는 다음의 식을 나타낸 것이다.

$$E = E_0 e^{-\tau \sec \theta}$$

여기서 E: 지상에서의 복사조도, E_0: 대기 최상부 복사조도이다.

위의 식을 다음과 같이 나타낼 수 있다. 지상에서의 복사조도(E)로 대기최상부 복사조도(E_0)를 구하는 것이다.

$$lnE = lnE_0 - \tau \sec \theta$$

$$\ln E = -\tau \sec \theta + lnE_0$$

37 JOHN M. WALLACE · PETER V. HOBBS(2006); Langley extrapolation – Wikipedia; Samuel Langley – Wikipedia[접근: 2022.04.22.]

위의 식을 도표로 나타내면 다음과 같다(그림 183).

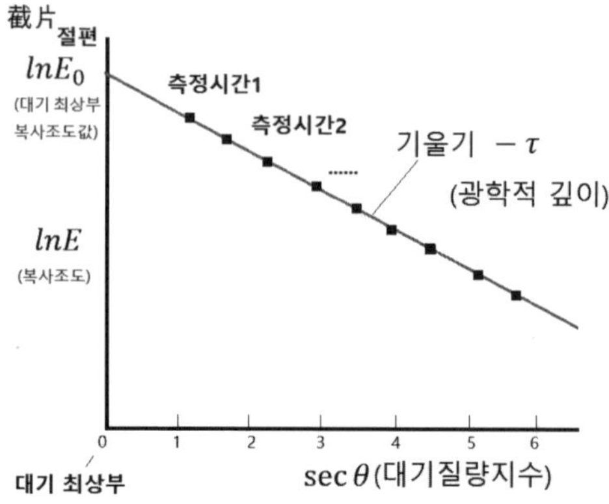

〈그림 183〉 랭글리 도표의 주요 개념도

랭글리 도표를 통해 특정 파장별로 광학적 깊이 및 대기 최상부 태양 복사휘도 또는 복사조도를 구할 수 있는 것이다. 구하는 방법은 다음과 같다.

$$E_0 = e^{\ln E_0}$$

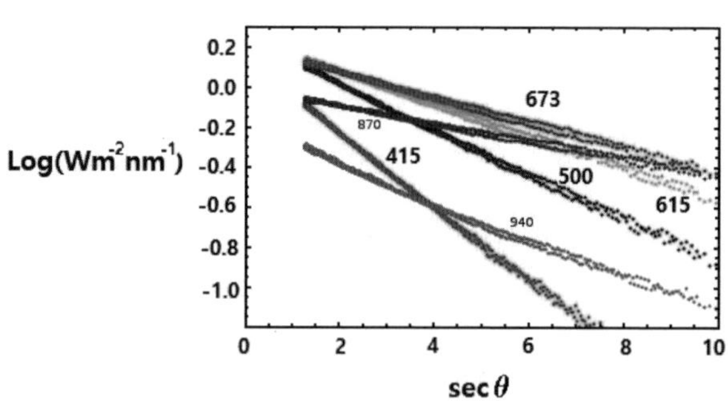

〈그림 184〉 랭글리 도표의 예(숫자는 파장을 뜻한다(nm)).[38]

38 Langley extrapolation – Wikipedia ' Direct solar radiation as a function of secant of solar zenith angle at Niamey, Niger. December 24, 2006.' 그림 수정[접근: 2022.04.07.]

그림 184의 랭글리 도표에서 파장 415nm 직선의 기울기가 파장 673nm 직선의 기울기보다 가파른 것을 확인할 수 있다. 대기에서의 산란 현상과 관련되어 생각해볼 수 있다.

지상에서 태양의 복사조도, 복사휘도를 관측하는 장치가 태양광도계이다. 태양광도계(太陽光度計, sun photometer)는 지상에서 태양의 직달복사휘도(direct-sun radiance)를 재기 위한 것이다(그림 185).

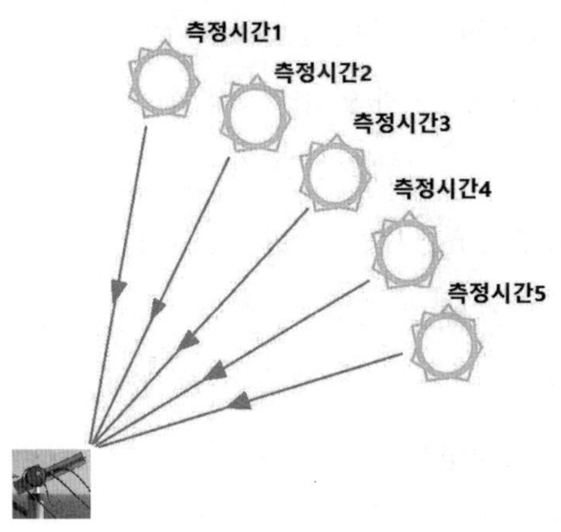

〈그림 185〉 태양광도계의 측정[39]

관측 지점에서 태양을 직접 보면서 관측하며, 측정된 복사휘도에는 대기의 흡수와 산란에 의한 대기효과도 포함한다. 이 대기효과는 랭글리 도표(랭글리 外插法, Langley extrapolation)를 통해 제거될 수 있어서 대기 최상부 복사조도를 알 수 있게 된다. 대기최상부의 복사조도를 알게 되면, 대기의 상태, 대기의 광학적 깊이에 대해 알 수 있게 된다. 또한

39 AERONET – Wikipedia의 사진 'CIMEL Sunphotometer' 수정[접근:2022.04.22.]

두 개 이상의 파장별 측정을 통하여 대기의 기체인 수증기나 오존의 수직적 농도에 대한 정보도 알 수 있다고 한다.[40] 태양광도계의 측정수준에 대한 국제적 분류를 STEVE KLASSEN AND BRUCE BUGBEE(2005)가 Table 3-1에 요약하여 정리해 두었다.

태양광도계와 관련하여 세부적인 측정기를 보면, 태양상향 및 하향 복사, 산란일사 측정을 위한 전천일사계(pyranometer, 일사량계)가 있으며, 직달일사 측정을 위한 직달일사계(pyrheliometer), 지구상향 및 하향복사 측정을 위한 지구복사계(pyrgeometer), 순복사 측정을 위한 순복사계(net pyrradiometer)가 있다(이상삼 등, 2017). 이들 측정기의 이름을 검색하면 이미지를 금방 확인할 수 있다. 오존층에 의해 흡수되는 전자기파 분광대(575nm, 603nm)인 Chappuis흡수분광대(Chappuis absorption band)는 다른 가시광선대에 비해 광학적 깊이 차가 크게 나며 최대 흡수를 하는데, 지상에서 태양광도계를 사용하여 오존의 분포를 측정하여 알아내는 것이다. 오존층의 두께 단위를 'Dobson unit'이라 한다.[41]

태양광도계는 원격탐사를 위한 특정 시간대의 투과율을 계산하기 위해서도 사용된다. 태양광도계를 사용하여 태양 직접 방향을 측정한 값(직접 경로+확산(擴散, 放散))에서 태양을 가리고 측정한 값(확산(擴散) 혹은 산란되는 밝기값)을 빼면 태양 직접경로 복사휘도를 구할 수 있다.

40 Sun photometer – Wikipedia; Beer–Lambert law – Wikipedia; https://en.wikipedia.org/wiki/Radiance; Solar irradiance – Wikipedia; 분광광도법 – 위키백과, 우리 모두의 백과사전(wikipedia.org)[접근: 2022.04.22.]; D. Müller et al.(2010).

41 Dobson unit – Wikipedia; Chappuis absorption – Wikipedia; Ozone – Wikipedia; Ozone layer – Wikipedia[접근: 2022.04.07.]

또한 연무질의 분포도 측정할 수 있다. 지상에서 연무질 원격탐사 전 지구적 네트워크(AERONET, AErosol RObotic NETwork)에서 태양광도계를 사용하고 있다. 핵심 AERONET 논문정보를 통해 학문적인 정리를 할 수 있을 것이다.[42]

태양복사의 배경지식을 다루는 전문 인터넷 사이트를 소개해 본다. The National Renewable Energy Laboratory(NREL, National Renewable Energy Laboratory (NREL) Home Page | NREL)의 "Data and Tools"의 항목에서 재생에너지 관련분야의 자료와 분석도구들을 살펴볼 수 있다. 지상에서 전 지구의 대기 및 기후를 관찰하는 연구기관인 『Atmospheric Radiation Measurement(ARM), ARM Research Facility』[접근: 2021.12.31.]에서 다양한 자료들을 접할 수 있다.

5. 복사전달

복사전달(輻射傳達, radiative transfer)은 전자기파가 대기에서 진행하는 방식을 의미하며, 흡수, 방출, 산란 과정을 모두 고려한다. 전자기파가 매질(즉 대기) 속을 진행할 때 감쇠되는 것을 모형화한 것이다. 즉 이 장에서 논의된 모든 개념을 모형으로 만든 것이다. 복사전달모형을 통해 직달복사조도(direct radiance, 직달일사조도)와 경로복사조도

42 Aerosol Robotic Network (AERONET) Homepage (nasa.gov); System Description – Aerosol Robotic Network (AERONET) Homepage (nasa.gov); AERONET – Wikipedia; Senior AERONET Authors – Aerosol Robotic Network (AERONET) Homepage (nasa.gov)[접근: 2022.04.07.]

(path radiance)를 계산할 수 있게 된다. 현재 다양한 수학 모형이 존재하며 『위키백과』에도 소개되어 있다.[43]

복사전달모형은 대기보정(大氣補正, atmospheric correction)의 기초 작업이기도 하다. 대기보정은 센서의 복사휘도에서 대기의 영향을 제거하는 과정으로 복사전달모형에 기반을 둔다. 대기보정 프로그램에는 대표적으로 FLAASH, QUAC, ACORN, ATCOR 등이 있다(John R. Jensen, 2016). 대기보정은 지표의 반사율과 방사율을 구하기 위한 것이기도 하다. 전자기복사는 대기의 흡수, 산란, 방출을 통해 감하거나 추가하게 된다. 대기보정을 통해 이런 대기의 효과를 계산하여 대기 중 대기수상(大氣水象, hydrometeors), 대기진상(大氣塵象, lithometeors), 이산화탄소 등의 분포도 알 수 있다. 대기수상은 대기 중의 물 입자(water particles, water droplets)이다.[44] 대기수상은 온도를 가지지만 쉽게 더워지거나 차가워지지 않는다. 즉 열평형 상태에 있으며 복사에너지를 방출한다(Iain H. Woodhouse, 2006). 대기수상은 대개 가시광선을 산란하지만 적외선 파장대는 흡수한다.[45] 우리나라에서도 활발한 연구가 이루어지고 있다.[46]

43 복사전달 – 위키백과, 우리 모두의 백과사전 (wikipedia.org); Radiative transfer – Wikipedia; Atmospheric radiative transfer codes – Wikipedia[접근: 2022.04.22.]

44 [대기] 여러 가지 대기현상 : 네이버 블로그 (naver.com); Hydrometeor – Glossary of Meteorology (ametsoc.org)[접근: 2022.03.30.]

45 Alessia Nicosia(2018)의 논문 Figure 1.1에 대기수상의 크기에 대한 정보가 있다. 구글에서 'hydrometeors condensed forms of water in the atmosphere'을 입력하면 그림을 바로 볼 수 있다. 또한 'water in the atmosphere'을 입력하여 대기수상에 관련된 여러 문헌을 접할 수 있다

46 연구 논문 예를 들면 다음과 같다. 윤근원 등(2003); 오성남(2004); 이광재, 김용승(2005); 이규성(2019); 이권호 · 염종민(2019): 이 논문에 복사전달모형 및 대기보정 기술에 대한 요약이 잘 되어 있다. 또한 대기보정된 위성영상을 Fig. 7.에 보여주고 있다; Atmospheric

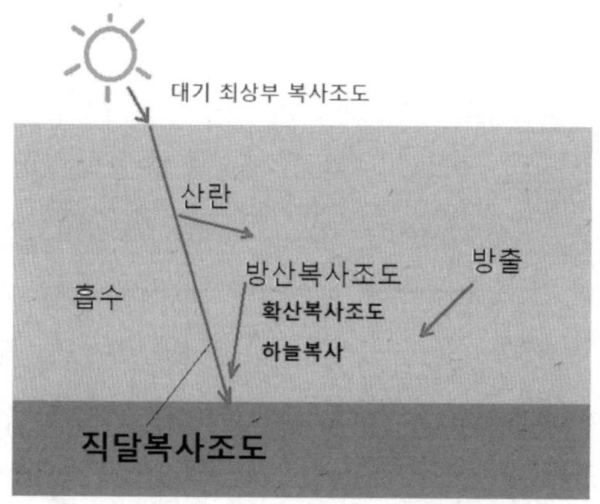

<그림 186> 복사전달모형의 상황

그림 186은 복사전달모형에서 고려되는 주요 개념을 나타낸 것이다. 대기 최상부 복사조도가 대기를 통과하면서 직달(직접)복사조도(direct irradiance)에서 흡수와 산란이 발생하게 된다. 이는 비어법칙과 광학적 깊이로 다룰 수 있다. 방산(확산)복사조도(diffuse irradiance)는 대기의 방출 및 산란과 관련된다. 이 대기의 방출은 대기의 온도와 방사율에 따르므로 플랑크 공식으로 다룰 수 있으며, 산란은 산란에 대한 공식으로 다룰 수 있다. 복사경로를 중심으로 복사전달을 간단하게 나타내면 그림 187과 같다.

correction – Wikipedia[접근: 2022.04.22.]: 이곳에 센서별 대기보정방법의 예시가 간략하게 소개되고 있다.

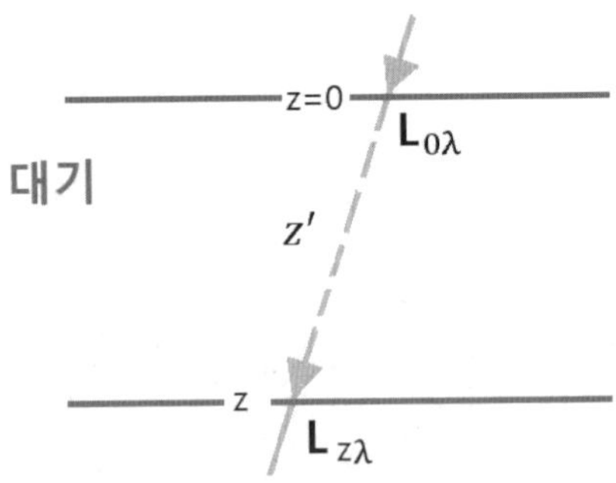

〈그림 187〉 복사전달 상황(복사전달식에서 기호 설명, Iain H. Woodhouse(2006) FIGURE 5.1; S. Chandrasekhar(1960) FIG. 2. 수정)

그림 187은 대기에서의 경로상 복사 전달되는 상황을 간단히 그린 것이다. 이를 바탕으로 산란을 제외한 복사전달식을 다음과 같이 나타낼 수 있다.[47]

$$L_{z\lambda} = L_{z=0,\lambda} e^{-\tau_\lambda(z=0,z)} + \int_{z=0}^{z} \alpha_\lambda(z') B_\lambda(T_{z'}) e^{-\tau_\lambda(z',z)} dz'$$

여기서 z=0, 입사되는 지점, $L_{z=0,\lambda}$: 분광복사휘도, L: z지점에서의 분광복사휘도, $\tau_\lambda(z=0,z)$: z=0에서 z까지 경로길이 상의 분광 광학적 깊이, z': z=0에서 z까지 경로상 변화 위치, $B_\lambda(T_{z'})$: z'에서 대기 온도($T_{z'}$)에 따른 흑체의 분광복사휘도, $\tau_\lambda(z',z)$: z'에서 z까지 분광 광학적 깊이, $\alpha_\lambda(z')$: z'에서의 분광 흡수계수이다(m^{-1}, cm^{-1}).

47 Iain H. Woodhouse(2006); S. Chandrasekhar(1960); 복사전달 – 위키백과, 우리 모두의 백과사전 (wikipedia.org); Radiative transfer – Wikipedia; Emission spectrum – Wikipedia; Planck's law – Wikipedia[접근: 2022.04.28.]; 복사전달식에는 주파수(ν)로 표기되는데 이 책에서는 파장(λ)으로 표기되어 있다.

위의 식을 다음과 같이 풀어볼 수 있다.

지점 z에서의 분광복사휘도 = [z=0의 분광복사휘도 × z=0에서 z까지의 경로 투과율] + [z'지점 대기의 분광흡수계수(absorption coefficient) × z' 지점 온도에 따른 분광복사휘도 × z'에서 z까지의 투과율 누적 값]

온도에 따른 분광복사휘도는, 대기 온도가 절대온도 0K 이상에서 파장별로 방출(emission)이 발생하는 것을 플랑크 등식에 적용하여 구한 것이다. 위의 식에서 분광 흡수계수는 다음과 같은 관계에서 나왔다.[48]

$$\frac{j_\lambda}{\alpha_\lambda} = B_\lambda(T)$$

위 식에서 j_λ는 분광 방출계수(emission coefficient, ε_λ를 사용하기도 한다. 주로 주파수를 사용하여 단위: $Wm^{-3}sr^{-1}Hz^{-1}(Wm^{-3}sr^{-1}\text{주파수}^{-1})$ 이나 이 책에서는 파장을 사용하기에 단위: $Wm^{-3}sr^{-1}nm^{-1}(Wm^{-3}sr^{-1}\text{파장}^{-1})$이다. 흡수와 방출을 하는 입자들이 대규모일 때 국지적으로 서로 균형상태를 이루게 된다. 이 상태에서 방출계수와 흡수계수는 대기의 온도와 밀도의 함수가 되며 서로의 관계를 위의 식과 같이 나타낼 수 있다. 위의 식을 'source function'이라 부른다. 절대온도 이상에서 방출이 발생하며 방출계수를 사용하는 대신 흡수계수를 사용할 수 있다(Iain H. Woodhouse, 2006).

대기보정은 원격 센서에서 측정된 복사휘도에서 지표의 복사휘도를

48 S. Chandrasekhar(1960); Source function – Wikipedia; Radiative transfer – Wikipedia; Planck's law – Wikipedia[접근: 2022.03.27.]

구하기 위한 것이기도 하다(Yoram J. Kaufman, 1989). 궁극적으로는 지표의 반사율을 구하는 것이다.

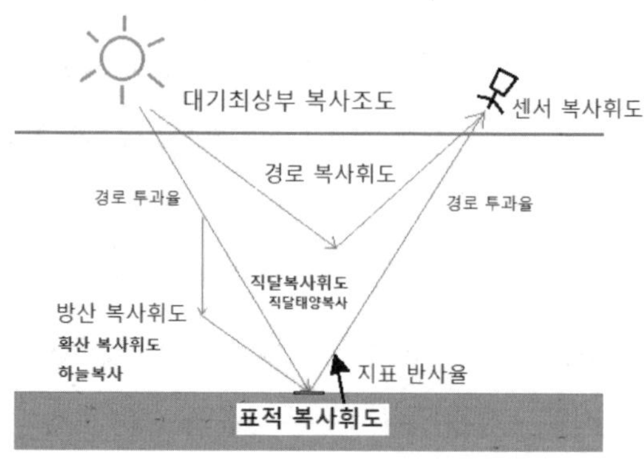

〈그림 188〉 센서 복사휘도와 지표의 복사휘도 개념도

그림 188은 센서와 지표면에서 측정된 복사휘도의 구성을 보여준다. 지표를 람베르트면으로 가정하고, 데니슨 교수가 이번 장에서 소개한 개념들을 바탕으로 판서한 지표에서의 복사휘도를 다음과 같이 나타낼 수 있다.

$$L_{\lambda 지표} = \frac{E_{0\lambda}}{\pi} \cos\theta \cdot e^{-\tau \sec\theta e^{-\frac{z}{H}}} + L_{\lambda 방산}$$

여기서 $L_{\lambda 지표}$: 지표에서의 복사휘도, $E_{0\lambda}$: 특정 파장에서의 대기 최상부 복사조도, $\cos\theta$: 람베르트 코사인 법칙, θ: 태양천정각, $e^{-\tau \sec\theta e^{-\frac{z}{H}}}$: 비어 법칙, 즉 경로 투과율, $L_{\lambda 방산}$: 방산 복사휘도이다.

센서에서 측정된 복사휘도는 다음과 같이 나타낼 수 있다.

$$L_{\lambda 센서} = \left(\rho_{지표} L_{\lambda 지표} + \rho_{발산} L_{\lambda 발산}\right) \cdot e^{-\tau \sec \theta_v e^{-\frac{z}{H}}} + L_{\lambda 경로}$$

여기서 $L_{\lambda 센서}$: 센서에서의 복사휘도, $\rho_{지표}$: 지표에서의 반사율, θ_v: 시야 천정각, $e^{-\tau \sec \theta_v e^{-\frac{z}{H}}}$: 경로 투과율, $L_{\lambda 경로}$: 경로 복사휘도이다.

실제 복사전달 및 대기보정 모형을 실행하는 데는 대기를 층으로 나누어 각각의 층을 동일한 특성을 가진 것으로 가정하기도 한다(Jim Coakley and Ping Yang, 2014). 또한 복사전달 혹은 대기보정모형에 표준대기를 사용할 수 있다. 표준대기(標準大氣, standard atmosphere)는 실제 대기의 평균상태에 근접하도록 단순하게 표현한 대기 모형이다.[49]

실제 모형에는 대기최상부 복사조도, 균시차, 경위도, 고도, 날짜, 현지시간, 지표면 반사율(BRDF), 센서시야각, 사면, 향 등을 입력하게 된다.

〈그림 189〉 산불 화염(火焰)과 연기의 색깔 차이

49 Reference atmospheric model – Wikipedia; International Standard Atmosphere – Wikipedia; U.S. Standard Atmosphere – Wikipedia; World Meteorological Organization – Wikipedia[접근: 2022.04.22.]; K.S.W. Champion et al.(1985).

그림 189는 주위의 대기가 원격탐사 측정을 하기에 매우 좋은 상태를 보인다. 그러므로 산불에 대한 각종 수치측정을 할 수 있는 상태라 볼 수 있다. 산불은 전 지구적 현상의 하나다. 그래서 전 지구적인 감시활동도 있다. 인터넷에는 다양한 방식으로 전 지구적 산불 현상에 대한 자료를 구할 수 있다.[50] 특히 NASA와 같은 공식기관에서는 자료의 생성과정에 대한 자세한 문서를 구할 수도 있다.

<그림 190> 연기 속의 소방헬기

대기의 연무질이 사물 간의 대비를 낮춰 사물들을 흐리게 보이게 한다. 헬기를 거의 구분하기 힘들다(그림 190). 산불과 연무질 감지센서에 대한 'Sensors for Fire and Smoke Monitoring' 논문(Robert S. Allison et al., 2021)을 구글하여 구할 수 있다. 한 번 읽어보자. 구글에서 'smoke', 'soot', 'aerosol', 'ash', 'volcanic ash', 'column density', 'optical remote

50 예, MODIS Active Fire and Burned Area Products – Home (umd.edu); Satellite (MODIS) Thermal Hotspots and Fire Activity – 개요 (arcgis.com); Active Fire Data | Earthdata (nasa.gov); Wildfire – Wikipedia; Smoke – Wikipedia[접근: 2022.03.19.]; 박수민 등(2019).

sensing' 등을 입력하면 많은 자료를 볼 수 있다.[51]

〈그림 191〉 대기의 수증기

그림 191 왼쪽 그림은 대기의 수증기가 전자기파를 흡수하여 산의 모습을 볼 수 없게 된 상태를 보여주고 있다. 짙은 안개는 전자기파를 산란하거나 흡수하여 앞산의 윤곽까지 볼 수 없게 만든다. 복사전달 대기보정 모형을 하는 것은 대개 수증기의 분포에 대하여 알고자 하는 것으로 그 이유를 잘 설명하는 사진이다. 그림 191 오른쪽 그림에서 대기 중의 수증기와 태양의 직사경로 위치 등에 따라 하늘의 색이 차이가 난다. 태양의 직사경로상에서의 구름의 두께에 따라 투과에서 차이가 발생하고 있다.[52]

51 예, Aaron van Donkelaar et al.(2006); G. L. Schuster et al.(2016); Soot – Wikipedia; Smoke – Wikipedia; Steam – Wikipedia; Chimney – Wikipedia[접근: 2022.03.19.]; 백원경 등(2019); 양지원 등(2019).

52 Diffuse sky radiation – Wikipedia; Atmospheric optics – Wikipedia[접근: 2022.03.19.]

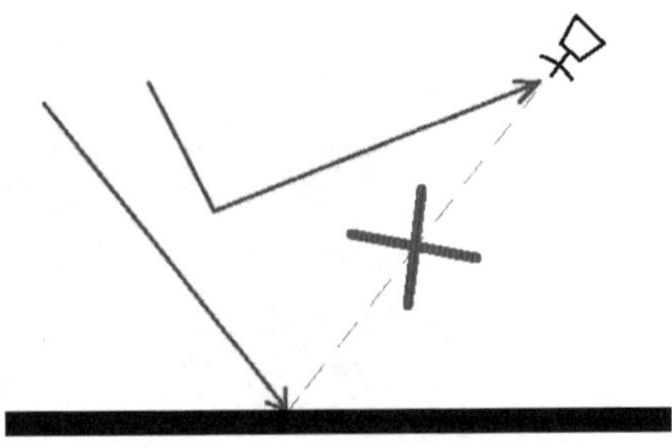

〈그림 192〉 반사가 없는 어두운 물체와 경로 복사휘도 차감 모식도

센서에서 측정된 복사휘도 $L_{\lambda 센서} = \left(\rho_{지표} L_{\lambda 지표} + \rho_{발산} L_{\lambda 발산}\right) \cdot e^{-\tau \sec \theta_v e^{-\frac{z}{H}}} + L_{\lambda 경로}$ 를 간단히 나타내면 $L_{센서} = T_{경로} L_{지표} + L_{경로}$
(여기서, $T_{경로}$: 투과율, Transmittance)라 할 수 있다. 이를 통해 지표면의 반사율을 다음과 같이 나타낼 수 있다.

$$\rho_{지표} = \left(L_{센서} - L_{경로}\right) / \left(T_{경로} \times L_{지표}\right)$$

$L_{센서}$는 센서에서 측정된 복사휘도이다. 대기 산란에 의한 전자기파가 센서로 들어가 측정되는 경로 복사휘도($L_{경로}$)와 경로 투과율($T_{경로}$)은 복사전달모형을 사용하여 구할 수 있다. $T_{경로}$는 앞에서 소개된 태양광도계로 광학적 깊이를 측정하여 구할 수도 있다. $L_{경로}$의 경우 원격탐사 자료에 전자기파를 반사하지 않는(그래서 어둡게 보이는) 물체(예를 들면, 수심이 깊은 호수, 하천 부분)에서 산란되어 그 물체의 반사경로에 들어선 전자기파를 없애는 방법을 사용할 수도 있다(dark object subtraction, 어두운 물체 차감, 경로 복사휘도 차감)(그림 192).

지금까지 원격탐사 센서에서 복사휘도를 직접 구하는 것으로 가정하였다. 그러나 실제 센서에서 재는 것은 복사휘도가 아니라 전압(Voltage)이다.

6. 양자화

양자화(量子化, quantization)는 연속적인 값을 불연속적인 값, 예를 들면 자연수로 만드는 과정을 뜻한다. 원격탐사 센서는 복사조도나 복사휘도를 측정하는 것이 아니라 전압(電壓)을 측정하며 이 전압을 숫자(數, digital number, DN, 數值, 자연수)로 바꿔 저장 및 기록한다.[53]

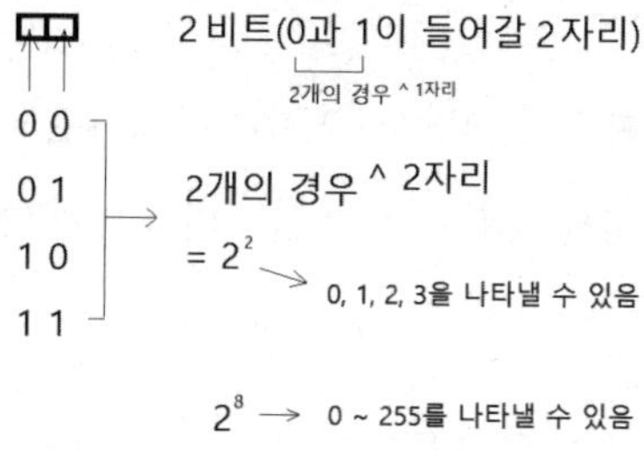

〈그림 193〉 비트의 이해

전기적 신호의 수치적 표현을 0과 1로 구성된 이진수(二進數)로 주로

53 양자화 – 위키백과, 우리 모두의 백과사전 (wikipedia.org); Quantization – Wikipedia; Voltage – Wikipedia; Radiometric measurements – Remote Sensing (pressbooks.pub)과 Calculations of TOA radiance and TOA reflectance – Remote Sensing (pressbooks.pub)[접근: 2021.11.21.]; John R. Jensen(2016).

하는데 이 두 수치를 표현하는 자리를 비트(bit)라 하며 정보량을 나타내는 기본 단위가 된다(그림 193). 8비트는 0과 1을 나타낼 수 있는 자리(비트)가 8개 연속된 것으로 1바이트(byte)라 한다.[54]

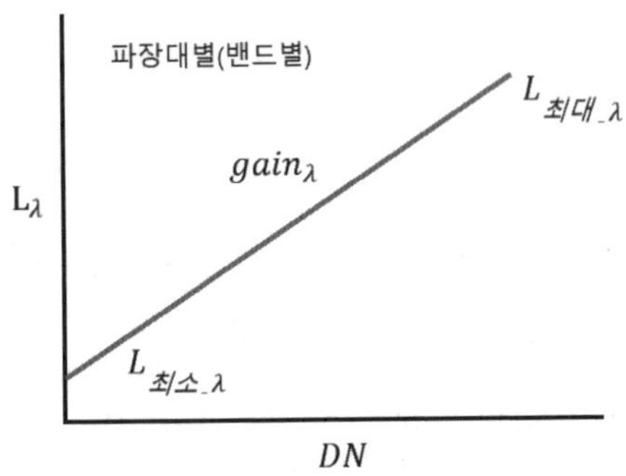

〈그림 194〉 복사휘도와 수치(DN) 간의 관계 모식도

자연수(DN)로 기록된 원격탐사 자료에서 복사휘도를 구하는 것은 다음과 같다.[55] 그림 194를 상황을 함수로 나타낸 것이다.

$$L_\lambda = gain_\lambda \times DN + L_{최소\_\lambda}$$

54 이진법 – 위키백과, 우리 모두의 백과사전 (wikipedia.org); 비트 (단위) – 위키백과, 우리 모두의 백과사전 (wikipedia.org)[접근: 2022.04.09.]

55 THOMAS M. LILLESAND and RALPH W. KIEFER(1994); 『USGS Landsat Missions』, 'How is radiance calculated?', https://landsat.usgs.gov/how-radiance-calculated[접근: 2018.06.02.]; Gyanesh Chander et al.(2007), https://landsat.usgs.gov/sites/default/files/documents/L5TM_postcal.pdf[접근: 2019.10.15.]; 村井 俊治(2005).

위의 식을 보면 파장(λ)별로 정의되는 것을 알 수 있다. 즉 센서의 밴드(band)별로 각각의 식을 가지는 것이다. 여기서 기울기(gain, 이득利得, 증폭비율增幅比率)를[56] 나타내면 다음과 같다.

$$gain_{\lambda} = \frac{L_{최대\_\lambda} - L_{최소\_\lambda}}{양자화최대값 - 최소값}$$

위의 식에서 양자화 최대값-최소값의 예를 들면, Landsat 5의 센서는 8비트 기록장치를 가지므로 255(최대수치)-0(최소수치)=255가 된다.

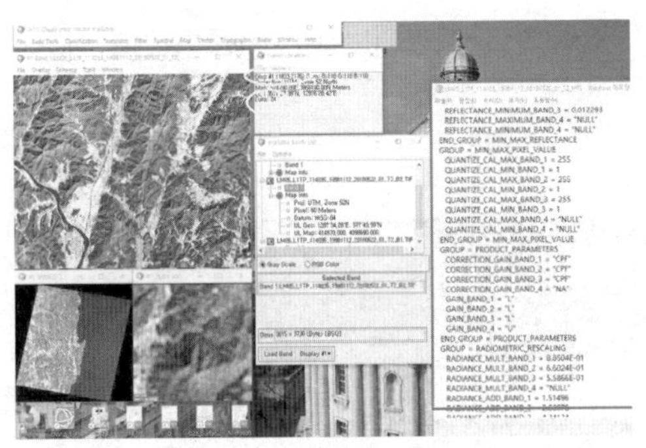

〈그림 195〉 영상처리프로그램에서 본 위성영상의 예

그림 195는 영상처리프로그램을 사용하여 실제 영상이미지의 상태를 하나의 밴드를 통해 보여주고 있다. 붉은 부분은 메타 데이터 파일을 보여주고 있다. 'QUANTIZE_'라는 부분과 노란색 동그라미의 픽셀 위치와 값은 DN값임을 알 수 있다. 그림 중간에 픽셀 크기(공간해

56 이득 – 위키백과, 우리 모두의 백과사전 (wikipedia.org)[접근: 2019.10.15.]

상도)가 60m인 것을 볼 수 있는데, 가로세로로 각각 60m나 되는 지표면 토지피복의 복사량의 평균값을 하나의 DN값으로 나타내는 것을 알리는 것이다. 이는 나중에 언급할 혼합화소 문제를 일으킨다. 위의 자료는 LANDSAT-5 이미지로 획득일은 Nov 12, 1998로 파일명은 "LM05_L1TP_114035_19981112_20180522_01_T2"이다.[57] 15곳의 무료 인공위성자료 소개 사이트『GISGeography』, '15 Free Satellite Imagery Data Sources'[58] 에서 '3 NASA Earthdata Search'를 클릭하며 접속한 자료실(https://search.earthdata.nasa.gov/search)에서 다운로드한 것이다. NASA Earth Search 이외의 무료 자료 사이트 14개가 더 있으니 한번 살펴보길 바란다.

다양한 사진을 통하여 대기의 상태, 지표면의 환경상태 등을 유추해보자.

〈그림 196〉 황산체육공원에서

57 Landsat program – Wikipedia[접근: 2021.11.21.]; 랜드셋 프로그램에 대한 소개가 잘 되어 있으니 읽어보자.

58 https://gisgeography.com/free-satellite-imagery-data-list/[접근: 2021.05.08.]

그림 196은 물금읍 상공의 맑은 하늘을 보여준다. 이렇게 맑은 날씨에는 태양의 가시광선대가 지표에 거의 도달하게 된다. 그래서 그림자와 빛을 받는 지면의 대비도 뚜렷하다. 통행로 상의 그림자 부분이 푸른 색을 띠는 것을 볼 수 있다. 뒤의 배경이 되는 증산의 식생도 깨끗하게 보인다. 원격탐사 최적의 환경모습을 보이고 있다. 상공의 푸른색 분광대가 산란되어 짙은 푸른색을 내는 것을 볼 수 있다.

〈그림 197〉 양산 신도시 아파트에서 오봉산을 본 광경

그림 197의 하늘과 구름의 색깔에 대하여 설명할 수 있겠는가? 구름의 위치와 태양의 위치(34.33° 129.03°) 등을 모식적으로 그려보면서 환경광학적 설명해 보자.

〈그림 198〉 밀양 가인리에서 본 경관

그림 198에서처럼 대기에 산란입자가 많을 경우 경관의 대비가 뚜렷

하지 않다. 거리가 멀수록 경관이 흐릿하게 보이게 된다. 대기의 산란으로 인한 뿌연 색깔과 산봉우리의 눈에 의한 복사 색깔이 서로 구별될 수 있겠는가?

〈그림 199〉 동남쪽으로 바라본 모습

그림 199 왼쪽의 것은 구름 한 점 없는 하늘의 상태이지만 대기에 미세한 산란 입자들이 많은 상태를 보이고 있다. 먼 곳의 사물들의 대비가 약하며 먼 곳의 산봉우리가 흐릿하게 보인다. 아파트 사이의 밝은 점은 지붕에서 반사된 빛이다. 경위도는 34.33° 129.03°를 사용해서 태양기하도 구해 보자. 오른쪽 그림에서 대기의 상태에 따라 태양 광선이 지표에 미치지 못하여 사물의 구별이 쉽지 않은 상황을 볼 수 있다.

〈그림 200〉 광포항 근처의 사천대로에서 바다를 본 경관

그림 200에서 멀리 보이는 지형의 윤곽을 그릴 수 있겠는가? 태양기하 계산을 위해 경위도는 34.962°128.042°로 한다. 사진에 나타난 광학 현상을 설명하고 대기의 상태를 설명해 보자.

〈그림 201〉 양산 신도시 아파트에서 바라본 시간별 경관

그림 201에서 시간별 대기의 상태를 태양기하와 연결하여 설명해 보자. 대기의 광학 개념을 통하여 설명해 보자. 경위도는 34.33° 129.03°를 사용해 보자.

〈그림 202〉 미세먼지

그림 202는 미세먼지가 많은 날과 비교적 적은 날을 보여준다. 왼쪽 그림에서 대기가 거의 균일한 밝기를 보여주고 있다. 또한 거리가 멀수

록 사물 간의 대비가 불명확해진다. 오른쪽 그림은 하늘의 군데군데 옅은 보라색을 띠고 있으며 상대적으로 미세먼지량이 적은 관계로 사물을 구별할 수 있다.

〈그림 203〉 좌: 한국교원대학교 저녁 경관, 36.61° 127.36°, 우: 부산역에서 바라본 전경

그림 203 왼쪽의 것은 태양복사량이 작을수록 지표면의 사물의 대비가 어렵다는 것을 보여준다. 그래서 더 아름답게 보이는 것일까? 오른쪽 그림은 비록 해상도가 낮지만 왼쪽의 것보다 사물을 더 잘 구별할 수 있다.

〈그림 204〉 부산 방향의 대기 중 수증기 광학 현상

그림 204는 대기 중 수증기에 의한 광학 현상을 보여준다. 태양광이 없는 밤에도 지상에서 오는 빛을 수증기가 반사하거나 산란하는 것을 볼 수 있다. 밤에도 항상 환경광학적 현상이 발생하는 것을 볼 수 있다.

〈그림205〉 미세먼지, 소나기가 내릴 때와 대기가 깨끗한 상태

그림 205는 시간별 대기의 상태를 환경광학적 개념과 연결하여 설명할 수 있을 것이다. 대기의 상태가 시시각각 변할 수 있는 것이다. 왼쪽 그림은 태양의 복사가 많은 가운데 미세먼지가 대기 중에 퍼져있는 상태이다. 중앙 그림은 소나기가 내리는 상태로 멀리 떨어진 사물의 분간이 어렵게 되었다. 오른쪽 그림은 대기 중 부유입자가 씻겨진 상태이지만 태양의 복사에너지양이 적고 구름이 아직도 있으므로 밝지 않는 상태를 보여준다. 오른쪽 그림의 화살표는 무지개를 가리킨다. 이를 통해 태양이 있는 곳과 관측자의 위치를 유추해 볼 수 있을 것이다.

그림 206에서처럼 장대비가 내릴 경우 주위 배경에 대하여 거의 아무것도 볼 수 없게 된다. 하늘의 상태와 사물의 색이 어둡게 보이지만 거의 비슷한 밝기를 보이

〈그림 206〉 부산역 비 오는 날

고 있다.[59] 이렇게 비가 내리는 때의 환경광학적 측정 작업을 하는 것도 의미가 있을 것이다. 비가 오는 날에도 에너지의 흐름은 지속되기 때문이다.

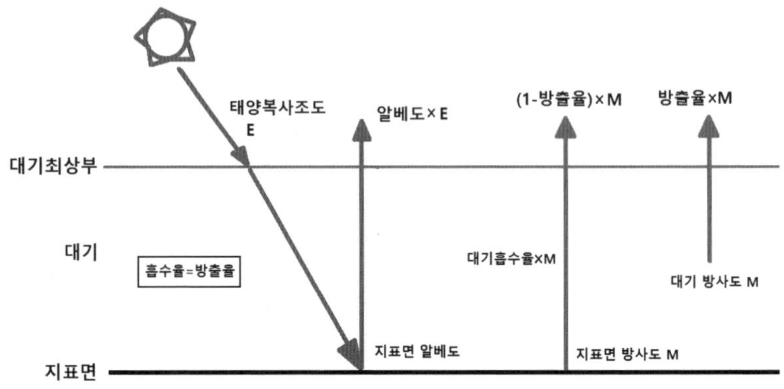

<그림 207> 대기 최상부 복사에너지수지 상황
(Jim Coakley and Ping Yang, 2014, Figure 1.2 수정)

그림 207은 대기의 최상부에서의 복사에너지 균형에 대하여 정리해 본 것이다. 이를 식으로 나타내면 다음과 같다.

$$0 = \left(1 - 알베도\right) E - 4(\varepsilon\sigma T_A^T + (1 - \varepsilon)\sigma T_s^T)$$

여기서 T_A: 대기 온도, T_s: 지표면온도, ε: 대기의 방출률이다.

대기 최상부는 경계이기에 에너지를 흡수하여 저장하거나 방출하지 않는다(Steven R. Evett et al., 2011). 그래서 위의 식과 같이 나타

59 Diffuse sky radiation – Wikipedia[접근: 2022.03.19.]

낸 것이다. 복사가 대기 최상부로 향할 때는 + 값을 가지며, 대기 최상부에서 벗어나갈 때는 − 값을 가진다. 식에서 $(1 - 알베도)E$ 는 태양에서부터 대기 최상부로 도달한 태양복사조도(E) − 지표면 알베도 만큼 반사되어 대기를 통과한 후 대기 최상부 밖으로 나가는 알베도×E를 나타낸 것이다. 지표면에서 방출된 복사에너지(σT_s^T)는 대기에 의해 $\varepsilon\sigma T_s^T$ 만큼 흡수되고 $(1 - \varepsilon)\sigma T_s^T$로 대기를 투과하여 대기 밖으로 나간다($(1 - \varepsilon)M_s = (1 - 방출률) \cdot 지표면방사도$). 대기 자체도 절대온도 0K 이상이기에 $\varepsilon\sigma T_A^T$로 복사에너지를 방출하게 된다($\varepsilon M_A = 방출률 \cdot 대기방사도$)(Jim Coakley and Ping Yang, 2014).

질문을 해 보자. 대기 최상부 복사에너지 균형식과 지금까지 설명된 대기 및 지표면 온도에 위 첨자 T가 표시되어 있다. 이 T에는 어떤 숫자가 들어가며 앞 장에서 언급된 어떤 등식 혹은 법칙과 관련되어 있는가?

대기의 경계에는 대기 최상부와 함께 지표면이 있다. 다음 장은 지표면에서의 에너지수지와 관련된 개념들을 다루어 볼 것이다.

6장

지표면 에너지 수지

지표면은 대기와 대지의 경계이다. 해수면은 대기와 대양의 경계이다. 이 경계는 에너지를 흡수하여 저장하거나 방출하지 않는다(Steven R. Evett et al., 2011)(그림 208). 대기와 대지(혹은 대양)에서 에너지를 흡수하고 방출하는 것이다. 전자기파가 대기 및 지상의 여러 물체에 의해 흡수되면 열에너지의 형태로 주로 바뀐다. 복사에너지는 물질의 전자에 진동을 가져와 운동에너지 형태로 원자에 전달되며 이 원자의 운동에너지가 주위 물체의 원자로 퍼지게 되면서 열에너지가 된다. 이를 원자의 열진동이라고 하며 물체의 온도는 이 열진동이 클수록 높아진다(닛타 히데오, 2021; 도쿠마루 시노부, 2013).

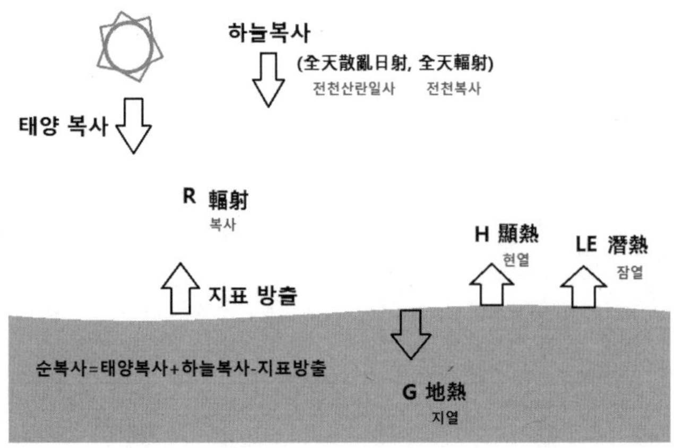

〈그림 208〉지표면에서의 복사속밀도(JOHN C. PRICE, 1985, FIGURE 1 수정)[1]

지표면의 경계적 특성을 고려하여 지표면 에너지수지(energy

1 참고: 『국립농림기상센터』, '농업기상관측요령: 일사관측', http://www.ncam.kr/page/doc/amo/amo.php?menu_code=amo&page=5[접근: 2019.11.01.]

balance, 에너지 균형)를 다음과 같은 일반식으로 나타낼 수 있다. 지표면상의 모든 형태의 에너지 출입을 다루며 단위는 모두 Wm^{-2}이다(John C. Price, 1989; William P. Krustas et al., 1989; Roger G. Barry and Richard J. Chorley, 2010).

$$R_{net} + G + H + LE = 0$$

여기서, R_{net}: 순복사속밀도(純輻射束密度, net radiation, 순복사), G: 열전도속밀도, H: 현열속밀도, LE: 잠열속밀도이다.

순복사속밀도는 들어오는 복사속밀도와 나가는 복사속밀도의 차이며, 순단파복사속밀도(들어오는 단파복사속밀도와 나가는 단파복사속밀도의 차) + 순장파속밀도(들어오는 장파복사속밀도와 나가는 장파복사속밀도의 차)로 나눌 수 있다. 단순하게 지표면에서의 순복사는 하향 복사–상향 복사로 볼 수 있다. 인터넷에서 순복사속밀도 및 지표면 에너지 수지에 관한 소개를 접할 수 있다. [2]

1. 순복사속밀도

지표면에서의 순복사속밀도를 다음과 같이 나타낼 수 있다(M. Ibanez et al., 1998; John C. Price, 1989; Robert Horton and Tyson Ochsner, 2012).

2 예, Net Radiation (nasa.gov)[접근: 2022.04.10.]

$$R_{net} = S(1 - a) + L_{net}$$

S: 단파 복사속밀도(0.3~3μm), a: 지표면 알베도, L_{net}: 순 장파 복사속밀도이다.

$L_{net} = \sigma\varepsilon(\varepsilon_a T_a^4 - T_s^4)$ 이며, σ: 슈테판-볼츠만 상수, ε: 지표면 방사율, ε_a: 대기 방사율, $\varepsilon_a = 1.24\left({}^{e_a}/_{T_a}\right)^{1/7}$ [Jeff Dozier and Sam I. Outcalt(1979); e_a: *대기(수)증기압*, T_a: 대기 온도, K] (Jean-Charles Dupont et al.(2008); Brutsaert, W.(1975); Donald R. Satterlund(1979), T_s: 지표면 온도이다.

하향 대기 장파복사속밀도는 대기의 온도, 대기 방사율, 수증기 밀도에 영향을 받는다(Keith L. Bristow and Gaylon S. Campbell, 1984). 위의 식에서 대기의 방사율은 습도와 온도에 따르는 것을 알 수 있다 ($\varepsilon_a = 1.24\left({}^{e_a}/_{T_a}\right)^{1/7}$). 증기압(蒸氣壓, vapor pressure)은 증기가 고체 또는 액체와 동적평형상태에 있을 때의 증기 압력을 말한다. 증기압의 단위는 파스칼(Pa=$\frac{N}{m^2}$, 1mb(mbar)=100Pa)이다. 그런데 위의 식에서는 mb를 사용한다![3]

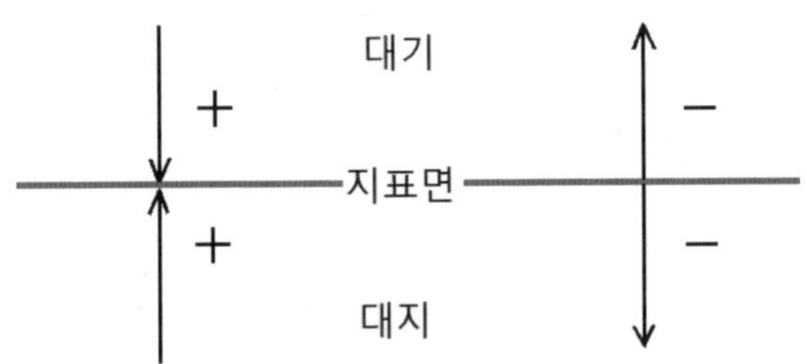

〈그림 209〉 지표면 에너지수지 방향 값

3 증기 압력 - 위키백과, 우리 모두의 백과사전 (wikipedia.org); 파스칼 (단위) - 위키백과, 우리 모두의 백과사전 (wikipedia.org); 바 (단위) - 위키백과, 우리 모두의 백과사전 (wikipedia.org); 대기압 - 위키백과, 우리 모두의 백과사전 (wikipedia.org)[접근: 2022.04.10.]

그림 209에서처럼 지표면 방향으로 에너지가 이동하면 +, 지표면에서 벗어나 에너지가 이동해 나가면 – 기호를 가진다.

계산 연습을 해 보자. 평탄한 지표면의 알베도가 0.55이고 방사율이 0.91이라고 하자. 지표면의 온도는 300K이다. 태양의 복사조도가 $800Wm^{-2}$이고 입사각이 **30°**, 대기의 온도는 295K라고 하자. 증기압이 13mb(상대습도: 52%, relative humidity)라고 가정하자.[4]

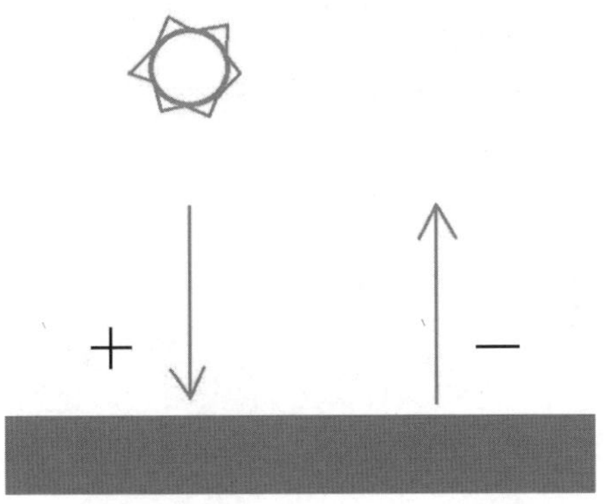

〈그림 210〉 순복사속밀도 상황 간단 요약도

그림 210에서 지표 방향으로 들어오는 복사속밀도(대기에서 지표로)는 +, 지표에서 나가는 복사속밀도(지표에서 대기로)는 – 값을 가진다.

$$E_{단파} = (1 - 0.55) \times 800Wm^{-2} \times \cos 30^0 = +311.77Wm^{-2}$$

$$M_{장파} = 0.91 \times 5.67 \times 10^{-8}Wm^{-2}K^{-4} \times (300K)^4 = -417.94Wm^{-2}$$

$$E_{장파} = 1.24 \cdot \left(\frac{13mb}{295K}\right)^{1/7} \times 5.67 \times 10^{-8}Wm^{-2}K^{-4} \times (295K)^4 = +340.88Wm^{-2}$$

4 「The Engineering Toolbox」, 'Relative Humidity in Air', https://www.engineeringtoolbox.com/relative-humidity-air-d_687.html[접근: 2019.10.18.]

대기 장파속밀도에 지표면 방사율을 곱한다. 순복사속밀도를 계산할 수 있을 것이다(그림 211). 이 상태로 가면 지표면의 에너지수지는 어떻게 되겠는가?

D3 | =1.24*((13/295)^(1/7))*5.67*(10^-8)*(295^4)

	A	B	C	D	E
1	E단파	+	=(1-0.55)*800Wm^2*cos(radians(30))	311.7691	Wm^2
2	M장파	-	=0.91*5.67*(10^-8)Wm^-2K^-4*(300K^4)	417.9357	Wm^2
3	E장파	+	=1.24*((13/295)^(1/7))*5.67*(10^-8)Wm^-2K^-4*(295K^4)	340.8756	Wm^2
4	E장파*지표면흡수율		=E장파*0.91(즉 지표면 방출률)	310.1968	Wm^2
5	순복사속밀도=E단파-M장파+E장파*지표면 방출률				

〈**그림 211**〉 엑셀을 사용한 순복사속 밀도 구하기

2. 토양열속밀도

열속밀도(熱束密度: 전도(conduction)에 의한 flux, heat flux, thermal flux, heat flux density, heat flow rate intensity, 열전도(熱傳導)속밀도, 토양열속밀도(土壤熱束密度), soil heat flux, soil heat flux density, G)는 물질의 고온 부분에서 저온 부분으로 이동하는 에너지이다. 대개 대지의 (열)에너지 수직적 이동량을 의미한다.[5]

열(熱, heat)은 에너지의 전달 형태를 의미한다고 한다. 어떤 물체가

5 열전도 – 위키백과, 우리 모두의 백과사전 (wikipedia.org); Heat flux sensor – Wikipedia; Thermal conduction – Wikipedia; Heat flux – Wikipedia; Heat Flux – an overview | ScienceDirect Topics; Correlation Analysis Between the Variation of Net Surface Heat Flux Around the East Asian Seas and the Air Temperature and Precipitation Over the Korean Peninsula (e-opr.org); Conductive Heat Transfer (engineeringtoolbox.com); Global map of solid Earth surface heat flow – Davies – 2013 – Geochemistry, Geophysics, Geosystems – Wiley Online Library[접근: 2022.05.21.]: 'heat flux', 'surface heat flux', 'global heat flow (map)' 등을 구글하면 수많은 자료를 접할 수 있다.

열을 받으면 그 내부의 에너지가 증가한다. 열 전달 형태에는 열전도, 열대류, 열복사가 있다. 에너지 단위는 국제 단위인 줄(joule, 기호: J)이다. 열의 단위는 원래 일의 단위와는 독립적으로 정해져 있었는데 칼로리(calorie)였다(오노 슈, 2018). 칼로리는 1기압 하에서 14.5℃의 물 1g을 15.5℃까지 올리는 데 필요한 에너지양이다. 일은 물체의 역학적 에너지의 변화를 의미한다. 고로 에너지의 단위이기도 하다. 1칼로리=4.184줄(1킬로칼로리=4184줄)의 관계를 가진다. 즉 1cal의 열이 일로 바뀔 때는 4.184J의 일이 발생하며, 4.184J이 하는 일은 1cal의 열량으로 변환되는 것이다.[6]

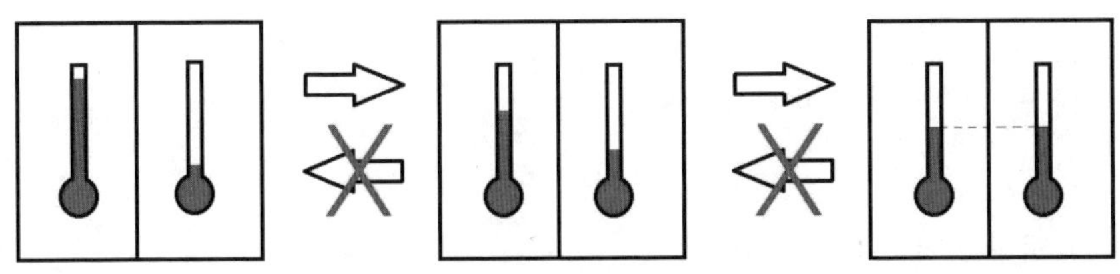

〈그림 212〉 열의 비가역현상(후쿠시마 하지메, 2017, 〈그림 3-12〉의 수정)

열은 분자의 열운동에너지라고도 한다. 그래서 온도는 분자의 열운동의 세기를 나타내는 척도라 할 수 있다(후쿠시마 하지메, 2017; 온도계측장치에 대한 자세한 설명을 김금무(2014)의 『공업열역학』에서 접할 수 있다). 열이 가지는 중요한 특성의 하나는 비가역현상(非可逆現

6 열 – 위키백과, 우리 모두의 백과사전 (wikipedia.org); 에너지 – 위키백과, 우리 모두의 백과사전 (wikipedia.org); 줄 (단위) – 위키백과, 우리 모두의 백과사전 (wikipedia.org); 칼로리 – 위키백과, 우리 모두의 백과사전 (wikipedia.org); Energy – Wikipedia; Heat – Wikipedia[접근: 2020.03.19.]; 후쿠시마 하지메(2017).

象)이다(그림 212). 고온과 저온의 같은 성분의 물질들이 접촉해 같은 온도가 될 수 있지만(그림 212 왼쪽에서 오른쪽 방향), 같은 온도의 물질이 분리되어 열이 갈라져 고온과 저온 상태로 되지 않는다. 도서관이나 시중의 서점에 열역학 교양서를 구할 수 있으니 한 번 읽어보기를 권하는 바다.

계산 연습을 해 보자. 모회사의 인스턴트 칼국수가 330kcal라 한다. 점심으로 그 칼국수를 요리하여 먹었다. 섭취한 에너지양을 계산해 보자. 하루 세끼를 이 칼국수 제품으로 해결하였다면 하루 동안 섭취한 복사속을 구해 보자(1kcal = 1,000cal).

우선 한 끼 식사로 먹은 에너지양을 구해 보자.

$$330 \times 1{,}000\text{cal} \times \frac{4.184J}{1cal} = 1{,}380{,}720J$$

하루 동안 섭취한 총복사속은 다음과 같을 것이다.

$$\frac{1{,}380{,}720J \times 3(\text{세 끼})}{24 \times 60 \times 60s(\text{하루})} = \frac{4{,}142{,}160J}{86{,}400s} = 47.94W$$

위의 값들은 휴대폰의 계산기 프로그램으로 구한 것이다. 계산이 잘못되었는지 다시 확인해 보기 바란다. 사람은 음식물로부터 매일 얻는 에너지가 약 2,000kcal라 한다(히로세 타치시게 · 호소다 마사타카, 2019; 오노 슈, 2018). 하루 동안 섭취하는 평균 총복사속을 계산해 보기 바란다(인터넷에서 이를 다루는 곳이 있으니 자신이 구한 값을 맞춰볼 수 있다).

비열(比熱, specific heat, 비열용량比熱容量, 기호: C_s)은 단위 질량(예, 1kg)의 물질 온도를 1K올리는데 필요한 열량을 의미한다. 단위는 $Jkg^{-1}K^{-1}$이다. 부피를 일정하게 하여 온도를 높일 경우, 정적(定積) 비열이라 하고, 압력을 일정하게 할 경우 정압(定壓) 비열(항압비열)이라 한다(오노 슈, 2018). 대기의 항압비열(isobaric specific heat for air)은 1006 $Jkg^{-1}K^{-1}$이다.[7] 온도 15℃와 평균해수면(平均海水面, mean sea level, MSL)의 대기압, 101.325kPa = 101,325Pa = 1,013.25hPa = 1.01325bar = 1,013.25millibar에서 물의 비열은 $4.18 \times 10^3 Jkg^{-1}K^{-1}$이다.[8] 비열은 온도의 변화에 대한 열용량(heat content)의 변화를 의미한다. 그러므로 비열에서 온도 변화를 알 수 있게 된다.

$$\Delta T = \frac{\Delta Q}{질량 \times C_s}$$

용적열용량(容積熱容量, volumetric heat capacity, C_v)은 단위 부피의 물질 온도를 1K올리는 데 필요한 열량을 의미한다.[9] 단위는 $Jm^{-3}K^{-1}$이다.

$$C_v = \rho C_s$$

여기서, ρ : 밀도(kg/m^3), C_s : 비열이다.

7 The Engineering ToolBox, 'Air – Specific Heat at Constant Pressure and Varying Temperature', https://www.engineeringtoolbox.com/air-specific-heat-capacity-d_705.html[접근: 2019.10.19.]

8 비열용량 – 위키백과, 우리 모두의 백과사전 (wikipedia.org); Specific heat capacity – Wikipedia[접근: 2022.04.10.]; Atmospheric pressure – Wikipedia[접근: 2022.12.04.]

9 Volumetric heat capacity – Wikipedia[접근: 2022.04.10.]

물의 용적열용량은 4.18MJ$m^{-3}K^{-1}$으로 4.18× 10^6 J$m^{-3}K^{-1}$이고, 대기의 용적열용량은 $1.2 \times 10^3 Jm^{-3}K^{-1}$이다.[10] 그러므로 대기가 물보다는 쉽게 데워지는 것이다.

물질 구성요소가 여럿일 경우 각각의 비열을 합하여 전체 비열을 구하게 된다(Robert Horton and Tyson Ochsner, 2012).

$$C_s = \frac{\sum_{j=1}^{n} m_j C_j}{\sum_{j=1}^{n} m_j}$$

여기서 n: 물질 구성요소의 총수, m_j:j 물질의 질량, C_j:j물질의 비열이다.

물질 구성요소의 합인 전체 용적열용량은 다음과 같다.

$$C_v = \sum_{j=1}^{n} f_j \rho_j C_j$$

여기서, n: 물질 구성요소의 총수, f_j: j물질의 부피 비율, $\rho_j C_j$: j물질의 용적열용량이다.

현열(顯熱, sensible heat)은 물체가 가열되었을 때, 상태의 변화가 없는 가운데 온도 변화를 발생시키는 에너지를 뜻한다. 잠열(潛熱, latent heat)은 온도가 변화하지 않으면서 상태의 변화를 가져온 에너지를 의미한다. 현열량(Q, 단위: J, kJ)은 물체의 질량(m, 단위: kg), 비열(C_s, 단

10 「BUILD GREEN CANADA」, 'SEPTEMBER 8, 2008 BY WARD EDWARDS: An Explanation of Thermal Mass', www.buildgreen.ca/2008/09/an-explanation-of-thermal-mass/[접근: 2019.10.19.]

위: $Jkg^{-1}K^{-1}$), 온도변화(ΔT)의 곱으로 계산될 수 있다.[11]

$$현열량 = mC_s\Delta T$$

잠열량(Q, 단위: J, kJ)은 다음과 같이 구할 수 있다.

$$잠열량 = mL$$

여기서 m: 물질의 질량(kg), L: 비잠열(比潛熱, specific latent heat)로 물질 1kg의 상태 변화를 일으키는 데 필요한 에너지양이다(Jkg^{-1}).

열전도는 물체의 이동 없이 고온에서 저온으로 열이 이동하는 것이다(하라다 토모히로, 2020). 열전도속밀도 혹은 토양열속밀도는 단위 시간 및 단위 면적당 에너지만의 흐름을 다루며 단위는 Wm^{-2}이다. 대지에서의 에너지 전달 형태는 대부분 열전도로 이뤄진다.[12] 대지의 열전도속밀도는 다음과 같다.

$$G = K \cdot \frac{\Delta T}{\Delta z}$$

여기서 $\frac{\Delta T}{\Delta z}$: 깊이 변화에 따른 온도 변화율(temperature gradient, 온도기울기, Km^{-1}, 여기서 K: 온도), K: 열전도율(단위: $Wm^{-1}K^{-1}$)이며 온도 변화율에 따른 열속강도를 나타낸다.[13]

11 Sensible heat – Wikipedia; Latent heat – Wikipedia[접근: 2022.04.10.]

12 Soil thermal properties – Wikipedia[접근: 2022.04.10.]; John C. Price(1989); William P. Krustas et al.(1989); Gaylon S. Campbell and John M. Norman(1998).

13 Thermal conductivity – Wikipedia; 열전도율 – 위키백과, 우리 모두의 백과사전(wikipedia.org)[접근: 2022.04.10.]

토양열속밀도 측정법에 대한 상세한 소개와 측정 모식도를 THOMAS J. SAUER and ROBERT HORTON(2005; Fig. 7-3)에서 볼 수 있다.

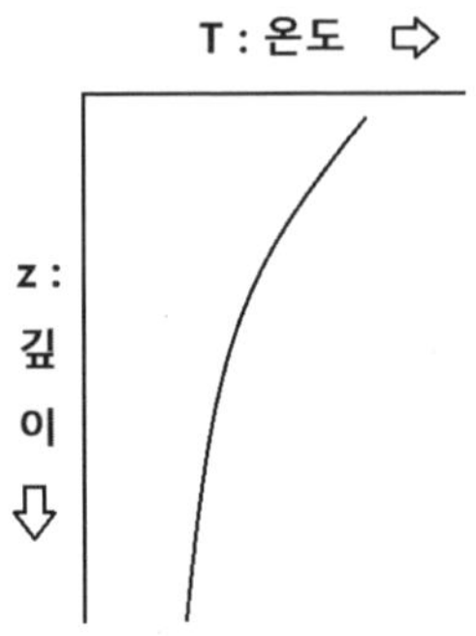

〈그림 213〉 깊이 변화에 따른 온도 가상도

위의 식에서 토양 깊이 변화에 따른 온도 기울기(변화율, $\frac{\Delta T}{\Delta z}$)를 가상적으로 나타내면 그림 213과 같다. 열전도율은 열적 기울기(thermal gradient)에 따른 열속 강도를 나타내지만 시간경과를 포함하지 않는다(그림 214). 이 시간경과를 포함하여 열속의 이동속도를 나타내는 개념이 열확산도이다.

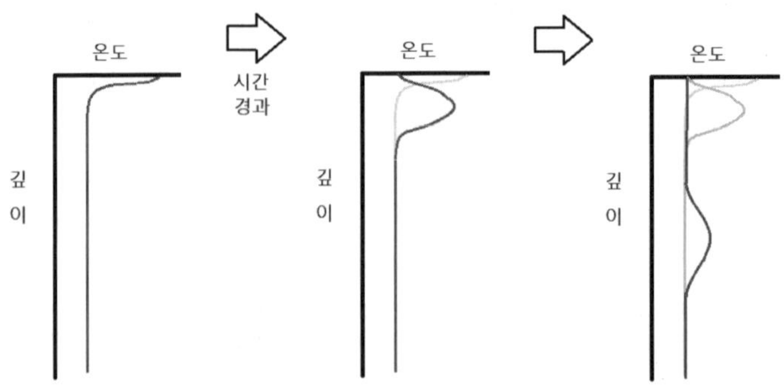

〈그림 214〉 대지에서의 열전도 형태, 열파

열확산도(thermal diffusivity, 열확산계수, 기호: D, 대개 α로 표기된다)는 온도 변화율에 대한 열속의 이동속도를 말한다. 즉 온도가 높은 곳에서 낮은 곳으로 열이 이동하는 속도이다.[14] 단위는 m^2s^{-1}이다.

$$D = \frac{K}{\rho C_s}$$

여기서 K: 열전도율($Wm^{-1}K^{-1}$), ρ: 밀도($\mathbf{kg} \cdot m^{-3}$), C_s: 비열용량(比熱容量, specific heat capacity, 비열, $J\ kg^{-1}K^{-1}$), ρC_s: 용적열용량이다.

위의 열확산도를 구하는 과정을 살펴보자. 먼저 단위 체적당 온도 변화($\Delta\mathbf{T}$)와 열용량(heat content) 변화(ΔQ) 간의 관계를 보면 다음과 같다.

$$\Delta T = {}^{\Delta Q}/_{\rho C_s V}$$

에너지양의 변화를 열속밀도 변화로 표현하면 다음과 같다. 단위 부피당 변화된 에너지양은 깊이별 경과시간과 열전도속밀도를 곱한 값과 같게 된다.

$$^{\Delta Q}/_{V} = \Delta G \cdot {}^{\Delta t}/_{\Delta z}$$

$\Delta T \cdot \rho C_s = {}^{\Delta Q}/_{V}$과 $G = K \cdot \frac{\Delta T}{\Delta z}$를 차례로 대입하면 다음과 같이 된다.

14 Jeff Dozier and Alan H. Strahler(1983); Thermal diffusivity – Wikipedia[접근: 2022.04.10.]

$$\Delta T/\Delta t = \Delta(K \cdot \Delta T/\Delta z)/\Delta z \cdot (1/\rho C_s)$$

위의 식을 해석하면, 시간 변화에 따른 온도 변화율은 깊이에 따른 온도 변화율과 토양의 특성($\Delta K/\rho C_s$)의 곱과 같다는 뜻이다. 여기서 토양의 특성이 균등하다면 $K/\rho C_s$는 상수가 되는데, $K/\rho C_s = D$인 것이다.

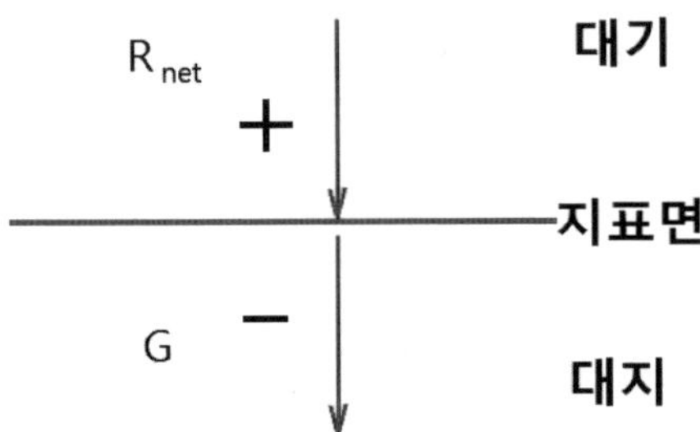

〈그림215〉 순복사와 토양열전도 관계 모식도

지표면에서 시작된 열파(熱波, thermal wave)는 깊어질수록 열파의 진폭이 줄어든다(그림 213과 214). 감쇠깊이(減衰--, damping depth, dd)는 지표면에서의 열파(thermal wave)의 진폭이 $e^{-1} = 0.37$로 줄어드는 깊이를 일컫는다. 이를 다음과 같이 나타낼 수 있다(Michael Allaby, 2007; Gaylon S. Campbell and John M. Norman, 1998).

$$dd = \sqrt{\frac{DP}{\pi}}$$

여기서 D: 열확산도($m^2 s^{-1}$), P: 열 기간(주기, period)(s)이다.

계산 연습을 해 보자. 열 주기는 하루(1 day, diurnal cycle), 토양의 열확산도는 $D_{토양} = 0.034m^2d^{-1}$(Quirijn de Jong van Lier & Angelica Durigon, 2013)로 볼 때, 감쇠 깊이를 구해 보자.

$$dd = \sqrt{\frac{0.034m^2d^{-1} \cdot 1d}{\pi}} = 0.104031 \approx 0.1040m$$

깊이 약 0.1040m에서 열파의 진폭이 0.37(37%)로 줄어든다는 것이다.

대지 속(토양에서) 감쇠되는 온도 진폭(범위)을 감쇠깊이를 사용하여 다음과 같이 표현할 수 있다(Jeff Dozier and Alan H. Strahler, 1983; Gaylon S. Campbell and John M. Norman, 1998).

$$T_{r\_z} = T_{r\_0}e^{-z/dd}$$

여기서 T_{r_z}: 깊이 z에서의 온도 진폭, T_{r_0}: 깊이 0에서의 온도 진폭이다.

만약 깊이z=4.61dd 라면, $e^{-\frac{4.61dd}{dd}} \approx 0.01$이 된다. 이 깊이의 온도 진폭은 0.01$T_{r_0}$가 된다.

계산 연습을 해 보자. 하루 동안(24시간) 온도 진폭 20K(T_{r_0})가 깊이 0.02m와 0.10m에서 감쇠되는 정도를 구해 보자. 감쇠깊이 dd=0.1040m이다.

$$T_{r\_z=0.02m} = 20Ke^{-0.02m/0.1040m} \approx 16.5K$$

$$T_{r\_z=0.10m} = 20Ke^{-0.10m/0.1040m} \approx 7.64K$$

대지 속 두 지점의 깊이에서 열파의 감쇠된 온도 진폭을 사용해 열확산도를 구할 수 있다(Jeff Dozier and Alan H. Strahler, 1983; Gaylon S. Campbell and John M. Norman, 1998).

$$T_{r\_z1} = T_{r\_0} e^{-z1/dd}$$

$$T_{r\_z2} = T_{r\_0} e^{-z2/dd}$$

두 식을 나누면 다음과 나타낼 수 있다.

$$T_{r\_z1}/T_{r\_z2} = e^{-z1+z2/dd}$$

$$dd = (z2 - z1)/\ln(\frac{T_{r_{z1}}}{T_{r_{z2}}})$$

앞에서 제시된 감쇠깊이 식 $dd = \sqrt{\frac{DP}{\pi}}$에 dd를 대입하면 다음과 같이 된다.

$$\frac{z2 - z1}{\ln\left(\frac{T_{r_{z1}}}{T_{r_{z2}}}\right)} = \sqrt{\frac{DP}{\pi}}$$

그러므로 열확산도는 다음과 같이 구해질 수 있다(Jeff Dozier and Alan H. Strahler, 1983).

$$\mathrm{D} = \frac{\pi}{P}\left[(z2 - z1)/\ln\left(\frac{T_{r_{z1}}}{T_{r_{z2}}}\right)\right]^2$$

계산 연습을 해 보자. 앞에서 구해진 0.02m와 0.10m에서 감쇠되는 온도 진폭 값을 이용하여 열확산도를 구하면 다음과 같을 것이다.

$$D = \frac{\pi}{1d}\left[(0.10m - 0.02m)/\ln\left(\frac{16.5\mathrm{K}}{7.64\mathrm{K}}\right)\right]^2 = 0.034m^2d^{-1}$$

B11 =(PI()/1)*(((B7-B6)/LN(B8/B9))^2)

	A	B	C	D	E	F
1	열확산도	0.034	m^2*d^-1			
2	주기	1	d			
3	감쇠깊이	0.104031	SQRT((B1*B2)/PI())	단위:m		
4						
5	T범위0	20	K			
6	깊이0.02m	0.02	m			
7	깊이0.10m	0.1	m			
8	T범위0.02	16.50202	K			
9	T범위0.10	7.648306	K			
10						
11	열확산도	0.034	m^2*d^-1			
12						

<그림 216> 엑셀을 이용한 감쇠깊이 관련 계산

시간지연(Time delay)은 열파의 최고점이 특정 깊이로 진행하는 데 필요한 시간을 뜻한다(Jeff Dozier and Alan H. Strahler, 1983).

$$t_{최고} = \frac{z}{2}\sqrt{P/\pi D}$$

시간지연에서 열확산도를 나타내면 다음과 같다.

$$D = \frac{P}{4\pi}\left(\frac{z}{t_{최고}}\right)^2$$

시간지연, 열확산도, 열주기, 감쇠깊이 등은 하루 동안의 토양내부의 온도 변화, 동토층의 연중 온도 변화 깊이 등의 계산에 쓰인다.[15]

동토층의 최근 상태에 대하여 두 편의 글을 소개하면 다음과 같다. 1) Boris K. Biskaborn et al.(2019), "Permafrost is warming at a global scale" Permafrost is warming at a global scale | Nature Communications; 2) Craig Welch(2019), "Arctic permafrost is thawing fast. That affects us all." Arctic permafrost is thawing fast. That affects us all. (nationalgeographic.com)이다. 제목을 구글하면 링크로 바로 연결된다. 2)의 기사에서 'abrupt thaw'에 대한 이야기가 나온다. 급격한 해동(abrupt thaw, 느닷없는 녹음)은 토양열속밀도 변화 등의 작용으로 영구동토가 갑자기 녹는 것을 의미한다. 원주민들이 영구동토저장고(permafrost cellar, 동토냉장고)를 영구동토에 만들어 식량을 저장했는데, 동토층의 얼음이 갑자기 녹아 저장고에 물이 차거나 지하냉장고가 냉장 역할을 더 이상 못해서 식량이 부패한 이미지도 볼 수 있다.[16]

15 'time delay', 'permafrost' 등을 구글하면 많은 연구 논문을 확인할 수 있다.

16 영구동토 – 위키백과, 우리 모두의 백과사전 (wikipedia.org)[접근: 2021.11.21.]; Merritt R. Turetsky et al.(2020).

<표 5> 물질의 열전도율, 열확산도[17]

열전도율($Wm^{-1}K^{-1}$)	열확산도($mm^2 s^{-1}\|cm^2 s^{-1}$)
대기(air), 25℃에서 0.026	대기, 26.85℃에서 19|0.19
물(water), 20℃에서 0.5918	물, 25℃에서0.143
콘크리트(concrete), 0.92	벽돌(brick), 0.52
구리(copper), 18.05℃에서 384.1	구리, 25℃에서 111|26.85℃에서 1.15
알루미늄(aluminum), 20℃에서 237	알루미늄, 26.85℃에서 97|0.97

3. 현열속밀도

현열속밀도(顯熱束密度, sensible heat flux, 기호: H, 대류속밀도, 대류열속밀도)는 열적 기울기에 따라 분자의 수직 이동으로 에너지가 이동되는 정도를 나타낸다. 대류는 유체 내에서 분자들이 확산 혹은 이류를 할 때 이동되는 에너지다.[18] 대류는 대기 속에서 난류 형태로 작용하므로 대류열속밀도를 직접 측정하기란 쉽지 않다. 그런데 대류는 대기 속에서 에너지를 이동시키는 주요 작용이며, 이 작용은 대기의 수직 온도 기울기에 비례하여 발생한다. 고로 대기 온도의 수직적 기울기가 현열속밀도를 제어한다고 할 수 있다(그림 217).

17 참고: Thermal conductivity – Wikipedia; List of thermal conductivities – Wikipedia; Thermal diffusivity – Wikipedia; Thermal Diffusivity | Electronics Cooling (electronics-cooling.com) [접근: 2021.11.18.]: 인터넷의 참고문헌을 통해 더 많은 정보를 얻을 수 있다!

18 대류 – 위키백과, 우리 모두의 백과사전 (wikipedia.org)[접근: 2022.04.22.]

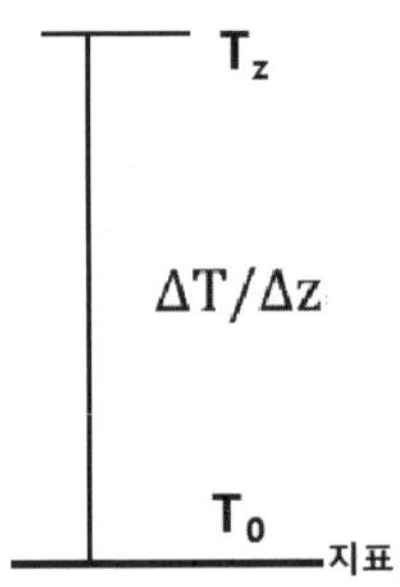

〈그림 217〉 현열속밀도 주요 변수,

T_z: 고도, z의 온도, T_0: 지표면에서의 온도, ΔT/Δz =온도 기울기

기온감률은 고도 증가에 따라 기온이 감소하는 비율을 말한다.[19]

$$\Gamma = -\frac{dT}{dz}$$

건조단열감률(乾燥斷熱減率, dry adiabatic lapse rate)은 건조한 공기의 온도가 상승팽창 혹은 하강압축에 의해 변하는 비율이며, **9.8℃/km**로 1000미터당 상승 시 대기의 온도가 **9.8℃** 내려가는 것을 의미한다. 건조는 상대습도가 〈100%인 포화되지 않는 상태를 말한다. 단열(斷熱)이란 공기 덩어리가 외부와 열 출입이 없다는 뜻이다. 해수면에서의 온도 기준으로 수직적 온위의 기울기를 나타내기 위한 것이다. 온위(溫位, potential temperature)는 표준기압 1,000 hPa때를 기준으로 건조단열적으로 변화되는 온도를 의미한다.[20]

19 Roger G. Barry and Richard J. Chorley(2010); Lapse rate – Wikipedia[접근: 2022.04.22.]

20 Potential temperature – Wikipedia[접근: 2022.04.22.]

습윤단열감률(濕潤斷熱減率, moist adiabatic lapse rate)은 포화된 상승공기가 팽창하여 식게 되는 비율이다. 4~10℃/km 범위를 가진다. 환경(기온)감률은 실제 온도 변화율을 뜻한다. 환경감률의 기울기에 따라 대기가 안정되거나 불안정하게 되는 것이다(로저 G. 배리 · 리처드 J. 초얼리, 2002; 郭宗欽 · 蘇鮮燮, 1987; JOHN M. WALLACE · PETER V. HOBBS, 2006; 하라다 토모히로, 2020). Robert W. Christopherson(2012)의 서적에 여러 그림과 함께 단열감률에 대한 설명을 접할 수 있다.

현열속밀도(sensible heat flux)를 나타내면 다음과 같이 된다(M. Ibanez et al., 1998; R.W. Todd et al., 1998; Shashi B. Verma et al., 1978; TILDEN P. MEYERS and DENNIS D. BALDOCCHI, 2005).

$$H = \rho C K_n \frac{\Delta T}{\Delta z}$$

여기서 ρ: 대기의 밀도($\mathbf{kg}m^{-3}$),[21] C: 항압 대기 비열($1005\mathrm{J} \cdot \mathrm{kg}^{-1} \cdot K^{-1}$; *정압비열*),[22] K_n: 대기의 난류교환계수(turbulent exchange coefficient, $-\mathrm{H}/\left(\rho C \frac{\Delta T}{\Delta z}\right)$)($m^2 s^{-1}$) (C. A. PAULSON, 1970), $\frac{\Delta T}{\Delta z}$: $\frac{온도변화}{고도변화}$ 이다.

대기역학적 저항을 사용해 나타내면 다음과 같다(Norman J. Rosenberg et al., 1983).

21 Density of air – Wikipedia[접근: 2022.04.22.]

22 기상청, 『초급 예보관 훈련용 교재, 대기 물리』 http://www.kma.go.kr/down/e-learning/beginning/beginning_03.pdf[접근: 2019.10.19.]

$$H = \rho C\frac{\Delta T}{r_a}$$

여기서 r_a: 대기역학적 저항(sm^{-1})이다.

위의 식을 해석하면 다음과 같다.

$$현열속밀도 = \frac{온도기울기}{현열흐름에\ 대한\ 대기저항}$$

대기역학적 저항의 일반식을 소개하면 다음과 같다(Steven R. Evett et al., 2011; Shaomin Liu et al., 2007).

$$r_a = \frac{1}{k^2 u_z}\left[ln\left(\frac{z_m - d}{z_0}\right)\right]^2$$

여기서k: von Karman 상수(k=0.41); z_0: 거칠기 높이(m), z_m: 기준측정높이(reference measurement height, m), u_z: 고도(z)에서의 풍속(ms^{-1}), d: 제로수평변위높이((--水平變位--, zero plane displacement height, m)이다.

바람종단면도(--縱斷面圖, wind profile, 고도별 바람종단면도, vertical wind profile)에서, 제로수평변위높이는 지상의 나무, 빌딩과 같은 장애물에 의해 풍속이 0 ms^{-1}되는 고도를 뜻한다. 장애물 평균 높이의 약 2/3~3/4의 높이를 가진다. 예를 들면, 살림의 천개 높이가 30m라면, 제로수평변위높이d=20m로 개산(槪算)될 수 있다. 거칠기 높이

(roughness length)는 바람의 흐름에 영향을 주는 지표면의 거칠기 정도를 나타내는 것이다.[23] 바람의 흐름에 방해가 되는 큰 장애물들이 없다면 제로수평변위높이는 **d ≈ 0m가** 되지만, 거칠기 높이는 계속 존재한다.

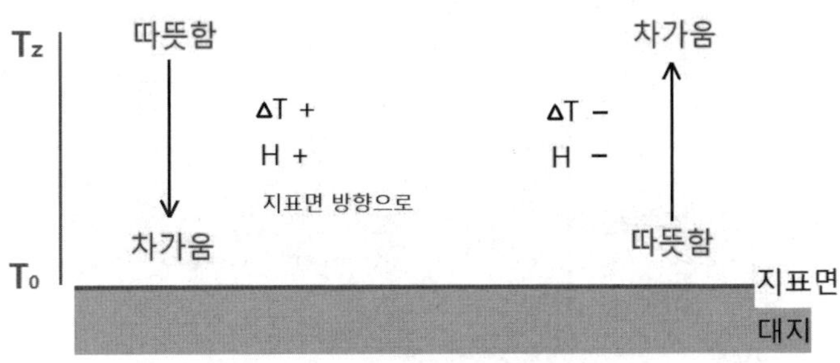

<그림 218> $\Delta T: T_z - T_0$, H 값

난류교환계수는 대기 중 밀도 변화로 인해 발생하는 부력(浮力, buoyancy, 자유대류自由對流 free convection)에 따라 값을 가진다. 따뜻한 대기 덩어리는 올라가게 된다. 건조한 대기보다도 습윤한 대기의 밀도가 낮기 때문에 습윤한 대기가 고도 상승하게 된다. 또한 대기의 밀도 변화와 바람 등의 다양한 요인에 의한 강제대류(强制對流, forced convection)에 따라 다양한 값을 가진다. 지표면의 구조, 지표면 거칠기(roughness)에 따라서도 다양한 값을 가진다.[24] 경계층(境界層, boundary layer)은 지표면 근처의 대기층이라 할 수 있다(그림 219).[25]

23 Log wind profile – Wikipedia; Roughness length – Wikipedia[접근: 2022.04.10.]

24 free convection – Wiktionary; Density of air – Wikipedia; forced convection – Wiktionary[접근: 2022.04.22.]

25 경계층 – 위키백과, 우리 모두의 백과사전 (wikipedia.org)[접근: 2022.04.22.]

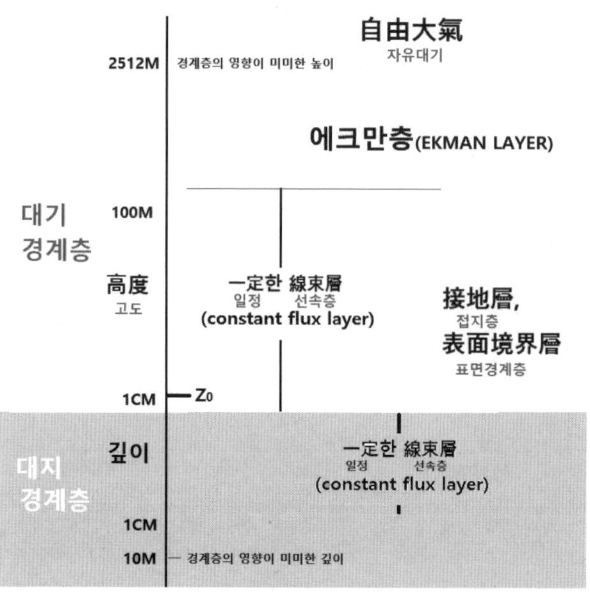

〈그림 219〉 대기와 대지의 경계층 모형의 한 예
(TAKASHI SASAMORI, 1970, FIG. 1 수정)

지표면의 영향을 받지 않는 대기를 자유대기층이라 한다. 대기의 대류권에서 지표면의 직접적인 영향을 받는 부분을 대기경계층이라 하며 지표에서 맑고 조용한 밤에 100m 정도, 건조지역의 오후 시간대에는 3,000m 정도까지 된다. 즉 높이의 변화가 상당할 수 있는 것이다. 대기경계층은 지표면으로의 혹은 지표면으로부터의 일주기(日週期) 열변화, 습도변화, 운동량 전이(momentum transfer)의 영향을 받는 대기를 뜻한다. 대기경계층은 접지층과 에크만층으로 나누어진다. 에크만층은 접지층과 자유대기층 사이에 위치하며 대략 500~1000m 고도이다. 표면마찰력(turbulent drag), 전향력(Coriolis force), 기압경도력(pressure gradient force)에서 힘의 균형이 이루어지는 곳이다. 접지층(surface layer, surface boundary layer)은 지표로부터 고도 수십 미터까지다. 이 층을 '일정한 선속층(線束層)(지속적인 선속층, constant flux layer, 선속밀도층線束密度層, 속밀도층束密度層)'이라고도 하는데 대기경계층의 하층 10% 정도를 차지한다. 이곳에서는 고도에 따른 수직적 난류 선속(turbulent flux, 난기류) 변동이 원래의 강도보다 10% 이내라고 한다. 난류(turbulence)는 중력방향과는 다른 방향으로 차가운 대기 덩어리(air parcel)를 수직 상승시키거나 따뜻한 대기 덩어리를 수직 하강시킬 수 있다. 이 접지층에서는 풍속(風速)이 고도 증가에 따라 로그 모습(logarithmic profile)으로 기술되며, 주로 100미터의 대기 최하층에 제한되면서 마찰속도(friction velocity)는 고도별로 거의 일정하게 나온다.[26]

그림 219에서 대기의 경계층과 대지의 경계층은 지표면 경계를 두고 일정한 선속밀도층으로 서로 접하는 것을 볼 수 있다. 지표면 위에 숲이 자리한 곳과 자리하지 않은 평평한 땅에서 같은 고도의 경계층 풍속은 다르다. 또한 경계층의 높이도 평탄한 지표면에서 낮다. 이를 그림 220로 나타낼 수 있다.

26 Planetary boundary layer – Wikipedia; Ekman layer – Wikipedia; Boundary layer – Wikipedia; Atmosphere of Earth – Wikipedia; Surface layer – Wikipedia; Wind profile power law – Wikipedia; Log wind profile – Wikipedia; 선속 – 위키백과, 우리 모두의 백과사전 (wikipedia.org); Surface boundary layer – Glossary of Meteorology (ametsoc.org); Consumption – Glossary of Meteorology (ametsoc.org); Logarithmic velocity profile – Glossary of Meteorology (ametsoc.org); Constant flux layer – Glossary of Meteorology (ametsoc.org) ; Flux – Glossary of Meteorology (ametsoc.org)[접근: 2022.04.10]: 대기의 난기류 및 경계층 연구분야에서 속밀도(flux density)의 줄임말로 속(flux)으로 종종 사용한다고 한다.

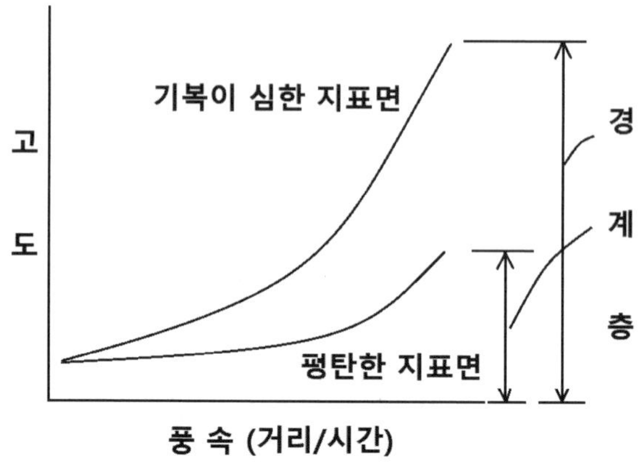

〈그림 220〉 지표면 상태와 가상의 경계층 크기[27]

4. 잠열속밀도

잠열속밀도(latent heat flux, LE)는 주로 수증기 농도 차에 비례하여 발생한다(그림 221). 잠열을 다시 기술해 보자. 물이나 수증기 각각을 상(相)이라 하며, 물이 수증기나 얼음으로 변하면 상변화 혹은 상전이(相轉移)라고 한다. 상전이가 발생하는 온도를 전이온도라고 한다. 상전이할 때 온도 변화 없이 방출 혹은 흡수하는 열을 잠열(潛熱)이라 한다.[28] 앞에서 설명했듯이 현열은 물체의 온도가 높아져 보유하는 열을 의미하

27 Boundary layer – Wikipedia의 Laminar boundary layer scheme – Boundary layer – Wikipedia 수정[접근: 2022.04.10.]

28 잠열 – 위키백과, 우리 모두의 백과사전 (wikipedia.org)[접근: 2022.04.22.]

고, 잠열은 증발열과 융해열같이 일정 온도를 보유하는 열이다(오노 슈, 2018). 잠열속밀도 변화에는 수증기압 차이가 주요 요인이 된다.

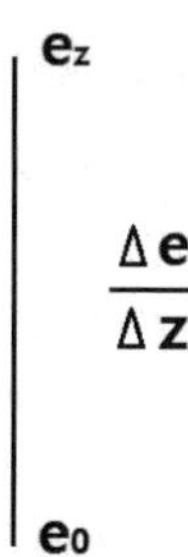

〈그림 221〉 고도에 따른 수증기압 차와 수증기압기울기

잠열속밀도를 식으로 나타내면 다음과 같다(Jonathan M. Winter and Elfatih A. B. Eltahir, 2010; R.W. Todd et al., 1998; Shashi B. Verma et al., 1978).

$$LE = \frac{\epsilon}{P}\rho K_w \frac{\Delta e}{\Delta z} \times L_{\text{기화잠열}}$$

여기서, $\epsilon = \frac{\text{수증기 몰질량}}{\text{대기 평균몰질량}} = 0.622$, P: 대기압 101325 Pa (단위: Pa=$\mathbf{N}m^{-2}$), ρ: 대기 밀도($kg\,m^{-3}$), K_w: 수증기 난류교환계수($m^2 s^{-1}$), $\frac{\Delta e}{\Delta z}$: $\frac{\text{수증기압변화}}{\text{고도변화}}$, $L_{\text{氣化潛熱}}$: 수증기 기화에 쓰이는 잠열 에너지, 즉 기화잠열(Jkg^{-1})이다.[29]

29 ε: 『Engineering ToolBox』, (2009). Molecular Weight – Common Substances. [online] Available at: https://www.engineeringtoolbox.com/molecular-weight-gas-vapor-d_1156.html [접근: 2018.06.01.]; JOHN M. BAKER(2005); P: 대기압 – 위키백과, 우리 모두의 백과사전 (wikipedia.org); Vapor pressure – Wikipedia; $L_{\text{氣化潛熱}}$: Latent heat – Wikipedia; Enthalpy of vaporization – Wikipedia[접근: 2022.04.22.]; 『Engineering ToolBox』, (2010). 'Water – Heat of Vaporization'. [online] Available at: https://

기화잠열(氣化潛熱 latent heat of vaporization, 단위: Jkg^{-1})은 기화열(氣化熱)이며, 증발열(蒸發熱), 증발잠열(蒸發潛熱)이라 불리기도 한다. 응고열(凝固熱), 융해열(融解熱, 녹는 열), 승화열(昇華熱), 액화열(液化熱) 등과 관련되어 있다. 대기 온도(T_a, 단위: ℃)를 사용하여 기화잠열의 근사치를 구할 수 있는 데 다음과 같다(JAY M. HAM, 2005).

$$L_{氣化潛熱} \approx 2.501 \times 10^6 - 2.361 \times 10^3 T_a$$

응결잠열(凝結潛熱, latent heat of condensation, 응축열凝縮熱, 액화열) 경험식도 인터넷에서 구할 수 있는데, 응결열은 기화열의 반대현상을 말한다.[30] 인터넷에서 기화잠열을 바로 구할 수 있는 곳이 있다.[31]

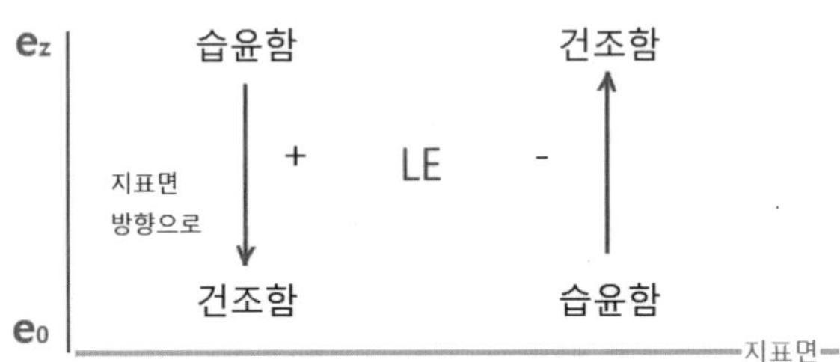

〈그림 222〉 잠열속밀도 상황

현열속밀도와 잠열속밀도를 고도에 따른 기온과 풍속을 고려한

www.engineeringtoolbox.com/water-properties-d_1573.html[접근: 2019.10.20.]

30 Latent heat - Wikipedia[접근: 2022.01.01.]

31 예, Water - Heat of Vaporization vs. Temperature (engineeringtoolbox.com)[접근: 2022.01.01.]

Businger-Dyer 관련식을 이용하여 표현할 수 있다고 한다.[32] 현열속 및 잠열속밀도를 기온, 습도, 지표면 온도와 습도, 풍속, 거칠기 길이 등을 사용하여 개산(槪算)할 수 있다(Jeff Dozier and Sam I. Outcalt, 1979).

풍속프로필(wind speed profile)을 통하여 대기의 거칠기 길이(roughness length)를 나타낼 수 있다. 작물의 높이(h)와 거칠기 길이(z_0) 간의 경험식의 한 예를 소개하면 다음과 같다(Norman J. Rosenberg et al., 1983).

$$log_{10} z_0 = 0.997 log_{10} h - 0.883$$

거칠기 길이는 대개 지표면 거칠기 요소(surface roughness elements) 높이의 $^1/_{10}$의 길이를 말한다. 만약 짧은 풀(short grass)의 높이가 0.01미터일 때, 거칠기 길이는 대략 0.001미터가 된다. 삼림지대는 툰드라 지역보다 훨씬 큰 거칠기 길이를 가진다. 각종 지표면의 거칠기 길이(단위: m)의 예를 인터넷에서 볼 수 있다.[33] 현열속밀도와 잠열속밀도를 다음과 같이도 나타낼 수 있다(Jeff Dozier and Sam I. Outcalt, 1979; JOHN M. WALLACE · PETER V. HOBBS, 2006).

$$H = \rho C k u_* \theta_*$$

여기서 ρ: 대기의 밀도($\mathbf{kg}m^{-3}$), C: 항압 대기 비열($\mathbf{1005J \cdot kg^{-1} \cdot K^{-1}}$), k: von Karman constant(폰 카르만 상수) k=0.41, u_*: 마찰속도(friction velocity, shear

32 Businger-dyer relationship - Glossary of Meteorology (ametsoc.org)[접근: 2022.04.10.]

33 예, Roughness length - Wikipedia[접근: 2022.04.22.]

velocity), θ_*: scaling temperature이다.[34]

$$LE = 0.622HL_{氣化潛熱}C^{-1}p^{-1}(e_a - e_s)(\theta_a - \theta_s)^{-1}$$

여기서, H: 현열 속 밀도, $L_{氣化潛熱}$: 수증기 기화에 쓰이는 잠열 에너지, 즉 기화잠열(단위: Jkg^{-1}), C: 항압 대기 비열, p: 대기압, e_a 와 e_s: 대기와 대지의 증기압, θ_a, θ_s: 대기와 대지의 온위(potential temperature)이다.[35]

만약 $\theta_a = \theta_s$이라면, 잠열속밀도는 다음과 같다

$$LE = 0.622L_{氣化潛熱}k^2\rho up^{-1}(e_a - e_s)[ln(z/z_0)]^{-2}$$

여기서, z: 고도, z_0: 거칠기 길이, u: 풍속, ρ: 대기 밀도, k: von Karman 상수이다.

지표면 에너지수지식($R_{net} + G + H + LE = 0$)을 모의실험하기 위해서는 여러 매개변수(媒介變數)가 측정되었거나 계산되어야 한다. 이 매개변수들은 지표로 입사하는 태양 복사, 직달 및 확산 복사의 알베도(beam albedo, diffuse albedo), 입사하는 장파 복사, 대기 온도, 풍속, 지표 거칠기 길이, 지표면 구성물질의 열전도율과 용적열용량, 대기압, 대기와 대지의 증기압 등이다(Jeff Dozier and Sam I. Outcalt, 1979).

34 Density of air – Wikipedia[접근: 2022.04.22.]; C: 기상청, 『초급 예보관 훈련용 교재, 대기 물리』, http://www.kma.go.kr/down/e-learning/beginning/beginning_03.pdf[접근: 2019.10.19.], k: Von Kármán constant – Wikipedia, u_*: Shear velocity – Wikipedia[접근: 2022.04.22.]

35 $L_{氣化潛熱}$: Latent heat – Wikipedia[접근: 2022.04.22.]; 『Engineering ToolBox』, (2010). 'Water – Heat of Vaporization'. [online] Available at: https://www.engineeringtoolbox.com/water-properties-d_1573.html[접근: 2019.10.20.]

5. 보웬비

보웬비(Bowen ratio)는 K_w(수증기) = K_n(대기)을 가정하에 현열속밀도 및 잠열속밀도 간 열에너지 교환 비율을 뜻한다.[36] 잠열속밀도에 대한 현열속밀도의 비율이라 할 수 있다.

$$BR = \frac{H}{LE}$$

$$BR = \frac{PC\,\Delta T}{\epsilon L_{기화잠열}\Delta e}$$

여기서 $\epsilon = \frac{H_2O의\ 분자무게(molecular\ weight)}{대기\ 평균\ 분자무게(molecular\ weight)} = 0.622$, $\frac{PC}{\epsilon L_{기화잠열}}$: 건습구상수(乾濕球常數, psychrometric constant, 건습계상수)라 한다.[37]

이제 지표면 에너지수지 균형식을 바꿔 적을 수 있게 되었다. $BR = \frac{H}{LE}$에서 $H = LE \cdot BR$로 표현할 수 있으므로 다음과 같이 쓸 수 있다.

$$R_{net} + G + H + LE = 0$$

$$R_{net} + G + LE(1 + BR) = 0$$

36 『국가농림기상센터』, '농업기상학/복사/4.2 열수지법', http://www.ncam.kr/page/doc/theory/theory.php?menu_code=theory&page=45; Bowen ratio – Wikipedia[접근: 2022.04.22.]; TILDEN P. MEYERS and DENNIS D. BALDOCCHI(2005); LEO J. FRITSCHEN and CHARLES L. FRITSCHEN(2005).

37 ε: 『Engineering ToolBox』, (2009). Molecular Weight – Common Substances. [online] Available at: https://www.engineeringtoolbox.com/molecular-weight-gas-vapor-d_1156.html[접근2018.06.01.]; JOHN M. WALLACE · PETER V. HOBBS(2006). : Psychrometric constant – Wikipedia[접근: 2022.04.22.]; 곽용석 등(2013).

위의 식을 다시 LE로 정리하면 다음과 같다(TILDEN P. MEYERS and DENNIS D. BALDOCCHI, 2005).

$$LE = \frac{-(R_{net} + G)}{1 + BR}$$

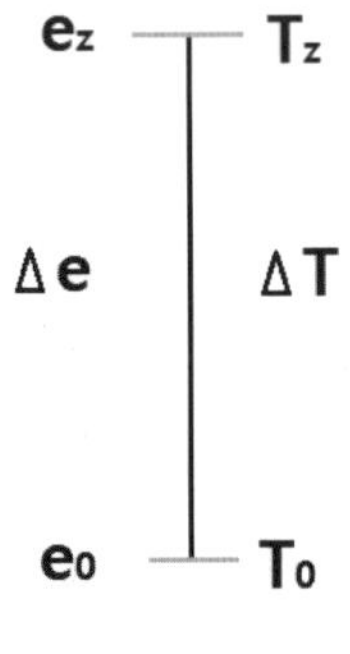

〈그림 223〉 Δe와 ΔT

보웬비는 지상에서 R_{net}과 G를 측정하고 ΔT, Δe를 구해 계산된다(그림 223).

계산 연습을 해 보자. 문제의 상황은 그림 224와 같다. 그림과 주어진 조건에 따라 보웬비, 잠열속 및 현열속 밀도를 구해 보자.

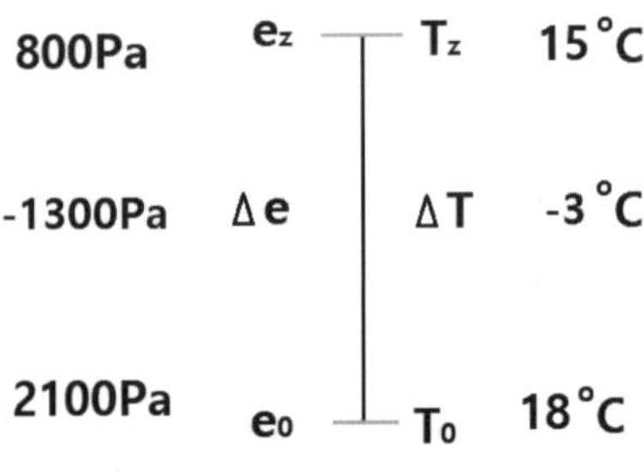

〈그림 224〉 문제의 상황

그림 224에서 Δe와 ΔT가 음수 값을 가진다. 지표에서 벗어나기 때문이다. R_{net}: 300Wm^{-2}, G: -10Wm^{-2}로 측정되었다. P: 101325Pa, C=1005 $Jkg^{-1}K^{-1}$, $L_{기화잠열}$=2.458 × $10^6 Jkg^{-1}$,[38] $\epsilon = 0.622$이다.

$$BR = \frac{PC\Delta T}{L_{기화잠열}\epsilon\Delta e} = \frac{101325Pa \cdot 1005Jkg^{-1}K^{-1} \cdot -3℃}{2.458 \times 10^6 Jkg^{-1} \cdot 0.622 \cdot -1300Pa} = 0.154$$

E2 =(C1*C2*C3)/(C4*C5*C6)

	A	B	C	D	E
1	P	101325Pa	101325		
2	C	1005Jkg^-1K^-1	1005	BR=	0.153705
3	T차이	-3K	-3		
4	L기화잠열	'2.458*(10^6)Jkg^-1	2458000		
5	엡실론	0.622	0.622		
6	e차이	-1300Pa	-1300		
7					

〈그림225〉 엑셀을 이용한 BR구하기

잠열속밀도를 구해 보자.

$$LE = \frac{-(R_{net} + G)}{1 + BR} = \frac{-(300Wm^{-2} + -10Wm^{-2})}{0.154 + 1} = -251.3Wm^{-2}$$

38 「Engineering ToolBox」. (2010). Water – Heat of Vaporization. [online] Available at: https://www.engineeringtoolbox.com/water-properties-d_1573.html[접근: 2019.10.20.]

수증기가 많은 지표에서 수증기가 적은 대기로 나가는 것임으로 지표면에서 멀어지기에 음수의 값을 가지게 된다.

현열속밀도는 다음과 같다.

$$H = LE \cdot BR = -251.3Wm^{-2} \times 0.154 = -38.7Wm^{-2}$$

따뜻한 지표면에서 차가운 대기로 열이 나갔으므로 지표에서 멀어지기 때문에 음수 값을 가지게 된다.

6. 지표면별 에너지수지

지표면에는 여러 유형이 있으며 그에 따라 에너지수지 문제를 다룰 수 있다. 하천의 열적 구조를 그림 226으로 살펴보자.

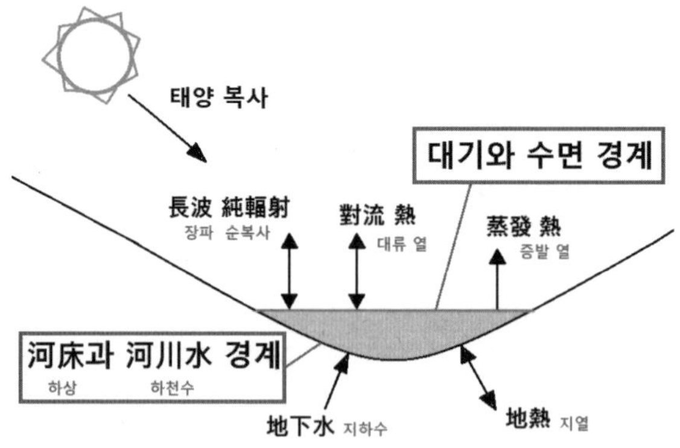

<그림 226> 하천에서의 열적 교환 과정(D. CAISSIE, 2006, Fig.4 수정)

수면의 에너지수지에서 일반적인 형태에 차이가 나는 점은 하천의 경우 지하수와 지표수 간의 흐름 관계를 고려하는 것이다. 연구에 의하면 하천의 열속밀도 수지에 태양 복사속밀도, 장파 순복사속밀도, 증발열속밀도 순으로 영향을 준다고 한다(D. CAISSIE, 2006). 그림 226의 증발열속밀도(evaporative heat flux = latent heat flux, 열손실속도: rate of heat loss)는 다음과 같다.[39]

$$\mathrm{LE}_v = \mathrm{q} \cdot L_{기화잠열}$$

여기서 q: 제곱미터당 물의 증발속도($\mathbf{kg}s^{-1}m^{-2}$), $L_{기화잠열}$: 순수 물의 경우, 기화잠열에 대한 또 다른 식이 소개되는데, $L_{기화잠열} = (2494 - 2.2T) \times 10^3 Jkg^{-1}$ (T: 물의 온도, ℃)이다(George L Pickard and William J Emery, 1990).

참고로 잠열속밀도(latent heat flux)는 물의 증발(蒸發, evaporation), 증산(蒸散, transpiration)과 연결된 지표면에서 대기로 들어가는 열속밀도이다. 즉 증발열속밀도와 같은 것이다.[40] 물의 증발속도는 다음과 같이 구할 수 있다.

$$\mathrm{q}_h = \Theta \mathrm{A}(x_s - x)$$

여기서 q_h: 시간당 증발량($\mathbf{kg}h^{-1}$)(초당 증발량, $\mathbf{kg}s^{-1} = \mathbf{kg}h^{-1}/3600$), Θ:

39 George L Pickard and William J Emery(1990); http://www.met.reading.ac.uk/~swrhgnrj/teaching/MT23E/mt23e_notes.pdf[접근: 2019.11.06.]

40 Latent heat – Wikipedia[접근: 2022.04.22.]

25+19V, 증발계수(蒸發係數, evaporation coefficient, $kgm^{-2}h^{-1}$)(V: 수면상의 풍속, m/s), A: 수면적(m^2), x_s: 포화공기의 최대 습도비, x: 대기 습도비(질량 습도비 $= \frac{\text{습한대기속 수증기량}}{\text{건조대기 질량}}$)이다.[41]

하천은 지하수면의 지표면 연장이라 할 수 있다. 또한 자체적으로 지속적인 유량의 흐름과 함께, 하상에서의 유출수와 지하수 간의 지속적 흐름도 있다. 이를 반영하여 그림 227과 같은 에너지 흐름을 나타낼 수 있다.

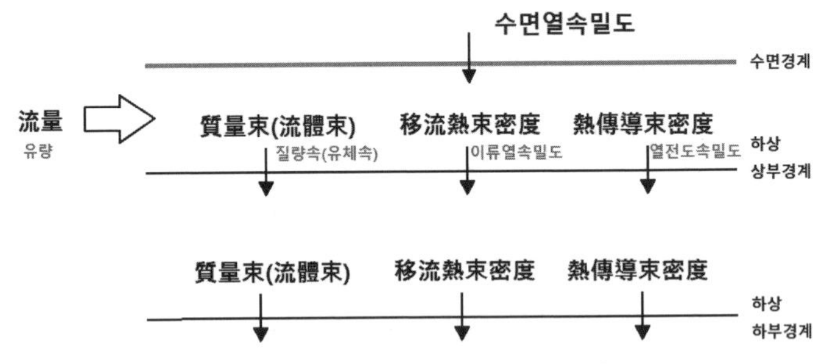

<그림 227> 하천수, 하상, 지하수의 에너지 흐름
(Daniel Caissie and Charles H. Luce, 2017, Figure 1. 수정)

그림 227의 화살표 방향은 하상하부경계를 기준으로 양수 방향(더하는 값)으로 설정된 것이다. 그러므로 지표면 일반 에너지수지의 기준면인 수면경계에서 보면 모두 음수값 방향(빼는 값)을 보이는 것이다. 질량속(質量束, mass flux, 제곱미터당 질량흐름속도, 유체속流體束, fluid flux, 여기서는 유속流速 m/s^{-1})은 지표수와 지하수 간의 지속적인 흐

41 「Engineering ToolBox」, 2004, Evaporation from Water Surface. [online] Available at: https://www.engineeringtoolbox.com/evaporation-water-surface-d_690.html; Humidity Ratio of Air. [online] Available at: https://www.engineeringtoolbox.com/humidity-ratio-air-d_686.html [접근: 2019.11.07.]

름을 나타낸다고 할 수 있다. 이류(移流, advection)는 물질 전체가 이동하는 것을 의미한다.[42] 이류열속밀도(advection heat flux)는 다음과 같이 나타낼 수 있다(Daniel Caissie and Charles H. Luce, 2017).

$$A = v\rho C\Delta T$$

여기서, v: 유속(ms^{-1}), ρ: 유체밀도, C: 유체비열, ΔT: 온도변화이다.

에너지 흐름의 관점에서 보면, 토양식물대기연속체(soil-plant-atmosphere continuum)는 열적 특성이 점진적으로 혹은 미세하게 변하지만, 각 부분은 다른 부분과 에너지 흐름에 있어서 크게 차이를 보이지 않는 체계라 할 수 있다. 토양식물대기연속체의 경계면도 에너지를 저장하거나 배출하지 않으므로 일반 에너지수지를 사용하게 된다(Steven R. Evett et al., 2011)(그림 228).

〈그림 228〉 토양식물대기연속체의 에너지 구성도. 경남 고성군 35.055°128.367°

42 Mass flux – Wikipedia; Mass flow rate – Wikipedia; Advection – Wikipedia; Heat transfer – Wikipedia[접근: 2022.04.10.]

Steven R. Evett et al.(2011)은 토양식물대기연속체의 에너지수지 연구에 쓰이는 기구들을 소개했다. 태양복사조도 및 반사되는 토양복사조도(irradiance)를 측정하는 전천일사계(pyranometer), 장파 복사량(longwave radiation)을 재는 지구복사(pyrgeometer), 순복사량(net radiation)를 재는 복사계(방사계, net radiometer), 토양 표면온도를 재는 적외선 온도(IR thermometer), 대기 온도 및 상대습도(relative humidity)를 재는 서미스터(열가변저항기, Thermistor), 상대습도를 재는 Foil capacitor, 풍속을 재는 직류발전기(DC generator cups), 풍향을 재는 가변저항 풍향계(Potentiometer vane), 토양온도를 재는 Cu-Co 열전기쌍(Cu-Co thermocouple 열전대), 토양열(전도)속밀도를 측정하는 플레이트열전퇴(판열전퇴, 플레이트열전대열, Plates thermopile), 토양수분함량을 재는 수분함량저항센서(3-wire), TDR 토양수분센서(TDR probe), 침루계 (浸漏計, lysimeter), 질량 변화를 측정하는 대저울로드셀(Lever-scale load cell, 저울식 로드셀, 저울식 하중센서, 힘센서, 하중변환기)가 있다. 기구명을 검색하면, 각 기구의 이미지 등을 금방 확인할 수 있다.

Steven R. Evett et al.(2011)에 의하면, 토양식물대기연속체에서의 에너지수지 문제는 증발산(蒸發散, evapotranspiration) 등의 식생과 토양 표면의 수분수지(water balance)도 포함되어야 한다고 한다. 증발속(evaporative flux)은 대기와 토양 및 식생과 대기 사이의 확산(diffusion)과 대류(convection)를 통해 발생한다고 한다. 자유대류(free convection)는 공기꾸러미 주위의 대기보다 따뜻하거나 차가울 때 상승하거나 하강하는데, 이런 현상을 부력효과(buoyancy effect)라 하며 지표면이 대기보다 훨씬 더 따뜻하고 풍속이 약할 때 잘 일어난다. 소용돌이 바람에 의한 이동을 강제대류(forced convection)라 한다. 잠열속밀도, 난류선속을 계산하는 에디공분산(eddy convariance, eddy correlation, EC, 소용돌이공분산)이 있다. 에디공분산법에는 상승하거나 하강하는 에디의 수직속도량(vertical velocity, w)과 질량밀도(mass density, s) 입력 값을 사용한다. 에디공분산법의 일반적 형태는 다음과 같다.[43]

$$F_s = \overline{w's'}$$

여기서 F_s: 수증기나 현열의 스칼라(수치) 속(flux), w와 s: 각각 수직속도와 스칼라 값이다.

위의 식을 통해 잠열속밀도와 현열속밀도를 구할 수 있다고 한다. 토양식물대기연속체 에너지수지 연구 분야는 매우 확립되어 있다. 소개된 Steven R. Evett et al.(2011)의 문헌을 통해 많은 정보를 접할 수 있다.

우리나라에서 원격탐사의 활용도 활발히 이뤄지고 있으며 정리한 논문으로 정형섭 등(2019)을 예로 들 수 있다. 인터넷에서 찾아 읽어 보자.

대도시가 사용하는 에너지, 즉 폐열의 총량은 태양열의 10%에 가깝다고 한다(후쿠시마 하지메, 2017). 도시의 다양한 토지피복, 토지이용을 고려한 에너지수지 계산 연구가 활발한 상태다.[44] 식량생산 등의 농축산

43 Steven R. Evett et al.(2011); TILDEN P. MEYERS and DENNIS D. BALDOCCHI(2005); Eddy covariance – Wikipedia[접근: 2022.01.07.] 이 웹사이트에서 선속(flux)에 대한 연구네트워크 링크가 소개되어 있다!.

44 Urban heat island – Wikipedia; Climate change and cities – Wikipedia; Climate

업, 수산업, 토지피복/토지이용 변화 연구 등에서 에너지수지 계산 연구가 활발하다.[45]

빙권(氷圈, cryosphere, 빙계氷界, 눈과 얼음(빙하))의 에너지수지 계산은 기후변화에 있어서 굉장히 중요한 분야이기도 하다.[46]

기후변화에 지대한 영향을 미치는 대양의 에너지수지 연구분야도 많으니 살펴보기 바란다(예, Arnold G. DEKKER et al., 2006; 윤홍주, 1999; 유신재 · 정종철, 1999; 김현철 등, 2014; 김현철 등, 2015; 양찬수, 오정환, 2011; 유주형 등, 2020; 유주형 등, 2018). 대양(해양)의 광학적 특성을 밝히려는 대양환경원격탐사에서 고려되는 대양과 전자기파 간의 상호작용을 그림 229로 간단히 나타내본다.

change adaptation – Wikipedia; Urban climatology – Wikipedia[접근: 2022.03.20.]; 예, 박경훈 · 정성관(1999); 제민희, 정승현(2018); 김기중 · 안영수(2017); 박숭환 등(2017); 이태윤 등(2006); 이병환 등(1999); Eyal BEN–DOR(2006); Steven M. DE JONG & Gerrit F. EPEMA(2006); 모리야마 마사카즈 등(2011); Richard P. Greene & James B. Pick(2011).

45 예, Remote sensing – Wikipedia; Climate change – Wikipedia; Agriculture – Wikipedia; Climate change and fisheries – Wikipedia; Climate Change Science Program – Wikipedia; Land change science – Wikipedia; Land cover – Wikipedia[접근: 2022.03.19.]; 박민규 등(2019); 박녕희 등(2017); 김예슬 · 박노욱(2019); 마종원 등(2017); 마종원 등(2016); Jan P.G.W. CLEVERS & Raymond JONGSCHAAP(2006); Lalit KUMAR et al.(2006).

46 예, 김현철 등(2018); 김덕진 등(2012); Yanjun Che et al.(2019); Eduard Y. Osipov & Olga P. Osipova(2021); Cryosphere – Wikipedia; Glaciology – Wikipedia; Color of water – Wikipedia; Retreat of glaciers since 1850 – Wikipedia; Effects of climate change – Wikipedia; Snow – Wikipedia; Glacier – Wikipedia; Permafrost – Wikipedia; Ice – Wikipedia; Sea ice – Wikipedia; Rock glacier – Wikipedia[접근: 2022.03.19.]

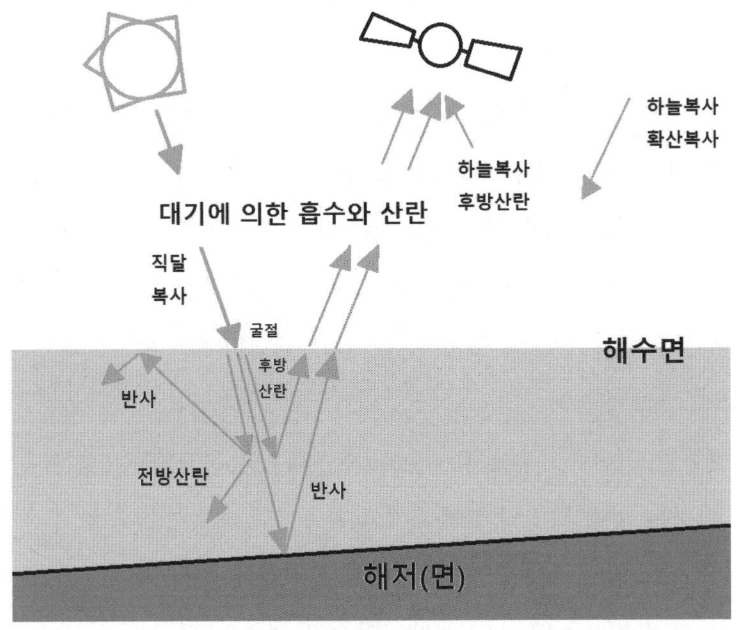

〈그림 229〉 대양과 전자기파 간 상호작용 모식도[47]

그림 229는 '광학적으로 얕은(optically shallow)' 바다를 모식적으로 보여준다. '광학적으로 얕은' 바다의 해저면에서 반사된 전자기파가 사람의 눈이나 인공위성의 센서에 도달되지만, 광학적으로 깊은(optically deep)' 바다는 수심이 너무 깊어 해저면에서 태양복사를 반사하지 않는다. 해양광학(Ocean optics)는 태양복사와 해수 및 해양 생물의 상호작용, 서식처 환경을 연구하며, 해양의 에너지수지를 밝히려고 한다.[48]

47 The path covered by light from the sun through the water body to the remote sensing sensor – Ocean optics – Wikipedia에서 그림 수정[접근: 2022.03.19.]

48 Ocean optics – Wikipedia; Ocean color – Wikipedia; Color of water – Wikipedia[접근: 2022.03.19.]

지구 대기의 에너지 환경은 대양의 열적 환경과도 매우 긴밀하게 연결되어 있다. 기후변화는 대개 대양의 열적 및 에너지수지 변화에서 기인한다고 할 수 있다. 전 지구의 대양은 마치 하나의 거대한 순환체계를 가지고 있다. 인터넷에서 'global ocean conveyor belt' 혹은 'thermohaline circulation' 등을 입력하여 관련 자료들을 읽어 보자.[49] 이 거대한 흐름이 어디에서 시작된다고 여겨지며 왜 그 지역에서의 해양 에너지 변화에 집중적 연구가 이루어지고 있는지 살펴보자. 관련된 지표의 환경에 대하여서도 살펴보자.

해수 온도(sea surface temperature, 해수면 온도, 표층 수온)에 대한 연구는 이미 확립되어 있다.[50] 혼합층이란 해수면 부근의 수온 변화가 거의 없는 수층을 말한다.[51] 시간 변화에 따른 해수 온도의 변화를 혼합층(mixed layer) 에너지수지 변화와 연관한 식을 KRIS KARNAUSKAS(2020) 『Physical Oceanography AND Climate』 서적에서 자세하게 접할 수 있다. 여기서는 해수면에서의 에너지수지를 포함한 해양에서의 에너지 전달 균형식을 다음과 같이 나타내 본다.[52]

49 What is the global ocean conveyor belt? (noaa.gov); Thermohaline circulation – Wikipedia; Thermohaline Circulation – Currents: NOAA's National Ocean Service Education[접근: 2022.06.29.]

50 예, RICHARD W. REYNOLDS(1988); Alexey Kaplan et al.(1998); Sea Surface Temperature (SST) – Office of Satellite and Product Operations (noaa.gov); Sea Surface Temperature (nasa.gov); Climate Change Indicators: Sea Surface Temperature | US EPA; Sea surface temperature – Wikipedia[접근: 2022.06.29.]

51 혼합층(mixed layer) | 과학문화포털 사이언스올 (scienceall.com); Mixed layer – Wikipedia[접근: 2022.07.01]

52 Zonal and meridional flow – Wikipedia[접근: 2022.06.30.]: 용어의 의미가 설명되어 있다.

해수면 에너지수지 [태양 단파 복사속밀도 + 태양복사속밀도 침투량 + 해수면 장파 복사속밀도
+ 현열속밀도 + 잠열속밀도]
+ **해양의 에너지 전달** [동서방향 (zonal, 위도를 따르는) 수온 이류속밀도
+ 남북방향 (meridional, 경도를 따르는) 수온 이류속밀도
+ 수직적 (vertical) 수온이류속밀도와 유입 (entrainment)
+ 수평 소용돌이 확산 난류혼합 + 수직 소용돌이 확산 난류혼합] = 0

위의 식을 그림으로 그려 보자. 이제 각자가 관심 가는 분야에 자세한 환경광학 지식체계를 스스로 구축해 나가길 바란다.

7장

혼합화소

혼합화소(混合畵素, mixed pixel, 혼합픽셀)는 다양한 지표면에서 반사되거나 방출된 복사휘도 평균값을 가진 화소(pixel)을 의미한다.[1] 센서에서 감지되는 복사휘도는 해상도 내의 다양한 토지피복 각각의 복사휘도를 선형적으로 혼합한 것이다. 하나의 지표면(a)과 다른 하나의 지표면(b)의 복사휘도가 혼합하여 한 픽셀의 평균 복사휘도가 되는 데 이를 다음과 같이 나타낼 수 있다(그림 230).

$$L_{혼합}\left(센서에서\ 혼합된\ 복사휘도\right) = L_a(지표면\ a\ 복사휘도) + L_b(지표면\ b\ 복사휘도)$$

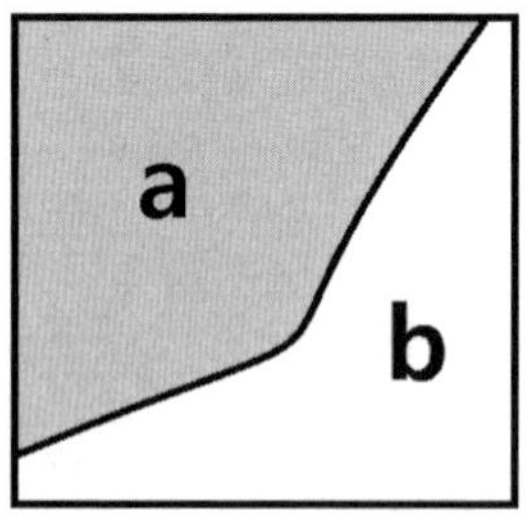

〈그림 230〉 하나의 혼합화소 가상도

전체 면적과 각 물체의 면적 비(比: fraction)를 같이 나타내면 다음과 같다.

$$전체면적 = 1 = f_a + f_b$$

1 「위키백과」, '화소', https://ko.wikipedia.org/wiki/화소[접근: 2018.06.09.]

그래서 두 지표면의 혼합화소 모형은 다음과 같다.

$$L_{혼합} = f_a L_a + f_b L_b \leftarrow 혼합화소모형$$

또한 $f_b = 1 - f_a$ 이므로 각각의 면적 비를 구할 수 있게 된다.

$$L_{혼합} = f_a L_a + (1 - f_a) L_b = f_a L_a + L_b - f_a L_b$$

$$L_{혼합} - L_b = f_a (L_a - L_b)$$

$$f_a = \frac{L_{혼합} - L_b}{L_a - L_b}$$

계산 연습을 해 보자. 양산천(梁山川)에 자전거 통행로와 바로 인접한 하천을 동시에 포함하는 영상자료의 한 픽셀을 가정해 보자.[2] 자전거 통행로의 표면온도는 310K, 하천의 표면온도가 285K이고 센서에서의 복사휘도가 $159.0Wm^{-2}sr^{-1}$일 때 통행로와 하천의 면적비를 구해 보자.

먼저 각 지표면의 온도를 통해 스테판–볼츠만 공식을 통해 방사도를 구할 수 있다.

$$M = \sigma T^4$$

$$M_{하천} = \sigma T^4 = 5.67 \times 10^{-8} Wm^{-2} K^{-4} (285K)^4 = 374.1 Wm^{-2}$$

$$M_{통행로} = \sigma T^4 = 5.67 \times 10^{-8} Wm^{-2} K^{-4} (310K)^4 = 523.6 Wm^{-2}$$

2 「위키백과」, '양산천', https://ko.wikipedia.org/wiki/양산천[접근: 2018.06.09.]

방사도에서 복사휘도로 변경시킨다.

$$M = \pi L \rightarrow L = \frac{M}{\pi}$$

$$L_{하천} = \frac{401.0Wm^{-2}}{\pi} = 119.1Wm^{-2}sr^{-1}$$

$$L_{통행로} = \frac{648.3Wm^{-2}}{\pi} = 166.7Wm^{-2}sr^{-1}$$

면적비를 다음과 같이 구할 수 있다.

$$f_{하천} = \frac{L_{혼합} - L_{통행로}}{L_{하천} - L_{통행로}} = \frac{159.0Wm^{-2}sr^{-1} - 166.7Wm^{-2}sr^{-1}}{119.1Wm^{-2}sr^{-1} - 166.7Wm^{-2}sr^{-1}} = 0.161$$

$$f_{통행로} = 1 - 0.161 = 0.839$$

B9 =1-B8

	A	B	C
1	하천온도	285	K
2	통행로온도	310	K
3	센서복사휘도	159	W*m^-2*sr^-1
4	하천방사도	374.0782854	W*m^-2
5	통행로방사도	523.636407	W*m^-2
6	하천복사휘도	119.0728165	W*m^-2*sr^-1
7	통행로복사휘도	166.6786451	W*m^-2*sr^-1
8	하천면적비	0.161296323	
9	통행로면적비	0.838703677	

〈그림 231〉 엑셀을 이용한 면적비 구하기

질문해 보자. 한 혼합화소에 세 가지 이상의 토지피복 복사휘도를 혼합한 것이라면(그림 232), 각 토지피복 면적비 계산을 어떻게 해야 할

까? 인터넷에서 'mixed pixel problem'을 입력하면 수많은 자료를 구할 수 있다.

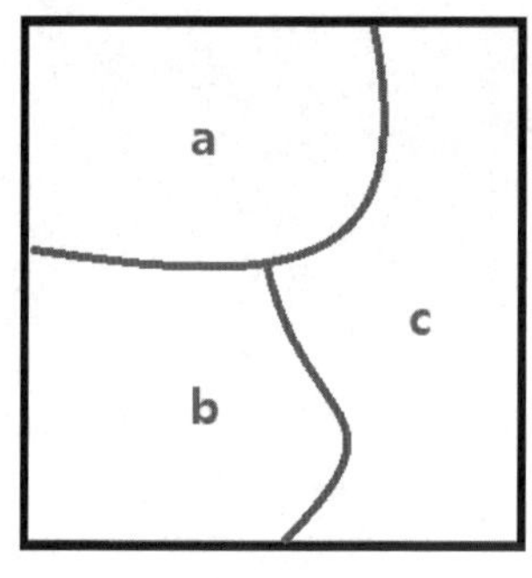

〈그림 232〉 문제 상황

그림 232를 다음과 같이 볼 수 있다.

$$1 = f_a + f_b + f_c$$

$$L_{혼합} = f_a L_a + f_b L_b + f_c L_c$$

위의 식들이 쉽게 풀리지 않는데, 그림 233처럼 화소의 공간해상도를 높이면 문제가 해결될 것 같은가? 만약 10가지 이상의 토지피복을 혼합한 것이라면 어떻게 될까?

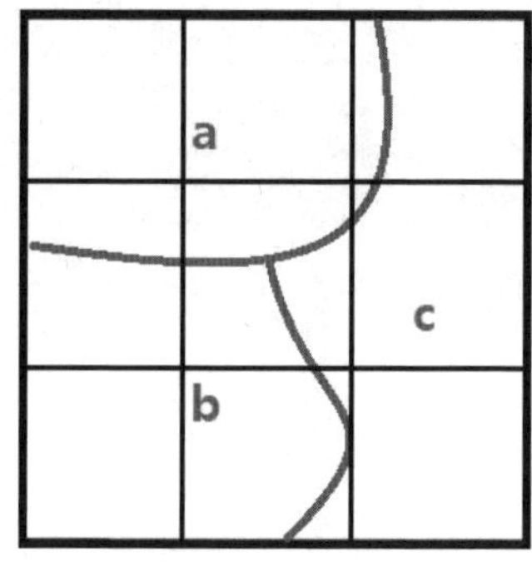

〈그림 233〉 9등분된 픽셀

〈그림 234〉 좌: 부산광역시 남구 어느 골목길, 우: 밀양시 어느 관사

그림 234 왼쪽 그림은 도시 속의 어느 골목길을 보여주고 있다. 도시 환경에서 혼합화소 문제는 더 심하게 나타나며, 도시지역에서 환경원격탐사가 어렵게 진행되는 이유가 된다. 오른쪽 그림은 사람이 살지 않는 옛날 집을 보여준다. 벽의 재질이 나무로 되어 있다. 유리가 깨어진 집안의 내부가 빛의 산란으로 밝게 보인다.

〈그림 235〉좌: 밀양댐 두꺼비, 우: 양산시 선리마을 선리교 근처

그림 235 왼쪽 그림에서 두꺼비의 보호색이 주위의 색과 매우 비슷하다. 그림 235 오른쪽 그림의 경우, 식생의 하부에 인공물들이 존재하고

있다.

혼합화소에 대한 연구는 토지피복 면적비(예, Dainius Masiliūnas et al., 2021), 해수면 온도 측정(예, Krishna K. Thakur et al., 2018), 산불 온도 측정 및 면적 계산(예, T. C. Eckmann et al., 2009) 등으로 많은 연구가 진행 중이다. 인터넷에서 'mixed pixels', 'land cover fraction', 'surface temperature', 'sea surface temperature', 'fire temperature', 'fire area' 등을 입력하면 여러 연구자료를 접할 수 있다.

8장

정리하기 위한 문제 풀기

지금까지 잘 정리하여 보관해 온 엑셀 스프레드시트의 계산식을 사용하여 풀어보도록 하자.

* 경고: 계산이 잘못될 수도 있으니 무조건 믿고 따르지 말 것!

〈문제 1〉

해수면에서의 대기의 온도가 295K이고 수증기압이 2650Pa, 측정 고도에서의 대기 온도가 290K, 수증기압이 1940Pa일 때의 잠열속밀도와 현열속밀도를 구해 보자. 순복사밀도 $R_{net} = 500Wm^{-2}$이고 열속밀도 $G = -30Wm^{-2}$이다.

〈풀이〉

$\Delta T = -5K\left(지표면에서\ 멀어짐\right)$, $\Delta e = -710Pa\,(지표면에서\ 멀어짐)$임을 알 수 있다.

보웬비를 구해 보자.

$$BR = \frac{PC\Delta T}{L_{기화잠열}\epsilon\Delta e}$$

여기서, P: 101325 Pa, $C: 1006Jkg^{-1}K^{-1}$, $L_{기화잠열} = 2.449 \times 10^6 Jkg^{-1}$, $\epsilon = 0.622$이다.[1]

1 P: 기압 – 위키백과, 우리 모두의 백과사전 (wikipedia.org)[접근 2022.04.10.], C: 『Engineering ToolBox』(2004). 'Air – Specific Heat at Constant Pressure and Varying Temperature'. [online] Available at: Air – Specific Heat vs. Temperature at Constant Pressure (engineeringtoolbox.com)[접근 2022.04.10.]), $L_{기화잠열}$: 『Engineering ToolBox』, (2010). 'Water – Heat of Vaporization'. [online] Available at: Water – Heat of Vaporization vs. Temperature (engineeringtoolbox.com)[접근 2022.04.10.]. 이곳에서 물의 다른 특성 값

$$BR = \frac{101325Pa \cdot 1006Jkg^{-1}K^{-1}(-5K)}{2.449 \times 10^6Jkg^{-1} \cdot 0.622(-710Pa)} = 0.47$$

잠열속밀도를 구하면 다음과 같다.

$$LE = \frac{-(R+G)}{BR+1} = \frac{-(500Wm^{-2} + -30Wm^{-2})}{0.47+1} = -319.5Wm^{-2}$$

현열속밀도를 구하면 다음과 같다.

$$H = LE \cdot BR = -319.5Wm^{-2} \times 0.47 = -150.5Wm^{-2}$$

B11 =-(B9+B10)/(B7+1)

	A	B	C	D
1	기압	101325	Pa	위키, '대기압' 및 '기압'
2	비열(압력 변화 없는)	1006	J*kg^-1*K^-1	https://www.engineeringtoolbox.com/air-specific-heat-capacity-d_705.html
3	기화잠열	2449000	J*kg^-1	https://www.engineeringtoolbox.com/water-properties-d_1573.html
4	수증기/대기_분자중량비	0.622		https://www.engineeringtoolbox.com/molecular-weight-gas-vapor-d_1156.html
5	기온변화	-5	K	
6	수증기압변화	-710	Pa	
7	보웬비	0.471245		
8				
9	순복사	500	W*m^-2	
10	G	-30	W*m^-2	
11	LE	-319.457	W*m^-2	
12	H	-150.543	W*m^-2	
13				

〈그림 236〉 엑셀을 이용한 보웬비 및 잠열 구하기

〈문제 2〉

산불 감시용 열센서를 4㎛과 10㎛ 중심의 밴드로 두 개를 만들려고

에 대해서도 알 수 있다. ε: 『Engineering ToolBox』. (2009). 'Molecular Weight – Common Substances'. [online] Available at: Molecular Weight of Substances (engineeringtoolbox.com)[접근2018.06.01.]

한다. 감시 지역의 식생의 방사율은 0.99이다.[2] 산불의 온도를 1070K, 주위 공간의 온도를 298K로 정한다.[3] 각 센서별 최소 감도(sensitivity)를 $100Wm^{-2}sr^{-1}\mu m^{-1}$로 동일하게 가정하면, 파장대 각각의 한 픽셀에서 감지할 수 있는 최소 산불 지역비를 구해 보자.

〈풀이〉

〈그림 237〉 픽셀에서의 문제 상황

다음 식을 사용하여 0.4μm, 10μm 중심의 센서에서의 산불지역과 주위 공간의 복사휘도를 각각 구해 보자.

$$L_\lambda = \frac{2hc^2}{\lambda^5\left(e^{\frac{hc}{k\lambda T_k}} - 1\right)} \cdot \varepsilon$$

2 『[PDF] 지표면온도 (LST) – 국가기상위성센터』, ("지표면온도 (LST) 알고리즘 기술 분석서 (LST–v5.0)", NMSC/SCI/ATDB/LST, Issue 1, rev.0 2012.12.12, http://nmsc.kma.go.kr/html/homepage/ko/common/Resource/downloadResource.do?RES_PTH=/jsp/upload_files/common_down/qcm/NMSC–SCI–ATBD–LST_v1.0.pdf[접근: 2018.06.04.]

3 Wildfire – Wikipedia; https://nhmu.utah.edu/sites/default/files/attachments/Wildfire%20FAQs.pdf[접근: 2022. 04.10.] 본문에서 산불의 온도는 임의적으로 정한 것이다. 산불의 온도에 대하여 조사해 보자.

$$L_{\lambda=4\times10^{-6}m\_산불지역} = \frac{2\cdot 6.626\times10^{-34}Js\cdot(3.0\times10^{8}ms^{-1})^{2}}{(4.0\times10^{-6}m)^{5}\left(e^{\frac{6.626\times10^{-34}Js\cdot 3.0\times10^{8}ms^{-1}}{1.38\times10^{-23}JK^{-1}\cdot 4.0\times10^{-6}m\cdot 1070K}}-1\right)}\cdot 0.99$$

$$= 4.13\times10^{3}\,Wm^{-2}sr^{-1}\mu m^{-1}$$

$$L_{\lambda=4\times10^{-6}m\_주위지역} = \frac{2\cdot 6.626\times10^{-34}Js\cdot(3.0\times10^{8}ms^{-1})^{2}}{(4.0\times10^{-6}m)^{5}\left(e^{\frac{6.626\times10^{-34}Js\cdot 3.0\times10^{8}ms^{-1}}{1.38\times10^{-23}JK^{-1}\cdot 4.0\times10^{-6}m\cdot 298K}}-1\right)}\cdot 0.99$$

$$= 6.51\times10^{-1}Wm^{-2}sr^{-1}\mu m^{-1}$$

$$L_{\lambda=10.0\times10^{-6}m\_산불지역} = \frac{2\cdot 6.626\times10^{-34}Js\cdot(3.0\times10^{8}ms^{-1})^{2}}{(10.0\times10^{-6}m)^{5}\left(e^{\frac{6.626\times10^{-34}Js\cdot 3.0\times10^{8}ms^{-1}}{1.38\times10^{-23}JK^{-1}\cdot 10.0\times10^{-6}m\cdot 1070K}}-1\right)}\cdot 0.99$$

$$= 4.15\times10^{2}\,Wm^{-2}sr^{-1}\mu m^{-1}$$

$$L_{\lambda=10\times10^{-6}m\_주위지역} = \frac{2\cdot 6.626\times10^{-34}Js\cdot(3.0\times10^{8}ms^{-1})^{2}}{(10.0\times10^{-6}m)^{5}\left(e^{\frac{6.626\times10^{-34}Js\cdot 3.0\times10^{8}ms^{-1}}{1.38\times10^{-23}JK^{-1}\cdot 10.0\times10^{-6}m\cdot 298K}}-1\right)}\cdot 0.99$$

$$= 9.47\;Wm^{-2}sr^{-1}\mu m^{-1}$$

H4 =(2*$B$5*($B$6^2))/((B4^5)*(EXP(1)^(($B$5*$B$6)/($B$7*B4*E4))-1))*0.99

	A	B	C	D	E	F	G	H	I	J	K
1	파장4.0마이크로	4.00E-06	m	온도1070K	1070		L1070	4.13E+09	W*m^-3	4.13E+03	W*m^-2*μm^-1*sr^-1
2	파장4.0마이크로	4.00E-06	m	온도298K	298		L298	6.51E+05	W*m^-3	6.51E-01	W*m^-2*μm^-1*sr^-1
3	파장10.0마이크로	1.00E-05	m	온도1070K	1070		L1070	4.15E+08	W*m^-3	4.15E+02	W*m^-2*μm^-1*sr^-1
4	파장10.0마이크로	1.00E-05	m	온도298K	298		L298	9.47E+06	W*m^-3	9.47E+00	W*m^-2*μm^-1*sr^-1
5	h	6.626E-34	Js								
6	c	3.00E+08	m*s^-1								
7	k	1.38E-23	J*K^-1								
8											
9	산불지역비4.0	0.02408367									
10	산불지역비10.0	0.22304508									

〈그림 238〉 엑셀을 이용한 산불지역 및 주위 공간의 복사휘도 및 산불지역비 계산

파장별 산불지역비를 구하는 식은 다음과 같다.

$$L_{\lambda 최소감도\_혼합화소} \leq f_{\lambda 산불} L_{\lambda 산불} + f_{\lambda 주위} L_{\lambda 주위}$$

$$L_{\lambda 최소감도\_혼합화소} \leq f_{\lambda 산불} L_{\lambda 산불} + (1 - f_{\lambda 산불}) L_{\lambda 주위}$$

$$\frac{L_{\lambda 최소감도\_혼합화소} - L_{\lambda 주위}}{L_{\lambda 산불} - L_{\lambda 주위}} \leq f_{\lambda 산불}$$

$$\frac{100 W m^{-2} sr^{-1} \mu m^{-1} - L_{\lambda 주위}}{L_{\lambda 산불} - L_{\lambda 주위}} \leq f_{\lambda 산불}$$

$$\frac{100 W m^{-2} sr^{-1} \mu m^{-1} - 6.51 \times 10^{-1} W m^{-2} sr^{-1} \mu m^{-1}}{4.13 \times 10^{3} W m^{-2} sr^{-1} \mu m^{-1} - 6.51 \times 10^{-1} W m^{-2} sr^{-1} \mu m^{-1}} \leq f_{\lambda = 4.0 \mu m 산불}$$

파장 **4.0㎛**일 때 산불지역비 = 2.4%로 나온다.

$$\frac{100 W m^{-2} sr^{-1} \mu m^{-1} - 9.47\ W m^{-2} sr^{-1} \mu m^{-1}}{4.15 \times 10^{2} W m^{-2} sr^{-1} \mu m^{-1} - 9.47\ W m^{-2} sr^{-1} \mu m^{-1}} \leq f_{\lambda = 10.0 \mu m 산불}$$

파장 **10.0㎛**일 때 산불지역비 = 22.3%이다.

파장 **4.0㎛** 감지기를 사용하는 센서가 산불을 더 빨리 감지할 수 있을 것이다.

〈문제 3〉

경상남도 양산시 양산천 모래 하상에서 반사된 전자기파 중 0.45**㎛** 파장의 센서로 위성영상을 찍을 때, 센서에 감지되는 예상 분광복사휘도

($Wm^{-2}sr^{-1}\mu m^{-1}$)를 구해 보자. 태양은 흑체로 가정하며 람베르트 방출을 한다. 대기의 n=1, k=0이다. 편평한 하천 수면을 가정한다. 하천의 모래 하상을 람베르트면으로 가정한다. 센서에서 감지되는 복사휘도는 오직 직접 경로 값이며 물이나 대기의 경로 복사휘도나 수면에서 다른 부분에서 거울 반사된 값을 포함하지 않는다고 가정한다.

현지시간은 오후 2시 10분이며 시간대는 **135°** 기준의 UTC+9이며 날짜는 2018년 6월 6일이다.

양산천 모래 하상의 경위도는 다음과 같다. **35.37°N, 129°E**

하천의 고도는 10m, 하천의 깊이는 약 1m이다. 하상 모래 바닥면의 반사율은 0.25이다.[4] 물의 n=1.333, $\kappa=5.2\times10^{-9}$이다.

해수면 및 AM1에서 광학적 깊이 $\tau_0 = 0.50$이다.

태양의 온도를 5778K, 반지름 $6.96\times10^{8}\,m$로 정한다.

지구와 태양과의 거리는 2018년6월6일 AU '1.0147818246624855'이다.[5] AU는 천문단위(天文單位, astronomical unit)로 2013년 기준 149,597,870,700 m이다.[6] 지구와 태양과의 거리를 m로 표현하면, 1.01478×1.496E+11=1.5181E+11(1.5181×10^{11})m가 되는데 이 값을 사용할 수 있다. 또는 지구와 태양과의 평균거리를 사용할 수도 있다.

센서의 시야천정각은 **30°**라 가정한다.

문제의 상황을 그림 243으로 나타낼 수 있다. 독자도 그려보기 바란다.

4 반사율 – 위키백과, 우리 모두의 백과사전 (wikipedia.org)[접근: 2022.04.22.]

5 'Solar Position Calculator', http://www.instesre.org/Aerosols/sol_calc.htm에서 Date (mm/dd/yyyy)의 칸에 6/6/2018을 입력하면 Earth/sun distance (AU)를 알 수 있다[접근: 2018.6.6.]

6 천문단위 – 위키백과, 우리 모두의 백과사전 (wikipedia.org)[접근: 2022.04.22.]

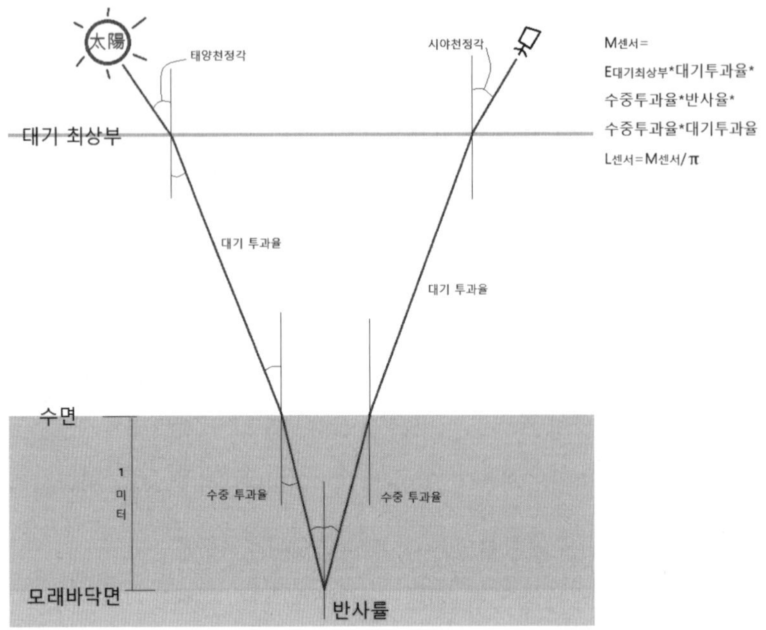

〈그림 239〉 문제의 상황을 그림으로 정리하기

문제 상황을 그림 239와 같이 그려보면 명확해진다. 그림 239에서 각각의 과정에서 적용될 수 있는 환경광학 개념들을 적을 수도 있다. 각각의 과정을 개념도로 정리한 후 지금까지 만들어온 엑셀 혹은 프로그래밍 프로그램들을 이용하여 계산하면 될 것이다. 이번 문제의 풀이는 스스로 풀어보길 바란다. 왜냐하면 환경광학에서 항상 기본적으로 하는 활동이기 때문이다.

계산 노트 혹은 연구 노트를 정하고 항상 기록하면 좋을 것 같다. 무엇을 했는지 자세하게 기록한다. 날짜와 시간도 적어둔다. 기록할 준비를 마친 후 문제해결을 위해 다음과 같이 한다.

1. 문제상황에 대한 그림(도표)을 그린다.
2. 그림을 보면서 관련된 공식과 법칙, 개념을 적용한다. 이유도 적어도 좋다.
3. 계산 과정을 상세히 기록한다. 그리고 다른 연구 결과들의 계산 수치와 비교해본다.
4. 전자계산기, 엑셀 혹은 각종 프로그래밍 언어를 사용하면서 각각의 계산 모형에 이름을 붙이고 다시 사용할 수 있도록 저장을 하고 그에 대한 기록을 한다. 3번 계산 과정을 상세히 기록할 때 자기가 만든 계산 모형의 이름을 기록하거나 일목요연하게 볼 수 있도록 계산 프로그램 목록을 작성해 둔다.
5. 모든 사항을 기본적으로 반복한다.

태양기하와 관련된 개념들을 하나의 개념도로 정리해 보았다.

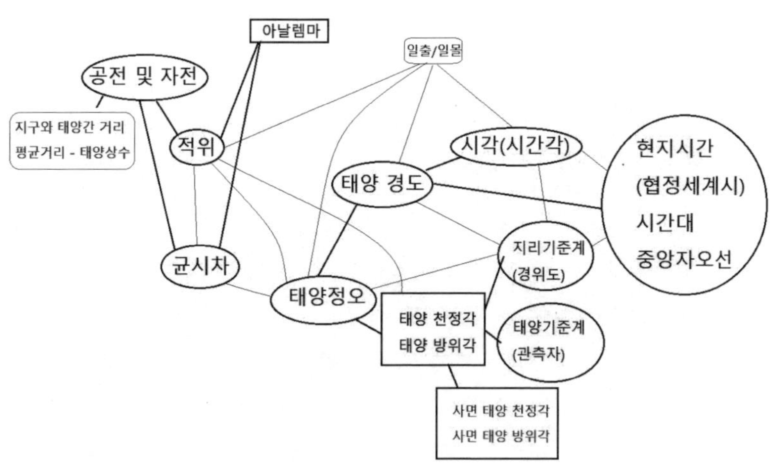

〈그림 240〉 하늘 속 태양의 위치 관련 개념도의 예시

그림 240처럼 개념도를 그리면서 개념들 간 관계를 이어본다. 자신이 그린 개념도를 보면서 글로 적어 본다. 주요 개념들이 나타나는 본문의 페이지를 개념 옆에 기록하고 관련된 식들을 정리해 본다. 완벽한 개념도는 없다. 계속해서 추가하거나 삭제할 수도 있으며 다양한 형태로 자신이 만족하는 만큼 마음대로 그리면 되는 것이다. 자신이 명확하게 이해가 되지 않는 부분이 있으면, 그 부분을 좀 더 조사하면 된다. 온라인 자료 및 도서관 전문서적을 통해 확실하게 짚고 기록하고 자신의 개념도를 명확하게 만들면 되는 것이다.

〈문제 4〉

2018년 6월 20일 오후 6시경 양산시 삽량교(歃良橋)에서 속도를 내던 자동차가 자전거를 친 사건이 발생했다. 자동차 운전자의 주장에 따르면, 사고지점에 들어설 때 태양이 자신의 정면으로 비춰 갑자기 눈이 부셔 일시적으로 사물을 분간할 수 없었기 때문에 사건이 일어난 것이라 한다. 이 사람의 말을 검증해 보자(사고지점 위도: 35.335°).

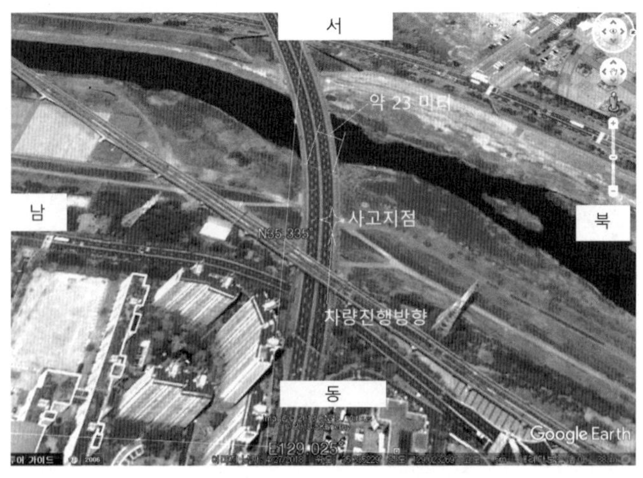

〈그림 241〉 전반적인 상황(출처 구글어스)

〈풀이〉

태양의 위치 문제임을 알 수 있다. 먼저 태양적위를 구해 보자. 적일: d=31+28+31+30+31+20=171일이다.

$$\delta = -\arcsin\left[0.39779\cos\left(0.98565°(171+10)+1.914°\sin\left(0.98565°(171-2)\right)\right)\right] = 23.44°$$

균시차를 구해 보자.

$$B = 360°\left(\frac{171-81}{364}\right) = 89.01°$$

$$ET = 9.87 \times \sin 2\cdot 89.01° - 7.53 \times \cos 89.01° - 1.5 \times \sin 89.01° = -1.29\text{분}$$

같은 시간대 중앙자오선의 태양정오는 12:02경(1.29분을 2분으로 한 것임)일 것이다. 양산시 삽량교의 경도는 $+129°$로 중앙자오선($+135°$)와 $6°$ 떨어져 있다. 양산시의 경우 태양정오는 $6° \times \frac{60\text{分}}{15°} = 24\text{分}$ 늦은 12:26 경일 것이다. 사고 지점의 태양의 위치를 구하기 위해, 시간각을 구해 보자.

$$12:26 - 18:00 = 5\text{시간 }34\text{분 차이} = 334\text{분 차이} = 334\text{분} \times \frac{15°}{60\text{分}} = 83.5°$$

오후이므로 $-83.5°$가 된다. 태양천정각과 방위각을 구하면 다음과 같다.

$$\cos\theta = \sin 23.44° \sin 35.335° + \cos 23.44° \cos 35.335° \cos(-83.5°)$$

$$\theta = 71.65°$$

$$\tan\phi = \frac{\cos 23.44° \sin(-83.5°)}{\cos 23.44° \sin 35.335° \cos(-83.5°) - \sin 23.44° \cos 35.335°}$$

$$\phi = 73.82°$$

태양은 태양정오를 넘어 서쪽에 위치하는데 태양방위각이 양수 값이다! 오후를 뜻하는 음수 값으로 변환하려면, $\phi = 73.82° - 180.00° = -106.18°$ 이다. 그림 144에서 보면 사고지점에서 운전자가 보는 방향은 -91°, 사고지점은 경사가 거의 없는 평평한 곳이다. 태양 방위각과 약 15°차가 난다. 계산을 따로 해 보고 이 책의 계산과 맞는지 서로 비교해 보자. 계산된 태양의 위치를 통해 교통사고를 낸 자동차 운전자의 주장을 판단할 수 있겠는가? 법정에서 인용될 수 있겠는가?

〈문제 5〉

다음의 상황을 환경광학적으로 분석해 보자. 일상에서 언제나 광학적 현상을 말씀하시는 세상 유일하신 여인의 말을 분석해 보자.

2022년 1월 30일 "오늘 아침 창문을 열고 밖을 보았는데 눈이 부시도록 빛나지 않는 걸 보니 미세먼지가 좀 덜한 것 같다"라고 어머니께서 말씀하셨다. "미세먼지가 심한 날 아침에는 눈이 부시고 모든 게 너무 환하게 비쳐 앞산을 볼 수 없다" 라고도 말씀하셨다.

위의 발언이 환경광학적으로 가능한가? 지금까지 배운 광학적 개념들로 증명해 보자. 언급된 상황을 간단한 그림으로 표현해보고 광학적 개념들을 적어 보자.

〈문제 6〉

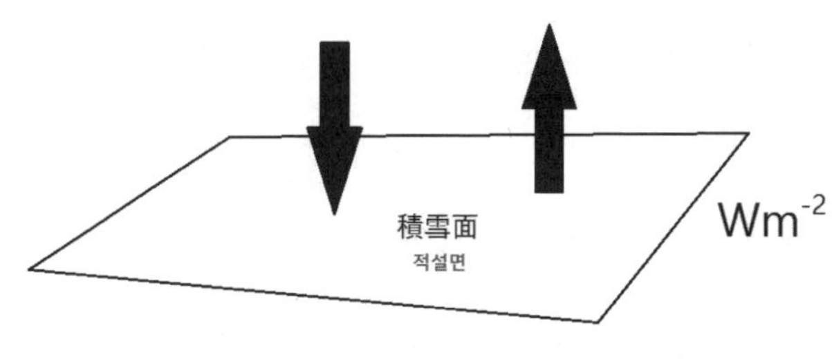

〈그림 242〉 적설면 에너지 균형

그림 242는 적설면(積雪面, 눈이 쌓인 지표면)의 에너지수지를 간단하게 표현한 것이다. 지표면 에너지수지 방정식에서 어느 부분에 해당하며, 에너지 균형 계산에 필요한 개념들은 어떤 것이 있겠는가?

〈풀이〉

지표면 에너지수지식에서 R_{net} 부분인 것 같다. 단파 복사, 적설면 알베도, 장파 복사(대기 및 적설면), 적설면 방출도, 대기 방출도(수증기압), 적설면 및 대기의 온도에 대한 자료가 요구된다. 이 자료를 찾아보니 다음과 같았다(가상적으로 측정하거나 여러 자료에서 가상적으로 계산한 것이다).

적설면의 방출률은 0.91(표 3 방출의 예에서 가정한 것), 알베도는 0.90(표 4 알베도 정보 바탕)이다. 적설면의 온도는 272K이다. 대기의 온도는 277K이며 수증기압은 4.2mb이다.[7] 그러므로 대기의 방출률은

7 Vapor pressure – Wikipedia; Humidity – Wikipedia; 바 (단위) – 위키백과, 우리 모두의

$\varepsilon_a = 1.24(4.2/277)^{\frac{1}{7}} = 0.6816$임을 알 수 있다.

지표면 태양 복사 조도는 $700Wm^{-2}$이고 입사각은 $10°$이다. 이제 R_{net}을 구해 보자.

적설면에 대한 태양 복사조도는 다음과 같다.

$$S\left(1 - \text{알베도}\right) \cdot \cos \text{입사각} = 700Wm^{-2}(1 - 0.90) \cdot \cos 10° = 68.94Wm^{-2}$$

대기에서의 장파 복사조도는 다음과 같다.

$$\varepsilon_a \cdot \sigma \cdot T_a^4 = 0.68 \cdot 5.67 \times 10^{-8}\mathrm{Wm^{-2}K^{-4}} \cdot (277K)^4 = 227.53\mathrm{Wm^{-2}}$$

적설면 장파 방사도는 다음과 같다.

$$\varepsilon_{\text{눈}} \cdot \sigma \cdot T^4 = 0.91 \cdot 5.67 \times 10^{-8}\mathrm{Wm^{-2}K^{-4}} \cdot (272K)^4 = 282.42\mathrm{Wm^{-2}}$$

자, 이제 에너지 균형을 알 수 있게 되었다. 적설면 방향인 것은 + 값이고 적설면 반대 방향, 즉 적설면에서 벗어나는 방향의 −값을 가진다.

$$+68.94 + 227.53 - 282.42 = 14.05Wm^{-2}$$

백과사전 (wikipedia.org)[접근: 2022.04.10.]; 『Engineering ToolBox』, (2004). 'Relative Humidity in Air'. [online] Available at: https://www.engineeringtoolbox.com/relative-humidity-air-d_687.html [접근: 2018.06.21.]; 인터넷에서 'millibar to altitude'라 입력하면 기압에서 고도를 추정하는 표들을 접할 수 있다.

적설면은 어떤 상태인가?

가상의 예를 들었지만 실제 지표, 그것도 다양한 지표 형태(토지이용 및 토지피복)에 대한 계산을 해 볼 수 있을 것이다.

주요 개념들을 연결하여 자세히 익히는 것이 중요하다. 즉 계산을 자주 해 보는 것이다. 또한 관련 등식은 환경광학 분야 및 자연과학, 자연지리학 전반에서의 이론 및 실험, 실측에 의하여 업데이트 되기에 계속 정리할 필요가 있다. 우선 기초 개념들에 대한 확고한 정리체계를 가지는 것이 중요하다. 개념도를 그려서 개념들 간의 연결관계를 명확히 하며 문제 상황을 그림으로 표현하는 연습을 꾸준히 해 보자. 그리고 항상 기록을 하자.

다음의 그림들을 보고 여러 광학적 현상들을 설명해 보기 바란다. 되도록이면 환경광학적 개념들을 사용하여 보자.

〈그림 243〉 경북의 풍경

그림 243의 들판 전체의 밝기가 같은 이유를 설명해 보자.

<그림 244> 양산 신도시 야경

그림 244의 야경으로 양산타워에서 분출되는 기체를 인공위성 센서가 포착할 수 있겠는가? 어떤 분광띠를 사용하는가?

<그림 245> 좌: 부산 신항 공사, 우: 어느 동해 바닷가

그림 245 왼쪽 그림의 경위도를 E128.80° N35.05°로 할 때 태양의 위치를 구해 보자. 왼쪽 그림의 우측 상단의 하늘이 좀더 짙은 색을 내는 이유를 설명해 보자. 그림 245의 오른쪽 그림의 경위도를 +129.421° +36.873°로 하여 태양의 위치를 구해 보자. 바다의 색이 수심과 장소에

따라 달라지는 이유를 환경광학적으로 기술해 보자.[8]

〈그림 246〉 광학적으로 멋진 사진들

그림 246처럼 현대의 세계인은 다양한 디지털 기기를 통해 언제든지 멋진 환경광학적 이미지를 가질 수 있는 행복한 시대에 살고 있다. 단지 자신이 찍은 사진의 장소, 위치, 어떤 상황에서 찍었는지 혹은 왜 그 이미지를 남겼는지에 대한 메모를 곁들이면 그 자체로도 의미가 있지 않을까 한다. 왼쪽과 중앙의 그림처럼 전철 창문을 통해서 수면의 반사 현상을 기록으로 남길 수 있으며, 오른쪽 그림처럼, 아침에 빛의 향연을 즐기면서 하루를 시작했다는 기록 자체가 의미 있을 것이다.

지금까지 다룬 환경광학 기초 개념들을 사용하여 자연현상 및 인문현상에 대한 좀 더 과학적인 해석을 할 수 있을 것이라 본다. 세상은 언제나 수많은 재밋거리를 보여 준다. 자기가 볼 수 있는 만큼 말이다. 환경광학적 개념들로 생각을 하고 그 생각을 기록하고 그것을 바탕으로 의미 있는 해석을 한다는 자체가 그만큼 지식이 쌓이고 즐기게 되었다는 뜻일 것이다.

8 참고: Color of water – Wikipedia; Ocean color – Wikipedia; Ocean optics – Wikipedia[접근: 2022.03.19.]

참고문헌 및 읽을 거리들

1장 전자기복사 개관

- 고야마 게이타, 2018, 『빛으로 말하는 현대물리학: 광속도 C의 수수께끼를 추적』, 손영수 옮김, 중쇄, 전파과학사.
- 고토 나오히사, 2018, 『전자기파란 무엇인가: 보이지 않는 파동을 보기 위하여』, 손영수 · 주창복 옮김, 개정 1쇄, 전파과학사.
- 고토 나오히사, 2019, 『안테나의 과학: 전파의 드나듦을 추적한다』, 손영수 · 주창복 옮김, 개정1쇄, 전파과학사.
- 나카무라 겐타로 中村健太郎 등 집필 · 협력, 2020, 『Newton HIGHLIGHT 35 소리, 빛, 전파, X선, 지진파…의 근본원리 파동의 사이언스』, 번역 : 강금희, 초판8쇄, (주)아이뉴턴.
- 나카츠카 고키, 노자키 히로시, 2020, 『만화로 쉽게 배우는 전파와 레이더』, 개정증보 1판 1쇄, 역자 김선숙, 감역 이중호, 그림 유니버셜 퍼블리싱, 성안당.
- 닛타 히데오(新田 英雄), 2021, 『만화로 쉽게 배우는 물리[빛 · 소리 · 파동]』, 그림 후카모리 아키, 감역 김선배, 역자 김진미, 초판2쇄, 성안당(저자평: 전자기파를 이해하는 데 필요한 기초 개념과 해설이 매우 잘 되어 있다고 본다. 추천하는 바이다).
- 도쿠마루 시노부, 2013, 『알기 쉬운 전파기술 입문: 전파기술에의 길잡이』 중판, 박정기 · 손영수 옮김, 電波科學社.

- 오노 슈, 2018, 『에너지로 말하는 현대물리학: 영구기관에서 현대우주론까지』, 편집부 옮김, 재판, 電波科學社.
- 이와나미 요조, 2019, 『광합성의 세계: 지구상의 생명을 지탱하는 비밀』, 심상철 옮김, 개정 1쇄, 전파과학사.
- 조규전, Dr.-Ing.mult. Gottfried Konecny, 2005, 『공간정보공학 Geoinformation Photogrammetry, RS & GIS』, 良書閣.
- 후쿠시마 하지메, 2017, 『물리학의 ABC: 광학에서부터 특수상대론까지』, 손영수 옮김, 중쇄, 전파과학사.
- 히로세 타치시게 · 호소다 마사타카, 2019, 『진공이란 무엇인가: 실은 텅 빈 상태가 아니었다』, 문창범 옮김, 개정 1쇄, 전파과학사.
- 谷腰欣司, 2004, 『레이저의 이야기』, 강성조 역, 1판 2쇄 圖書出版 世和.
- 郭宗欽 · 蘇鮮燮, 1987, 『一般氣象學』, 再版, 教文社.
- 大內和夫, 2010, 『리모트센싱을 위한 합성개구레이더의 기초』, 양찬수, 정혜선 옮김, 다솜출판사.
- Barbara G. Grant, 2011, 『Field Guide to Radiometry』, John E. Greivenkamp, Series Editor, SPIE Field Guides Volume FG23, SPIE PRESS.
- Craig F. Bohren and Eugene E. Clothiaux, 2006, 『Fundamentals of Atmospheric Radiation: An Introduction with 400 Problems』, WILEY-VCH.
- EUGENE HECHT, 2021, 『광학』, 조재흥 · 김규욱 · 황인각 옮김, 제5판2쇄, 자유아카데미.
- Gary E. Thomas and Knut Stamnes, 2002, 『Radiative Transfer in the Atmosphere and Ocean』, CAMBRIDGE UNIVERSITY PRESS.

- Gwynn H. Suits, 1983, "The Nature of Electromagnetic Radiation", 『Manual of Remote Sensing』Second Edition, Volume1, American Society of Photogrammetry, pp. 37–60.
- Iain H. Woodhouse, 2006, 『Introduction to Microwave Remote Sensing』, CRC PRESS Taylor & Francis.
- Jurgen R. Meyer–Arendt, 1989, 『INTRODUCTION TO CLASSICAL & MODERN OPTICS』, Third Edition, PRENTICE HALL.
- Karl–Heinz Szekielda, 1988, 『Satellite Monitoring of the Earth』, John Wiley & Sons.
- Stanley Q. Kidder and Thomas H. Vonder Haar, 1995, 『Satellite Meteorology: An Introduction』, Academic Press.

2장 태양의 위치

- 郭宗欽 · 蘇鮮燮, 1987, 『一般氣象學』, 再版, 教文社.
- 이와나미 요조, 2019, 『광합성의 세계: 지구상의 생명을 지탱하는 비밀』, 심상철 옮김, 개정 1쇄, 전파과학사.
- F. Praticò, M. Giunta, C. Marino, A. Attiná, 2012, "Pavement albedo and sustainability: an experimental investigation", 7th International Conference on Maintenance and Rehabilitation of Pavement and Technological Control, Auckland New Zealand, (PDF) Pavement albedo and sustainability: An experimental investigation (researchgate.net)[접근: 2021.11.21.].
- GAYLON S. CAMPBELL and GEORGE R. DIAK, 2005, "4 Net and Thermal Radiation Estimation and Measurement", 『Micrometeorology in

Agricultural Systems』, J.L. Hatfield, J.M. Baker, and Marian K. Viney, Editors, AGRONOMY MONOGRAPH NO. 47, pp. 59–92.

- JAY M. HAM, 2005, "23 Useful Equations and Tables in Micrometeorology", 『Micrometerology in Agricultural Systems』, Editors: J.L. Hatfield, J.M. Baker and Marian K. Viney, AGRONOMY MONOGRAPH NO. 47, pp. 533–560.
- Jeff Dozier and Alan H. Strahler, 1983, "Ground Investigations in Support of Remote Sensing", 『Manual of Remote Sensing』, Second Edition, Volume 1, American Society of Photogrammetry, pp. 959–986.
- JOHN M. WALLACE · PETER V. HOBBS, 2006, 『ATMOSPHERIC SCIENCE: AN INTRODUCTORY SURVEY』, SECOND EDITION, ACADEMIC PRESS.
- K. YA. KONDRATYEV, 1969, 『RADIATION IN THE ATMOSPHERE』, ACADEMIC PRESS.
- Robert W. Christopherson, 2012, 『Geosystems』, Eighth Edition, Prentice Hall.
- Robert W. Christopherson, 2012, 『Geosystems: 지오시스템』, 윤순옥 등 옮김, 제8판, Σ 시그마프레스.
- Soteris A. Kalogirou, 2013, 『Solar Energy Engineering: Processes and Systems』2nd Edition. Academic Press, https://books.google.co.kr/books?id=wYRqAAAAQBAJ&pg=PA59...[접근: 2018.06.08.] p.52 및 59.
- United States Naval Observatory. Nautical Almanac Office. (19801991). 『Almanac for computers』. Washington, D.C.: Nautical Almanac Office, United States Naval Observatory.(『Almanac for computers』, https://catalog.hathitrust.org/Record/004046426[접근: 2021.05.12.]: 구체적으로 설명하면, Viewability의

Item Link: 'Full view −984−87 (Original Source) University of California'를 클릭하여 나오는 페이지(『Almanac for Computers 1984』)에서 Search in this text에 'sun rise zenith'를 입력하여 나오는 B−6 페이지).

태양 위치 관련 사이트

- 한국천문연구원 천문우주지식정보(KASI), '생활천문관' , https://astro.kasi.re.kr:444/life/pageView/39.
- NOAA(National Oceanic & Atmospheric Administration) ESRL(Earth System Research Laboratory), 'Solar Position Calculator', https://www.esrl.noaa.gov/gmd/grad/solcalc/azel.html, 및 'NOAA Solar Calculator', https://www.esrl.noaa.gov/gmd/grad/solcalc/, 'Solar Calculation Details', https://www.esrl.noaa.gov/gmd/grad/solcalc/calcdetails.html.

3장 복사에너지 표기

- 고야마 게이타, 2018, 『빛으로 말하는 현대물리학: 광속도 C의 수수께끼를 추적』, 손영수 옮김, 중쇄, 전파과학사.
- 고토 나오히사, 2018, 『전자기파란 무엇인가: 보이지 않는 파동을 보기 위하여』, 손영수 · 주창복 옮김, 개정 1쇄, 전파과학사.
- 김금무, 2014, 『공업열역학』, 海印出版社.

- 산업통상자원부 국가기술표준원, 2014, 『재미있는 단위이야기』, Jinhan M&B.
- 조규전, Dr.-Ing.mult. Gottfried Konecny, 2005, 『공간정보공학 Geoinformation Photogrammetry, RS & GIS』, 良書閣.
- 村井 俊治, 2005, 『空間情報工學』, 大韓測量協會.
- Barbara G. Grant, 2011, 『Field Guide to Radiometry』, John E. Greivenkamp, Series Editor, SPIE Field Guides Volume FG23, SPIE PRESS.
- EUGENE HECHT, 2021, 『광학』, 조재흥 · 김규욱 · 황인각 옮김, 제5판2쇄, 자유아카데미.
- Gary E. Thomas and Knut Stamnes, 2002, 『Radiative Transfer in the Atmosphere and Ocean』, CAMBRIDGE UNIVERSITY PRESS.
- Gaylon S. Campbell and John M. Norman, 1998, 『An Introduction to Environmental Biophysics』, Second Edition, Springer.
- Gwynn H. Suits, 1983, "The Nature of Electromagnetic Radiation", 『Manual of Remote Sensing』Second Edition, Volume1, American Society of Photogrammetry, pp. 37-60.
- John R. Jensen, 2016, 『Introductory Digital Image Processing: A Remote Sensing Perspective』, 4th Edition, Pearson.
- H.R.N. Jones, 2007(2000), 『Radiation Heat Transfer』, Reprinted, OXFORD UNIVERSITY PRESS.
- MICHAEL F. MODEST · SANDIP MAZUMDER, 2022, 『RADIATIVE HEAT TRANSFER』, Fourth Edition, ACADEMIC PRESS.

- Philip N. Slater, 1992, “Optical Remote Sensing Systems”, Arthur P. Cracknell(ed), 『Space Oceanography』, World Scientific, pp. 13–34.
- Robert A. Schowengerdt, 2007, 『Remote Sensing: Models and Methods for Image Processing』, Third Edition, Academic Press.
- S. Chandrasekhar, 1960, 『Radiative Transfer』, DOVER PUBLICATIONS, INC.
- Stanley Q. Kidder and Thomas H. Vonder Haar, 1995, 『Satellite Meteorology: An Introduction』, Academic Press.
- W.A. Gray and R. Müller, 1974, 『Engineering Calculations in Radiative Heat Transfer』, Pergamon.

4장 전자기복사와 물질

- 가토리 히데토시 香取秀俊 등 협력, 2018, 『Newton HIGHLIGHT 104 자연현상과 우리 주변의 사례부터 최신 과학 기술까지 빛과 색의 사이언스』, 번역 : 강금희, 이세영, 초판2쇄, ㈜아이뉴턴.
- 고야마 게이타, 2018, 『빛으로 말하는 현대물리학: 광속도 C의 수수께끼를 추적』, 손영수 옮김, 중쇄, 전파과학사.
- 고토 나오히사, 2018, 『전자기파란 무엇인가: 보이지 않는 파동을 보기 위하여』, 손영수 · 주창복 옮김, 개정 1쇄, 전파과학사.
- 고토 나오히사, 2019, 『안테나의 과학: 전파의 드나듦을 추적한다』, 손영수 · 주창복 옮김, 개정 1쇄, 전파과학사.
- 김기융, 2018, 『공기의 탐구』, 전파과학사.
- 김응남, 2012, 『원격탐사입문』, 에듀컨텐츠 · 휴피아.

- 김덕진, 김진우, 최병헌, 강기묵, 김승희, 2012, 『지구온난화에 따른 빙하 변화 모니터링 기술 개발』, 기상청, 과제번호 RACS 2010-1008 [보고서]지구온난화에 따른 빙하 변화 모니터링 기술 개발 (kisti.re.kr)[접근: 2022.05.01.].
- 나카무라 겐타로 中村健太郎 등 집필 · 협력, 2020, 『Newton HIGHLIGHT 35 소리, 빛, 전파, X선, 지진파…의 근본원리 파동의 사이언스』, 번역 : 강금희, 초판8쇄, ㈜아이뉴턴.
- 나카츠카 고키, 노자키 히로시, 2020, 『만화로 쉽게 배우는 전파와 레이더』, 그림 유니버셜 러블리싱, 감역 이중호, 역자 김선숙, 개정증보 1판 1쇄, 성안당.
- 닛타 히데오(新田 英雄), 2021, 『만화로 쉽게 배우는 물리[빛 · 소리 · 파동]』, 그림 후카모리 아키, 감역 김선배, 역자 김진미, 초판2쇄, 성안당.
- 도쿠마루 시노부, 2013, 『알기 쉬운 전파기술 입문: 전파기술에의 길잡이』 중판, 박정기 · 손영수 옮김, 電波科學社.
- 박영수, 2019, 『색채의 상징, 색채의 심리』, 초판17쇄, 살림.
- 엄진아 · 고보균 · 박성재 · 선승대 · 이창욱, 2019, "백운석 및 방해석의 분광특성 분석 연구: 강원도 강릉시 옥계면 지역", 『대한원격탐사학회지』, v.35 no.6/1, pp. 1261-1271 [논문]백운석 및 방해석의 분광특성 분석 연구: 강원도 강릉시 옥계면 지역 (kisti.re.kr)[접근: 2022.04.29.].
- 에마 가즈히로 江馬一弘 감수, 2019, 『Newton HIGHLIGHT 21 빛이란 무엇인가? 주변의 현상에서 최첨단 연구까지』, 번역: 강금희, 초판 7쇄, ㈜아이뉴턴.
- 윤일희 편역, 2004, 『현대 기후학』, ⊠시크마프레스㈜.

- 오노 슈, 2018, 에너지로 말하는 현대물리학: 영구기관에서 현대우주론까지, 편집부 옮김, 재판, 電波科學社.
- 이민부, 한주엽, 장의선, 2002, "대도시 생활지역의 환경교육 사례 연구", 『한국지리환경교육학회지』, vol.10, No.1, pp. 65–75.
- 이와나미 요조, 2019, 『광합성의 세계: 지구상의 생명을 지탱하는 비밀』, 심상철 옮김, 개정 1쇄, 전파과학사.
- 조규전, Dr.-Ing.mult. Gottfried Konecny, 2005, 『공간정보공학 Geoinformation Photogrammetry, RS & GIS』, 良書閣.
- 조민조 · 강필종 · 이봉주, 1992, "변성암의 분광특성", 『대한원격탐사학회지』 v.8 no.1, pp. 1–13. [논문]변성암의 분광특성 (kisti.re.kr)[접근: 2022.04.30.].
- 한국사 사료 연구소, 1996, 『標點 校勘本 三國史記』上 下, 한글과컴퓨터 PRESS.
- 한유경, 김태헌, 한수희, 송정헌, 2017, "KOMPSAT 광학영상을 이용한 광범위지역의 도시개발 변화탐지", 『대한원격탐사학회지』, v.33 no.6 pt.2, pp. 1223–1232, [논문]KOMPSAT 광학영상을 이용한 광범위지역의 도시개발 변화탐지 (kisti.re.kr)[접근: 2022.04.29.].
- 히로세 타치시게 · 호소다 마사타카, 2019, 『진공이란 무엇인가: 실은 텅 빈 상태가 아니었다』, 문창범 옮김, 개정 1쇄, 전파과학사.
- 谷腰欣司, 2004, 『레이저의 이야기』, 강성조 역, 1판 2쇄 圖書出版 世和.
- 郭宗欽 · 蘇鮮燮, 1987, 『一般氣象學』, 再版, 敎文社.
- 大內和夫, 2010, 『리모트센싱을 위한 합성개구레이더의 기초』, 양찬수, 정혜선 옮김, 다솜출판사.

- 柴田清孝, 2002, 『대기광학과 복사학』김영섭 · 김경익 역, 시그마프레스/朝倉書店.

- Aarne Hovi, Eva Lindberg, Mait Lang, Tauri Arumäe, Jussi Peuhkurinen, Sanna Sirparanta, Sergey Pyankov, Miina Rautiainen, 2019, "Seasonal dynamics of albedo across European boreal forests: Analysis of MODIS albedo and structural metrics from airborne LiDAR", 『Remote Sensing of Environment』, Volume 224, pp. 365–381, https://doi.org/10.1016/j.rse.2019.02.001.(https://www.sciencedirect.com/science/article/pii/S0034425719300483) [접근: 2021.10.27.].

- A. F. H. GOETZ, 1992, "IMAGING SPECTROMETRY FOR EARTH REMOTE SENSING", Edited by F. Toselli and J. Bodechtel, 『Imaging Spectroscopy Fundamentals and Prospective Applications』, KLUWER ACADEMIC PUBLISHERS. pp. 1–19.

- Alexander F. H. Goetz, 1989, "Spectral Remote Sensing in Geology", Edited by Ghassem Asrar, 『Theory and Applications of Optical Remote Sensing』, Wiley Interscience, pp. 491–526.

- Alexander F. H. Goetz, Gregg Vane, Jerry E. Solomon, Barrett N. Rock, 1985, "Imaging Spectrometry for Earth Remote Sensing", 『SCIENCE』 Volume 228, Number 4704, pp. 1147–1153 (PDF) Imaging Spectrometry for Earth Remote Sensing (researchgate.net)[접근: 2022.05.04.].

- Alexey N. Bashkatov and Elina A. Genina, 2003, "Water refractive index in dependence on temperature and wavelength: A simple approximation" Proceedings of SPIE – The International Society for Optical Engineering · October 2003, pp. 393–395. (PDF) Water refractive index in dependence on temperature and wavelength: A simple approximation (researchgate.net)[재접근: 2021.10.13.].

- Bruce Hapke, 2005, 『Theory of Reflectance and Emittance Spectroscopy』, Cambridge University Press.

- C. J. Legleiter, M. Tedesco, L. C. Smith, A. E. Behar, and B. T. Overstreet, 2014, "Mapping the bathymetry of supraglacial lakes and streams on the Greenland ice sheet using field measurements and high-resolution satellite images", 『The Cryosphere』, pp. 8, 215-228, https://doi.org/10.5194/tc-8-215-2014, (PDF) Mapping the bathymetry of supraglacial lakes and streams on the Greenland Ice Sheet using field measurements and high resolution satellite images (researchgate.net)[접근: 2021.10.13].

- Carl J. Legleiter, Dar A. Roberts, W. Andrew Marcus, and Mark A. Fonstad, 2004, "Passive optical remote sensing of river channel morphology and in-stream habitat: Physical basis and feasibility", 『Remote Sensing of Environment』 93 (2004) pp. 493-510.

- Carl J. Legleiter and Ryan L. Fosness, 2019, "Defining the Limits of Spectrally Based Bathymetric Mapping on a Large River", 『remote sensing』, 2019, 11(6), 665; https://doi.org/10.3390/rs11060665 [접근: 2021.10.13.].

- Christopher D. Elvidge, 1990, "Visible and near infrared reflectance characteristics of dry plant materials", International Journal of Remote Sensing, Vol. 11, Issue 10, pp. 1775-1795 https://doi.org/10.1080/01431169008955129 .

- C. P. Lo, 1991, 『Applied Remote Sensing』, Reprint, Longman Scientific & Technical.

- Craig F. Bohren and Eugene E. Clothiaux, 2006, 『Fundamentals of Atmospheric Radiation: An Introduction with 400 Problems』, WILEY-VCH.

- David J. Segelstein, 1981, 『THE COMPLEX REFRACTIVE INDEX

OF WATER』, thesis, https://mospace.umsystem.edu/xmlui/bitstream/handle/10355/11599/SegelsteinComRefInd.pdf?sequence=4; ACDSee ProPrint Job (umsystem.edu) [접근: 2021.10.13.].

- Donald W. Deering, 1989, "Field Measurements of Bidirectional Reflectance" Edited by Ghassem Asrar (editor), 『Theory and Applications of Optical Remote Sensing』 Wiley Interscience, pp. 14–65.

- E. Raymond Hunt Jr., Susan L. Ustin, and David Riaño, May 2015, "Remote Sensing of Leaf, Canopy, and Vegetation Water Contents for Satellite Environmental Data Records" J.J. Qu et al. (eds.), 『Satellite–based Applications on Climate Change』, pp. 335–357, DOI 10.1007/978-94-007-5872-8_20, # Springer (outside the USA) 2013 https://www.researchgate.net/publication/281687850_Remote_Sensing_of_Leaf_Canopy_and_Vegetation_Water_Contents_for_Satellite_Environmental_Data_Records [접근: 2019.10.31.]).

- Earle K. Plyler, Alfred Danti, L. R. Blaine, and E. D. Tidwell, 1960, "Vibration–Rotation Structure in Absorption Bands for the Calibration of Spectrometers From 2 to 16 Microns", JOURNAL OF RESEARCH of the National Bureau of Standards – A. Physics and Chemistry, Vol. 64, No. 1, pp. 29–48. https://nvlpubs.nist.gov/nistpubs/jres/64A/jresv64An1p29_A1b.pdf [접근: 2019.11.05.].

- Earle K. Plyler, Eugene D. Tidwell, and Arthur G. Maki, 1964, "Infrared Absorption Spectrum of Nitrous Oxide (N_2O) From 1830cm^{-1} to 2270cm^{-1}", 『JOURNAL OF RESEARCH of the National Bureau of Standards–A. Physics and Chemistry』, Vol. 68A, No. 1, pp. 79–86. https://nvlpubs.nist.gov/nistpubs/jres/68A/jresv68An1p79_A1b.pdf [접근: 2019.11.05.].

- Earle K. Plyler, Lamdin R. Blaine, and Eugene D. Tidwell, 1955, "Infrared Absorption and Emission Spectra of Carbon Monoxide in the Region from 4 to 6 Microns", 『Journal of Research of the National Bureau of Standards』 Vol. 55, No. 4. 183-189. file:///C:/Users/JY/Desktop/UNTdigitalLib/jresv55n4p183_A1b.pdf [접근: 2019.11.05.].
- EBS 다큐프라임 〈빛의 물리학〉 제작팀, 2014, 『빛의 물리학: Physics of the Light』, 해나무.
- Erwin Schanda, 1986, 『Physical Fundamentals of Remote Sensing』, Springer-Verlag.
- EUGENE HECHT, 2021, 『광학』, 조재흥 · 김규욱 · 황인각 옮김, 제5판2쇄, 자유아카데미.
- Evelien Rost, Christoph Hecker, Martin C. Schodlok and Freek D. van der Meer, 2018, "Rock Sample Surface Preparation Influences Thermal Infrared Spectra", 『minerals』 2018, 8(11), 475; https://doi.org/10.3390/min8110475 [접근: 2018.10.08.].
- F.E. Nicodemus, J.C. Richmond, I.W. Ginsberg, and T. Limperis, 1977, Geometrical Considerations and Nomenclature for Reflectance, National Bureau of Standards, http://graphics.stanford.edu/courses/cs448-05-winter/papers/nicodemus-brdf-nist.pdf (『Wikipedia』, 'Bi-hemispherical reflectance', https://en.wikipedia.org/wiki/Bi-hemispherical_reflectance의 References에서 다운로드 [접근: 2019.10.01.]).
- F. Praticò, M. Giunta, C. Marino, A. Attiná, 2012, "Pavement albedo and sustainability: an experimental investigation", 7th International Conference on Maintenance and Rehabilitation of Pavement and Technological Control, Auckland

New Zealand, (PDF) Pavement albedo and sustainability: An experimental investigation (researchgate.net)[접근: 2021.11.21.].

- Freek D. VAN DER MEER, 2006, "CHAPTER 1 BASIC PHYSICS OF SPECTROMETRY", edited by FREEK D. VAN DER MEER and STEVEN M. DE JONG, 『Imaging Spectrometry: Basic Principles and Prospective Applications』, Springer.
- Gary E. Thomas and Knut Stamnes, 2002, 『Radiative Transfer in the Atmosphere and Ocean』, CAMBRIDGE UNIVERSITY PRESS.
- GAYLON S. CAMPBELL and GEORGE R. DIAK, 2005, "4 Net and Thermal Radiation Estimation and Measurement", 『Micrometeorology in Agricultural Systems』, J.L. Hatfield, J.M. Baker, and Marian K. Viney, Editors, AGRONOMY MONOGRAPH NO. 47, pp. 59-92.
- Gaylon S. Campbell and John M. Norman, 1998, 『An Introduction to Environmental Biophysics』, SECOND EDITION, Springer.
- GEORGE L. PICKARD, 1979, 『Descriptive Physical Oceanography: an Introduction』, THIRD EDITION(in SI units), Pergamon Press.
- Gordon Bonan, 2019, 『Climate Change and Terrestrial Ecosystem Modeling』, Cambridge University Press.
- GRAHAM R. HUNT, 1977, "Spectral Signatures of Particulate Minerals in the Visible and Near Infrared", 『GEOPHYSICS』, Vol. 42. No. 2 (APRIL 1977); pp. 501-513.
- Hamlyn G. Jones & Robin A. Vaughan, 2010, 『remote sensing of vegetation: PRINCIPLES, TECHNIQUES, AND APPLICATIONS』, OXFORD.

- Hao Zhang and Kenneth J. Voss, 2008, “8 Bi–directional reflectance measurements of closely packed natural and prepared particulate surfaces”, (PDF) Bi–directional reflectance measurements of closely packed natural and prepared particulate surfaces (researchgate.net) [접근: 2021.6.5.].
- Herman Melville, 2014(1851), 『MOBY–DICK』, DOVER PUBLICATIONS, INC.
- H.R.N. Jones, 2007, 『Radiation Heat Transfer』, Reprinted, OXFORD UNIVERSITY PRESS.
- I. Nimeroff, 1968, 『Colorimetry』, National Bureau of Standards Monograph 104, https://www.govinfo.gov/content/pkg/GOVPUB–C13–0919f9e45b711631a1cfaab29c819b36/pdf/GOVPUB–C13–0919f9e45b711631a1cfaab29c819b36.pdf[접근: 2019.11.05.].
- Iain H. Woodhouse, 2006, 『Introduction to Microwave Remote Sensing』, CRC Press.
- JAMES A. SMITH, 1983, “CHAPTER 3 Matter–Energy Interaction in the Optical Region”, 『MANUAL OF REMOTE SENSING』, Second Edition Volume 1, American Society of Photogrammetry, pp. 61–113.
- James R. Irons, Richard A. Weismiller, Gary W. Petersen, 1989, “3 Soil Reflectance”, Edited by Ghassem Asrar, 『Theory and Applications of Optical Remote Sensing』Wiley Interscience, pp. 66–106.
- JAY M. HAM, 2005, “23 Useful Equations and Tables in Micrometeorology”, 『Micrometerology in Agricultural Systems』, Editors: J.L. Hatfield, J.M. Baker and Marian K. Viney, AGRONOMY MONOGRAPH NO. 47, pp. 533–560.

- Jeff Dozier and Alan H. Strahler, 1983, "Ground Investigation in Support of Remote Sensing", in Robert N. Colwell(Editor-in-Chief), 『Manual of Remote Sensing』, American Society of Photogrammetry, pp. 959-986.
- Jeff Dozier, Robert O. Green, Anne W. Nolin, Thomas H. Painter, 2009, "Interpretation of snow properties from imaging spectrometry", 『Remote Sensing of Environment』, 113, S25-S37. Interpretation of snow properties from imaging spectrometry (patarnott.com)[접근: 2021.10.27.].
- Jim Coakley and Ping Yang, 2014, Atmospheric Radiation: A Primer with Illustrative Solutions, Wiley-VCH.
- John C. Price, 1989, "Quantitative Aspects of Remote Sensing in the Thermal Infrared", Edited by Ghassem Asrar, 『Theory and Applications of Optical Remote Sensing』, Wiley Interscience, pp. 578-603.
- JOHN M. WALLACE · PETER V. HOBBS, 2006, 『ATMOSPHERIC SCIENCE: AN INTRODUCTORY SURVEY』, SECOND EDITION, ACADEMIC PRESS.
- John R. Jensen, 2016, 『원격탐사와 디지털 영상처리』, 임정호 등 옮김, 제4판, 스그마프레스.
- Jurgen R. Meyer-Arendt, 1989, 『INTRODUCTION TO CLASSICAL AND MODERN OPTICS』, Third Edition, PRENTICE HALL.
- Karl-Heinz Szekielda, 1988, 『Satellite Monitoring of the Earth』, John Wiley & Sons.
- K. N. LIOU, 2002, 『An Introduction to Atmospheric Radiation』, SECOND EDITION, ACADEMIC PRESS.

- K. YA. KONDRATYEV, 1969, 『RADIATION IN THE ATMOSPHERE』, ACADEMIC PRESS.
- Manfred Wendisch and Ping Yang, 2012, 『Theory of Atmospheric Radiative Transfer: A Comprehensive Introduction』, WILEY-VCH.
- Marvin R. Querry, 1983, 『OPTICAL PROPERTIES OF NATURAL MINERALS AND OTHER MATERIALS IN THE 350-50,000 CM-1 SPECTRAL REGION』, https://apps.dtic.mil/sti/pdfs/ADA133530.pdf, ADA133530.pdf (dtic.mil)[접근: 2021.10.13.].
- Matthias Wocher, Katja Berger, Martin Danner, Wolfram Mauser and Tobias Hank, 2018, "Physically-Based Retrieval of Canopy Equivalent Water Thickness Using Hyperspectral Data", 『remote sensing』10, 1924; doi:10.3390/rs10121924 https://doi.org/10.3390/rs10121924 [접근: 2021.10.12.].
- Max Born and Emil Wolf, 1980, 『Principles of Optics』, 6th ed., Pergamon Press, https://www.iaa.csic.es/~dani/ebooks/Optics/Principles%20of%20Optics%20-%20M.Born,%20E.%20Wolf.pdf [접근: 2020.09.28.]; cdn.preterhuman.net/texts/science_and_technology/physics/Optics/Principles of Optics - M.Born, E. Wolf.pdf[접근: 2022.03.05.].
- Max Born and Emil Wolf, 1964, 『Principles of Optics』, SECOND (REVISED EDITION), THE MACMILLAN COMPANY.
- Melissa D. Lane and Philip R. Christensen, 1998, "Thermal Infrared Emission Spectroscopy of Salt Minerals Predicted for Mars", 『ICARUS』 pp. 135, 528-536, (PDF) Thermal Infrared Emission Spectroscopy of Salt Minerals Predicted for Mars (researchgate.net)[접근: 2021.10.26.]
- Melissa Dawn Lane, 1997, 『THERMAL EMISSION SPECTROSCOPY OF

CARBONATES AND EVAPORITES: EXPERIMENTAL, THEORETICAL, AND FIELD STUDIES』, a dissertation, Arizona State University, Thermal emission spectroscopy of carbonates and evaporites: Experimental, theoretical, and field studies – ProQuest[접근: 2021.10.27.].

- MICHAEL F. MODEST · SANDIP MAZUMDER, 2022, 『RADIATIVE HEAT TRANSFER』, Fourth Edition, ACADEMIC PRESS.
- Moustafa T. Chahine, Daniel J. McCleese, Philip W. Rosenkranz and David H. Staelin, 1983, "CHAPTER 5 Interaction Mechanisms within the Atmosphere", 『MANUAL OF REMOTE SENSING』, Second Edition, Volume I, American Society of Photogrammetry, pp. 165–230.
- M. U. F. Kirschbaum, D. Whitehead, S. M. Dean, P. N. Beets, J. D. Shepherd, and A. –G. E. Ausseil, 2011, "Implications of albedo changes following afforestation on the benefits of forests as carbon sinks", Biogeoscience, pp. 8, 3687–3696. (PDF) Implications of albedo changes following afforestation on the benefits of forests as carbon sinks (researchgate.net) [접근: 2021.10.27.].
- Nathalie Pettorelli, 2013, 『The Normalized Difference Vegetation Index』, Oxford University Press.
- Nieves Pasqualotto, Jesùs Delegido, Shari Van Wittenberghe, Jochem Verrelst, Juan Pablo Rivera, José Moreno, 2018, "Retrieval of canopy water content of different crop types with two new hyperspectral indices: Water Absorption Area Index and Depth Water Index", 『Int J Appl Earth Obs Geoinformation』 67 69–78. Retrieval of canopy water content of different crop types with two new hyperspectral indices_ Water Absorption Area Index and Depth Water Index (uv.es)[접근: 2021.10.12.].

- O. Rozenbaum, D. De Sousa Meneses, Y. Auger, S. Chermanne, and P. Echegut, 1999, "A spectroscopic method to measure the spectral emissivity of semi-transparent materials up to high temperature", 『REVIEW OF SCIENTIFIC INSTRUMENTS』, VOLUME 70, NUMBER 10, https://www.researchgate.net/profile/Domingos-Meneses/publication/229090938_A_Spectroscopic_Method_to_Measure_the_Spectral_Emissivity_of_Semi-Transparent_Materials_Up_to_High_Temperature/links/0a85e53733d7318743000000/A-Spectroscopic-Method-to-Measure-the-Spectral-Emissivity-of-Semi-Transparent-Materials-Up-to-High-Temperature.pdf(researchgate.net) [접근: 2021.10.27.].

- Raymond C. Smith and Karen S. Baker, 1981, "Optical properties of the clearest natural waters (200-800nm)", 『Applied Optics』, Vol. 20, No. 2, pp. 177-184. (PDF) Optical properties of the clearest natural waters (200-800 nm) (researchgate.net)[접근: 2021.10.13.].

- Richard C. Nelson, Earle K. Plyler, and Williams S. Benedict, 1948, "Absorption Spectra of Methane in the Near Infrared", 『Part of the Journal of Research of the National Bureau of Standards』, Research Paper RP1944, pp. 615-621. https://nvlpubs.nist.gov/nistpubs/jres/041/jresv41n6p615_A1b.pdf [접근: 2019.11.05.].

- Robert K. Vincent, 1997, 『Fundamentals of Geological and Environmental Remote Sensing』, Prentice Hall.

- Roger N. Clark, 1981, "Water frost and ice: The near-infrared spectral reflectance 0.65-2.5 μm" Journal of Geophysical Research: Solid Earth, Vol. 86, Issue B4, pp. 3087-3096, https://doi.org/10.1029/JB086iB04p03087.

- RUDOLF PENNDORF, 1956, LUMINOUS AND SPECTRAL REFLECTANCE AS WELL AS COLORS OF NATURAL OBJECTS(ALBEDO AND COLOR OF TERRAIN FEATURES), GEOPHYSICAL RESEARCH PAPERS NO. 44. https://apps.dtic.mil/dtic/tr/fulltext/u2/098766.pdf [접근: 2019.11.03.].
- Sabine CHABRILLAT, Alexander F.H. GOETZ, Harold W. OLSEN & Lisa KROSLEY, 2006, "CHAPTER 4 FIELD AND IMAGING SPECTROMETRY FOR IDENTIFICATION AND MAPPING OF EXPANSIVE SOILS", 『Imaging Spectrometry: Basic Principles and Prospective Applications』 Edited by Freek D. van der Meer and Steven M. de Jong, Springer, pp. 87−109.
- Sanna Kaasalainen, Jouni Peltoniemi, Jyri Näränen, Juha Suomalainen, Mikko Kaasalainen, and Folke Stenman, 2005, "Small−angle goniometry for backscattering measurements in the broadband spectrum", 『Applied optics』 Vol. 44, No. 8, pp. 1485−1490. 10.1364/AO.44.001485. https://www.research.net/publication/7940222_Small−angle goniometry for backscattering measurements in the broadband spectrum 또는 (PDF) Small−angle goniometry for backscattering measurements in the broadband spectrum (researchgate.net) [접근: 2021.06.04].
- S. Chandrasekhar, 1960, 『Radiative Transfer』, DOVER PUBLICATIONS, INC.
- SIR ISAAC NEWTON, 2012(1952), 『OPTICKS OR A Treatise of the Reflections, Refractions, Inflections & Colours of Light』, BASED ON THE FOURTH EDITION LONDON, 1730, DOVER PUBLICATIONS, INC.
- Stanley Q. Kidder and Thomas H. Vonder Haar, 1995, 『Satellite Meteorology: An Introduction』, Academic Press.
- Stéphane Jacquemoud and Susan Ustin, 2019, 『Leaf Optical Properties』,

Cambridge University Press.

- STEVE KLASSEN AND BRUCE BUGBEE, 2005, “3 Shortwave Radiation”, 『Micrometeorology in Agricultural Systems』, J.L. Hatfield, J.M. Baker, Marian K. Viney Editors, AGRONOMY MONOGRAPH NO. 47, pp. 43–57.

- Steven R. Evett, John H. Prueger, Judy A. Tolk, 2011, “Water and Energy Balances in the Soil–Plant–Atmosphere Continuum”, Edited by Pan Ming Huang, Yuncong Li, Malcolm E. Sumner, 『Handbook of Soil Sciences: Properties and Processes』 2nd Edition. CRC Press. pp. 6–1 to 6–44. http://citeseerx.ist.psu.edu/viewdoc/download?doi=10.1.1.453.6445&rep=rep1&type=pdf [접근: 2019.11.06.].

- Steven R. Schill, John R. Jensen, George T. Raber, Dwayne E. Porter, 2004, “Temporal Modeling of Bidirectional Reflection Distribution Function (BRDF) in Coastal Vegetation”, GIScience and Remote Sensing, 41, No.2, pp. 116–135. https://www.researchgate.net/publication/270257396_Temporal Modeling of Bidirectional Reflection Distribution Function_BRDF in Coastal Vegetation 또는 (PDF) Temporal Modeling of Bidirectional Reflection Distribution Function (BRDF) in Coastal Vegetation (researchgate.net) [접근: 2021.6.4.].

- Ulrike Lohmann, George Tselioudis, and Chris Tyler, 2000, “Why is the cloud albedo – particle size relationship different in optically thick and optically thin clouds?”, 『GEOPHYSICAL RESEARCH LETTERS』, VOL. 27, NO. 8, pp. 1099–1102, GL10467W01.dvi (ethz.ch)[접근: 2021.10.27.].

- W.A. Gray and R. Müller, 1974, 『Engineering Calculations in Radiative Heat Transfer』, Pergamon

- W. S. Benedict and Earle K. Plyler, 1951, “Absorption Spectra of Water Vapor and Carbon Dioxide in the Region of 2.7 Microns", 『Journal of Research of the National Bureau of Standards』, vol.46, No. 3, Research Paper 2194, pp. 246–265. https://nvlpubs.nist.gov/nistpubs/jres/46/jresv46n3p246_A1b.pdf [접근: 2019.11.05.].

- Wenyi Zhong and Joanna D. Haigh, 2013, "The greenhouse effect and carbon dioxide", Weather, Vol. 68, No.4, pp. 100–105. https://rmets.onlinelibrary.wiley.com/doi/pdf/10.1002/wea.2072 [접근: 2019.11.05.].
- Y. D. Afanasyev, G. T. Andrews, and C. G. Deacon, 2011, "Measuring soap bubble thickness with color matching, 『American Journal of Physics』 79(10), 1079–1082; doi:10.1119/1.3596431.
- 『Environmental Optics Reader』, Spring 2007, 필립 데니슨 교수의 수업 부교재.

5장 전자기파와 대기

- 김금무, 2014, 『공업열역학』, 海印出版社.
- 김기융, 2018, 『공기의 탐구』, 전파과학사.
- 닛타 히데오(新田 英雄), 2021, 『만화로 쉽게 배우는 물리[빛 · 소리 · 파동]』, 그림 후카모리 아키, 감역 김선배, 역자 김진미, 초판2쇄, 성안당.
- 도쿠마루 시노부, 2013, 『알기 쉬운 전파기술 입문: 전파기술에의 길잡이』 중판, 박정기 · 손영수 옮김, 電波科學社.
- 로저 G. 배리 · 리처드 J. 초얼리, 2002, 『현대기후학』이민부 · 박병익 · 강철성 옮김, 한울아카데미.
- 박수민 · 손보경 · 임정호 · 이재세 · 이병두 · 권춘근, 2019, "산불발생위험

추정을 위한 위성기반 가뭄지수 개발", 『대한원격탐사학회지』 v.35 no.6/1, pp. 1285-1298 [논문]산불발생위험 추정을 위한 위성기반 가뭄지수 개발 (kisti.re.kr)[접근: 2022.04.29.].

- 백원경 · 김미리 · 한현경 · 정형섭 · 황의홍 · 이하성 · 선종선 · 장은철 · 이명진, 2019, "공간정보 기반의 국내 화산재 피해 분야와 아소산 화산재 모의 확산 시나리오를 활용한 화산재 누적 피해 분석", 『대한원격탐사학회지』 v.35 no.6/1, pp. 1221-1233 [논문]공간정보 기반의 국내 화산재 피해 분야와 아소산 화산재 모의 확산 시나리오를 활용한 화산재 누적 피해 분석 (kisti.re.kr)[접근: 2022.04.29.].
- 양지원 · 최원이 · 박준성 · 김대원 · 강형우 · 이한림, 2019, "주성분분석 방법을 이용한 TROPOMI로부터 이산화황 칼럼농도 산출 연구", 『대한원격탐사학회지』 v.35 no.6/1, pp. 1173-1185[논문]주성분분석방법을 이용한 TROPOMI로부터 이산화황 칼럼농도 산출 연구 (kisti.re.kr)[접근: 2022.04.29.].
- 오노 슈, 2018, 『에너지로 말하는 현대물리학: 영구기관에서 현대우주론까지』, 편집부 옮김, 재판, 電波科學社.
- 오성남, 2004, "대기복사모형을 이용한 위성영상의 대기보정에 관한 연구", 『한국기상학회보』, v.14 no.2, pp. 11-22 [논문]대기복사모형을 이용한 위성영상의 대기보정에 관한 연구 (kisti.re.kr)[접근: 2022.04.28.].
- 윤근원 · 박정호 · 채기주 · 박종현, 2003, "한반도지역 LANDSAT 위성영상의 기하보정 데이터 구축", 『한국지리정보학회』 6권 1호, pp. 98-106, [논문]한반도지역 LANDSAT 위성영상의 기하보정 데이터 구축 (kisti.re.kr)[접근: 2022.04.29.].
- 윤일희 편역, 2004, 『현대 기후학』, Σ시그마프레스㈜.

- 이광재, 김용승, 2005, 『다중분광 자료를 이용한 영상기반의 대기보정 연구』, 『항공우주기술』, v.4 no.1, pp. 211−220, [논문]다중분광 자료를 이용한 영상기반의 대기보정 연구 (kisti.re.kr) [접근: 2022.04.29.].

- 이권호 · 염종민, 2019, "인공위성 원격탐사를 이용한 대기보정 기술 고찰", 『대한원격탐사학회지』 v.35 no.6/1, pp. 1011−1030, [논문]인공위성 원격탐사를 이용한 대기보정 기술 고찰 (kisti.re.kr)[접근: 2022.04.29.].

- 이규성, 2019, "육상 원격탐사에서 광학영상의 대기보정", 『대한원격탐사학회지』, v.35 no.6/1, pp. 1299−1312 [논문]육상 원격탐사에서 광학영상의 대기보정 (kisti.re.kr)[접근: 2022.04.29.].

- 이상삼 등, 2017, 『지구대기감시 업무 매뉴얼(III) −대기복사, 성층권 오존 및 자외선−』, 국립기상과학원, '대기복사_오존_자외선 매뉴얼(20180209)', 구글에서 '지구대기감시 업무 매뉴얼'을 입력한 후 '지구대기감시 업무 매뉴얼(III)−국립기상과학원'을 클릭하면 pdf파일 다운로드[접근: 2021.05.10.].

- 이해영 등, 2017, 『지구대기감시 업무 매뉴얼(I) −온실가스 및 반응가스−』, 국립기상과학원, '온실반응가스_관측업무매뉴얼_취합본(20180208)', 구글에서 '지구대기감시 업무 매뉴얼'을 입력한 후 '지구대기감시 업무 매뉴얼(I)−국립기상과학원'을 클릭하면 pdf파일 다운로드[접근: 2021.05.10.].

- 조규전, Dr.−Ing.mult. Gottfried Konecny, 2005, 『공간정보공학 Geoinformation Photogrammetry, RS & GIS』, 良書閣.

- 하라다 토모히로, 2020, 『만화로 쉽게 배우는 열역학』, 그림 가와모토 리에, 제작 Universal Publishing, 역자 이도희, 초판6쇄, 성안당.

- 郭宗欽 · 蘇鮮燮, 1987, 『一般氣象學』, 再版, 教文社.

- 村井 俊治, 2005,『空間情報工學』, 大韓測量協會.

- Aaron van Donkelaar, Randall V. Martin, and Rokjin J. Park, 2006, "Estimating ground–level PM2.5 using aerosol optical depth determined from satellite remote sensing",『J. Geophys. Res.』, 111, D21201, doi:10.1029/2005JD006996. Estimating groundlevel PM2.5 using aerosol optical depth determined from satellite remote sensing (dal.ca)[접근: 2021.12.15.].

- A. F. H. GOETZ, 1992, "IMAGING SPECTROMETRY FOR EARTH REMOTE SENSING", Edited by F. Toselli and J. Bodechtel,『Imaging Spectroscopy Fundamentals and Prospective Applications』, KLUWER ACADEMIC PUBLISHERS, pp. 1–19.

- Alessia Nicosia, 2018,『Experimental investigation of heterogeneous nucleation of ice in remote locations』. (PDF) Experimental investigation of heterogeneous nucleation of ice in remote locations (researchgate.net)[접근: 2022.03.30.].

- Baptiste Jayet, 2015,『Acousto–optic and photoacoustic imaging of scattering media using wavefront adaptive holography techniques in NdYO4』thesis for PhD, (PDF) Acousto–optic and photoacoustic imaging of scattering media using wavefront adaptive holography techniques in NdYO4 (researchgate.net)[접근: 2021.10.17.].

- Craig F. Bohren and Eugene E. Clothiaux, 2006,『Fundamentals of Atmospheric Radiation: An Introduction with 400 Problems』, WILEY–VCH.

- David M. Gates, 1980,『Biophysical Ecology』, Dover Publications, Inc.

- D. Müller et al., 2010, "Mineral dust observed with AERONET Sun photometer, Raman lidar, and in situ instruments during SAMUM 2006: Shape–independent particle properties", Journal of Geophysical Research, Vol.

115, D07202, doi: 10.1029/2009JD012520, eprints.whiterose.ac.uk/76613/7/Muller2010_etal_JGR_with_coversheet.pdf [접근: 2021.05.10.].

- Donald W. Deering, 1989, "Field Measurements of Bidirectional Reflectance" Ghassem Asrar (editor), 『Theory and Applications of Optical Remote Sensing』 Wiley Interscience, pp. 14–65.

- D. P. Donovan et al, 2001, Cloud effective particle size and water content profile retrievals using combined lidar and radar observations 3. Comparison with IR radiometer and in situ measurements of ice clouds, JOURNAL OF GEOPHYSICAL RESEARCH, VOL. 106, NO. D21, 27, 449–27,464, (PDF) Cloud effective particle size and water content profile retrievals using combined lidar and radar observations, 2, Comparison with IR radiometer and in situ measurements of ice clouds (researchgate.net)[접근: 2021.11.08.].

- EUGENE HECHT, 2021, 『광학』, 조재흥 · 김규욱 · 황인각 옮김, 제5판2쇄, 자유아카데미.

- Fritz Kasten and Andrew T. Young, 1989, "Revised optical air mass tables and approximation formula", 『Applied Optics』 28(22), pp. 4735–4738 https://doi.org/10.1364/AO.28.004735[재접근: 2022.03.07.].

- Gary E. Thomas and Knut Stamnes, 2002, 『Radiative Transfer in the Atmosphere and Ocean』, CAMBRIDGE UNIVERSITY PRESS.

- G. L. Schuster, O. Dubovik, and A. Arola, 2016, "Remote sensing of soot carbon – Part 1: Distinguishing different absorbing aerosol species", 『Atmos. Chem. Phys.』, pp. 16, 1565–1585, https://doi.org/10.5194/acp-16-1565-2016, acp-16-1565-2016.pdf (copernicus.org)[접근: 2021.12.15.].

- G. L. Schuster, O. Dubovik, A. Arola, T. F. Eck, and B. N. Holben,

2016, Remote sensing of soot carbon – Part 2: Understanding the absorption Ångström exponent", 『Atmos. Chem. Phys.』 pp. 16, 1587–1602, https://doi.org/10.5194/acp-16-1587-2016, acp-16-1587-2016.pdf (copernicus.org) [접근: 2021.12.15.].

- Gyanesh Chander, Brian L. Markham, and Julia A. Barsi, 2007, "Revised Landsat-5 Thematic Mapper Radiometric Calibration", 『IEEE Geoscience and Remote Sensing Letters』, Vol. 4, No. 3, 490–494. https://landsat.usgs.gov/sites/default/files/documents/L5TM_postcal.pdf[접근: 2019.10.15.].
- H.C. van de Hulst, 1981, 『Light Scattering by Small Particles』, DOVER.
- Iain H. Woodhouse, 2006, 『Introduction to Microwave Remote Sensing』, CRC Press Taylor & Francis
- James, A. Smith, 1983, "Matter-Energy Interaction in the Optical Region", American Society of Photogrammetry, 『Manual of Remote Sensing』Second Edition, Volume I, pp. 61–113.
- JAY M. HAM, 2005, "23 Useful Equations and Tables in Micrometeorology", 『Micrometerology in Agricultural Systems』, Editors: J.L. Hatfield, J.M. Baker and Marian K. Viney, AGRONOMY MONOGRAPH NO. 47, pp. 533–560.
- Jeff Dozier and Alan H. Strahler, 1983, "Ground Investigations in Support of Remote Sensing", American Society of Photogrammetry, 『Manual of Remote Sensing』Second Edition, Volume I, pp. 959–986.
- Jim Coakley and Ping Yang, 2014, 『Atmospheric Radiation: A Primer with Illustrative Solutions』, Wiley_VCH.
- Jim Haywood, 2021, "CHAPTER 30 Atmospheric aerosols and their role in

climate change", 『Climate Change: Observed Impacts on Planet Earth』, THIRD EDITION, Edited by Trevor M. Letcher, ELSEVIER, pp. 645−659.

- JOHN M. WALLACE · PETER V. HOBBS, 2006, 『ATMOSPHERIC SCIENCE: AN INTRODUCTORY SURVEY』, SECOND EDITION, ACADEMIC PRESS.
- JOHN M. WALLACE and PETER V. HOBBS, 1977, 『ATMOSPHERIC SCIENCE: AN INTRODUCTORY SURVEY』, ACADEMIC PRESS.
- John R. Jensen, 2016, 『원격탐사와 디지털 영상처리』 임정호, 손홍규, 박선엽, 김덕진, 최재완, 이진영, 김창재 옮김, 시그마프레스.
- John R. Jensen, 2016, 『Introductory Digital Image Processing: A Remote Sensing Perspective』, 4th Edition, Pearson.
- Jurgen R. Meyer−Arendt, 1989, 『INTRODUCTION TO CLASSICAL & MODERN OPTICS』, Third Edition, PRENTICE HALL.
- Kali Charan Sahu, 2008, Textbook of Remote Sensing and Geographical Information Systems, ATLANTIC.
- K.N. LIOU, 2002, 『An Introduction to Atmospheric Radiation』, SECOND EDITION, ACADEMIC PRESS.
- K.S.W. Champion, A.E. Cole, and A.J. Kantor, 1985, "Chapter 14 Standard and Reference Atmospheres', Adolph S. Jursa(SCIENTIFIC EDITOR) 『Handbook of Geophysics and Space Environment』, AIRFORCE GEOPHYSICS LABORATORY (http://www.cnofs.org/Handbook_of_Geophysics_1985/pdf_menu.htm 의 http://www.cnofs.org/Handbook_of_Geophysics_1985/Chptr14.pdf [접근: 2019.10.31.]).

- L. ELTERMAN, 1968, 『UV, Visible, and IR Attenuation for Altitudes to 50 km, 1968』, ENVIRONMENTAL RESEARCH PAPERS, NO. 285. https://apps.dtic.mil/dtic/tr/fulltext/u2/671933.pdf [접근: 2019.11.03.].
- Manfred Wendisch and Ping Yang, 2012, 『Theory of Atmospheric Radiative Transfer: A Comprehensive Introduction』, WILEY-VCH.
- Moustafa T. Chahine, Daniel J. McCleese, Philip W. Rosenkranz and David H. Staelin, 1983, "Interaction Mechanisms within the Atmosphere", 『MANUAL OF REMOTE SENSING』, Second Edition, Volume I, American Society of Photogrammetry, pp. 165-230.
- Peng-Sheng Wei, Yin-Chih Hsieh, Hsuan-Han Chiu, Da-Lun Yen, Chieh Lee, Yi-Cheng Tsai, Te-Chuan Ting, 2018, "Absorption coefficient of carbon dioxide cross atmospheric troposphere layer", Heliyon, 4 (2018) e00785. doi: 10.1015/j.heliyon.2018.e00785.
- R.A. Minzner, K.S.W. Champion, H.L. Pond, 1959, 『The ARDC model atmosphere, 1959』, Air force surveys in geophysics No.115 https://apps.dtic.mil/dtic/tr/fulltext/u2/229482.pdf[접근: 2019.11.03.].
- R.A. McCLATCHEY, R.W. FENN, J.E.A. SELBY, F.E. VOLZ, J.S. GARING, 1972, 『Optical Properties of the Atmosphere (Third Edition)』, AIR FORCE CAMBRIDGE RESEARCH LABORATORIES, ENVIRONMENTAL RESEARCH PAPERS, NO. 411. https://apps.dtic.mil/dtic/tr/fulltext/u2/753075.pdf [접근: 2019.10.31.].
- R.A. McCLATCHEY, R.W. FENN, J.E.A. SELBY, F.E. VOLZ, J.S. GARING, 1971, 『Optical Properties of the Atmosphere (Revised)』, AIR FORCE CAMBRIDGE RESEARCH LABORATORIES, ENVIRONMENTAL

RESEARCH PAPERS, NO. 354 (https://apps.dtic.mil/dtic/tr/fulltext/u2/726116.pdf [접근: 2019.10.31.].

- R. E. Huffman, 1985, "Chapter 22 ATMOSPHERIC EMISSION AND ABSORPTION OF ULTRA VIOLET RADIATION", Adolph S. Jursa (SCIENTIFIC EDITOR), 『HANDBOOK OF GEOPHYSICS AND THE SPACE ENVIRONMENT』, AIR FORCE GEOPHYSICS LABORATORY (http://www.cnofs.org/Handbook_of_Geophysics_1985/pdf_menu.htm의 http://www.cnofs.org/Handbook_of_Geophysics_1985/Chptr22.pdf [접근: 2019.10.32.].
- Robert S. Allison, Joshua M. Johnston and Martin J. Wooster, 2021, "Sensors for Fire and Smoke Monitoring", 『Sensors』, 21, 5402. https://doi.org/10.3390/s21165402 https://www.mdpi.com/1424-8220/21/16/5402/pdf[접근: 2021.12.15].
- Robert W. Christopherson, 2012, 『Geosystems』, Eighth Edition, Prentice Hall.
- Ronald M. Welch, Stephen K. Cox and John M. Davis, 1980, "CHAPTER 5 The Effect of Cloud Geometry upon the Radiative Characteristics of Finite Clouds", by Ronald M. Welch, Stephen K. Cox and John M. Davis, 『SOLAR RADIATION AND CLOUDS』, METEOROLOGICAL MONOGRAPHS VOLUME 17 NUMBER 39, Published by the American Meteorological Society.
- S. Chandrasekhar, 1960, 『Radiative Transfer』, DOVER PUBLICATIONS, INC.
- Stanley Q. Kidder and Thomas H. Vonder Haar, 1995, 『Satellite Meteorology: AN INTRODUCTION』, Academic Press.
- STEVE KLASSEN AND BRUCE BUGBEE, 2005, "3 Shortwave Radiation", 『Micrometeorology in Agricultural Systems』, J.L. Hatfield, J.M. Baker, Marian K.

Viney Editors, AGRONOMY MONOGRAPH NO. 47, pp. 43–57.

- Steven R. Evett, John H. Prueger, Judy A. Tolk, 2011, "Water and Energy Balances in the Soil–Plant–Atmosphere Continuum", Edited by Pan Ming Huang, Yuncong Li, Malcolm E. Sumner, 『Handbook of Soil Sciences: Properties and Processes』 SECOND EDITION. CRC Press. p. 6–1 to 6–44. http://citeseerx.ist.psu.edu/viewdoc/download?doi=10.1.1.453.6445&rep=rep1&type=pdf [접근: 2019.11.06.].

- THOMAS M. LILLESAND and RALPH W. KIEFER, 1994, 『REMOTE SENSING AND IMAGE INTERPRETATION』, John Wiley & Sons, Inc.

- Yoram J. Kaufman, 1989, "The Atmospheric Effect on Remote Sensing and its Correction", Edited by Ghassem Asrar, 『Theory and Applications of Optical Remote Sensing』 Wiley Interscience, pp. 336–428.

6장 지표면 에너지수지

- 고 호라이 洪 鋒雷 등, 2019, 『Newton HIGHLIGHT 83 길이, 넓이, 부피, 무게, 시간, 열량 … 모든 단위와 중요 법칙 · 원리집』, 번역 강금희, 초판5쇄, ㈜아이뉴턴.

- 곽용석 · 김상현 · 김수진, 2013, "산림 사면에서 토양수분 실측 자료, 평형증발 및 에디–공분산방법을 이용한 토양증발비교", 『Journal of the Environmental Sciences』 22(1), pp.119–129 〈31332831322D31383228C0FAC0DABCF6C1A4BABB292DB0FBBFEBBCAE292E687770〉 (koreascience.kr)[접근: 2022.12.04.]

- 김금무, 2014, 『공업열역학』, 海印出版社.

- 김덕진, 김진우, 최병헌, 강기묵, 김승희, 2012, 『지구온난화에 따른 빙하 변화 모니터링 기술 개발』, 기상청, 과제번호 RACS 2010-1008 [보고서]지구온난화에 따른 빙하 변화 모니터링 기술 개발 (kisti.re.kr)[접근: 2022.05.01.].
- 김기중 · 안영수, 2017, "도시열섬 지역에 대한 정의 및 구분 방법론에 관한 비교연구", 『지역연구』 제33권 2호, pp. 47-59. [논문]도시열섬 지역에 대한 정의 및 구분 방법론에 관한 비교연구 (kisti.re.kr)[접근: 2022.04.30.].
- 김예슬 · 박노욱, 2019, "식생 모니터링을 위한 다중 위성영상의 시공간 융합 모델 비교", 『대한원격탐사학회지』 v.35 no.6/1, pp. 1209-1219 [논문]식생 모니터링을 위한 다중 위성영상의 시공간 융합 모델 비교 (kisti.re.kr)[접근: 2022.04.29.].
- 김현철 등, 2014, 『해색 원격탐사 데이터 처리 및 분석 모델 연구』, 한국해양과학기술원 부설 극지연구소, 한국과학기술정보연구원, K-14-SG-23-01R-1-C, BSPN14010-171-7, [보고서]해색 원격탐사 데이터 처리 및 분석 모델 연구 (kisti.re.kr)[접근: 2022.04.29.].
- 김현철 등, 2015, 『해색 원격탐사 빅데이터를 이용한 해양 환경 변화 연구(3년 최종보고서)』, 한국해양과학기술원 부설 극지연구소, 한국과학기술정보연구원, K-15-SG-33-01x-1-C, BSPG15010-066-6, [보고서]해색 원격탐사 빅데이터를 이용한 해양 환경 변화 연구 (kisti.re.kr)[접근: 2022.04.29.].
- 김현철 등, 2018, "한국의 극지 원격탐사", 『대한원격탐사학회지』, v.34 no.6 pt.2, pp. 1155-1163 [논문]한국의 극지 원격탐사 (kisti.re.kr)[접근: 2022.04.29.].
- 닛타 히데오(新田 英雄), 2021, 『만화로 쉽게 배우는 물리[빛 · 소리 · 파

동』』, 그림 후카모리 아키, 감역 김선배, 역자 김진미, 초판2쇄, 성안당.

- 도쿠마루 시노부, 2013, 『알기 쉬운 전파기술 입문: 전파기술에의 길잡이』 중판, 박정기 · 손영수 옮김, 電波科學社.
- 로저 G. 배리 · 리처드 J. 초얼리, 2002, 『현대기후학』, 이민부 · 박병익 · 강철성 옮김, 한울아카데미.
- 마종원, 우엔콩효, 이경도, 허준, 2016, "MODIS와 기상자료 기반 회선신경망 알고리즘을 이용한 남한 전역 쌀 생산량 추정", 『한국측량학회지』 v.34 no.5, pp. 525−534 [논문]MODIS와 기상자료 기반 회선신경망 알고리즘을 이용한 남한 전역 쌀 생산량 추정 (kisti.re.kr)[접근: 2022.04.29.].
- 마종원, 이경도, 최기영, 허준, 2017, "SSAE 알고리즘을 통한 2003−2016년 남한 전역 쌀 생산량 추정", 『대한원격탐사학회지』 v.33 no.5 pt.2, pp. 631−640 [논문]SSAE 알고리즘을 통한 2003−2016년 남한 전역 쌀 생산량 추정 (kisti.re.kr)[접근: 2022.04.29.].
- 모리야마 마사카즈 등, 2011, 『도시 열섬: 대책과 기술』, 김해동 · 한상주 옮김, 푸른길.
- 박경훈 · 정성관, 1999, "광역적 녹지계획 수립을 위한 도시열섬효과 분석", 『한국지리정보학회지』 2권3호, pp. 35−45. [논문]광역적 녹지계획 수립을 위한 도시열섬효과 분석 (kisti.re.kr)[접근: 2022.04.29.].
- 박녕희, 김동학, 안재윤, 최재완, 박완용, 박현춘, 2017, "토지피복지도 갱신을 위한 S2CVA 기반 무감독 변화탐지", 대한원격탐사학회지 v.33 no.6 pt.2, pp. 1075−1087 [논문]토지피복지도 갱신을 위한 S2CVA 기반 무감독 변화탐지 (kisti.re.kr)[접근: 2022.04.29.].
- 박민규 · 관근호 · 박노욱, 2019, 작물 분류를 위한 다중 규모 공간특징의

가중 결합 기반 합성곱 신경망 모델,『대한원격탐사학회지』v.35 no.6/1, pp. 1273−1283, [논문]작물 분류를 위한 다중 규모 공간특징의 가중 결합 기반 합성곱 신경망 모델 (kisti.re.kr)[접근: 2022.04.29.].

- 박숭환, 이규석, 정형섭, 2017, "KOMPSAT−3 영상을 활용한 도심지 그림자 영역의 탐지 및 보정 방법",『대한원격탐사학회지』, Vol.33, No. 6−3, pp. 1197−1213, [논문]KOMPSAT−3 영상을 활용한 도심지 그림자 영역의 탐지 및 보정 방법 (kisti.re.kr)[접근: 2022.04.29.].
- 오노 슈, 2018,『에너지로 말하는 현대물리학: 영구기관에서 현대우주론까지』, 편집부 옮김, 재판, 電波科學社.
- 양찬수, 오정환, 2011, "해양경찰청 위성활용 방안", 한국항해항만학회 2011년도 추계학술대회 2011 Nov.17, pp. 154−155. [논문]해양경찰청 위성활용 방안 (kisti.re.kr)[접근: 2022.04.29.].
- 유신재 · 정종철, 1999, "해양환경관측을 위한 원격탐사의 활용과 그 전망",『대한원격탐사학회지』v.15 no.3, pp. 277−288, [논문]해양환경관측을 위한 원격탐사의 활용과 그 전망 (kisti.re.kr)[접근: 2022.04.29.].
- 유주형 · 홍상훈 · 조영헌 · 김덕진, 2020, "한국의 연안원격탐사 활용",『대한원격탐사학회지』v.36 no.2/1, pp. 231−236, [논문]한국의 연안원격탐사 활용 (kisti.re.kr)[접근: 2022.04.29.].
- 유주형 · 이석 · 김덕진 · 황재동, 2018, "다중플랫폼을 이용한 해양영토 광역통합감시 시스템",『대한원격탐사학회지』v.34 no.2 pt.2, pp. 307−311 [논문]다중플랫폼을 이용한 해양영토 광역통합감시 시스템 (kisti.re.kr)[접근: 2022.04.29.].
- 윤홍주, 1999, "위성원격탐사와 지구과학−위성해양학",『대한원격탐사학회지』v.15 no.1, pp. 51−60. [논문]위성원격탐사와 지구과학 − 위성해양

학 (kisti.re.kr)[접근: 2022.04.29.].

- 이병환 · 김정희 · 박경환, 1999, “고해상도 단일 위성영상으로부터 건물높이값 추출”, 『한국GIS학회지』, Vol.7 No.1, pp. 89−101, [논문]고해상도 단일 위성영상으로부터 건물높이값 추출 (kisti.re.kr)[접근: 2022.04.29.].

- 이태윤 · 김태정 · 임영재, 2006, “단일 고해상도 위성영상으로부터 그림자를 이용한 3차원 건물정보 추출”, 『韓國地形空間情報學會誌』, 第14卷 第2號, pp. 3−13, [논문]단일 고해상도 위성영상으로부터 그림자를 이용한 3차원 건물정보 추출 (kisti.re.kr)[접근: 2022.04.29.].

- 정형섭 · 박상은 · 김진수 · 박노욱 · 홍상훈, 2019, “한국의 원격탐사 활용”, 『대한원격탐사학회지』, v.35 no.6/1, pp. 1161−1171. [논문]한국의 원격탐사 활용 (kisti.re.kr)[접근: 2022.04.29.].

- 제민희, 정승현, 2018, “토지이용 유형별 도시열섬강도 분석”, 『한국콘텐츠학회논문지』 v.18 no.11, pp. 1−12 [논문]토지이용 유형별 도시열섬강도 분석 (kisti.re.kr)[접근: 2022.04.30.].

- 하라다 토모히로, 2020, 『만화로 쉽게 배우는 열역학』, 그림 가와모토 리에, 제작 Universal Publishing, 역자 이도희, 초판6쇄, 성안당.

- 후쿠시마 하지메, 2017, 『물리학의 ABC:광학에서부터 특수상대론까지』, 손영수 옮김, 중쇄, 전파과학사.

- 히로세 타치시게 · 호소다 마사타카, 2019, 『진공이란 무엇인가: 실은 텅 빈 상태가 아니었다』, 문창범 옮김, 개정 1쇄, 전파과학사.

- 郭宗欽 · 蘇鮮燮, 1987, 『一般氣象學』, 再版, 教文社.

- Alexey Kaplan, Mark A. Cane, Yochanan Kushnir, Amy C. Clement, M. Benno Blumenthal, and Balaji Rajagopalan, 1998, “Analyses of global sea surface temperature 1856–1991", 『JOURNAL OF GEOPHYSICAL RESEARCH』, VOL. 103, NO. C9, 18,567–18,589, Analyses of global sea surface temperature 1856–1991 (odu.edu)[접근: 2022.06.29.].

- Arnold G. DEKKER & Vittorio E. BRANDO & Janet M. ANSTEE & Nicole PINNEL & Tiit KUTSER & Erin J. HOOGENBOOM & Steef PETERS & Reinold PASTERKAMP & Robert VOS & Carsten OLBERT & Tim J.M. MALTHUS, 2006, "CHAPTER 11 IMAGING SPECTROMETRY OF WATER", 『Imaging Spectrometry: Basic Principles and Prospective Applications』 Edited by Freek D. van der Meer and Steven M. de Jong, Springer, pp. 307–359.
- Boris K. Biskaborn et al., 2019, "Permafrost is warming at a global scale", 『Nat Commun』 10, 264. https://doi.org/10.1038/s41467-018-08240-4 Permafrost is warming at a global scale | Nature Communications[접근: 2021.10.28.].
- Brutsaert, W., 1975, "On a derivable formula for long-wave radiation from clear skies, Water Resour. Res., pp. 11, 742–744, https://doi.org/10.1029/WR011i005p00742.
- C. A. PAULSON, 1970, "The Mathematical Representation of Wind Speed and Temperature Profiles in the Unstable Atmospheric Surface Layer", 『JOURNAL OF APPLIED METEOROLOGY』, Vol. 9, pp. 857–861.
- Choi, T., et al., 2004, Turbulent exchange of heat, water vapor, and momentum over a Tibetan prairie by eddy covariance and flux variance measurements, 『J. Geophys. Res.』, 109, D21106, doi:10.1029/2004JD004767.
- Craig Welch, 2019, "Arctic permafrost is thawing fast. That affects us all." 『NATIONAL GEOGRAPHIC』, Arctic permafrost is thawing fast. That affects us

all. (nationalgeographic.com)[접근: 2021.10.28.].

- D. CAISSIE, 2006, “The thermal regime of rivers: a review”, 『Freshwater Biology』 Vol. 51, Issue 8, pp. 1389–1406. https://doi.org/10.1111/j.1365-2427.2006.01597.x.
- Daniel Caissie and Charles H. Luce, 2017, “Quantifying streambed advection and conduction heat fluxes”, 『Water Resources Research』, Vol. 53, Issue 2, pp. 1595–1624. https://doi.org/10.1002/2016WR019813.
- Donald R. Satterlund, 1979, “An Improved Equation for Estimating Long–Wave Radiation From the Atmosphere”, 『Water Resources Research』, Vol. 15, No. 6, pp. 1649–1650.
- Eduard Y. Osipov & Olga P. Osipova, 2021, “Surface energy balance of the Sygyktinsky Glacier, south Eastern Siberia, during the ablation period and its sensitivity to meteorological fluctuations”. 『Sci Rep』 11, 21260. https://doi.org/10.1038/s41598-021-00749-x Surface energy balance of the Sygyktinsky Glacier, south Eastern Siberia, during the ablation period and its sensitivity to meteorological fluctuations | Scientific Reports (nature.com).
- Eyal BEN–DOR, 2006, “CHAPTER 9 IMAGING SPECTROMETRY FOR URBAN APPLICATIONS”, 『Imaging Spectrometry: Basic Principles and Prospective Applications』 Edited by Freek D. van der Meer and Steven M. de Jong, Springer, pp. 243–281.
- Gary E. Thomas and Knut Stamnes, 2002, 『Radiative Transfer in the Atmosphere and Ocean』, CAMBRIDGE UNIVERSITY PRESS.
- Gaylon S. Campbell and John M. Norman, 1998, 『An Introduction to Environmental Biophysics』, Second edition, Springer.

- George L. Pickard and W. J. Emery, 1990, 『Descriptive Physical Oceanography: An Introduction』, 5th Edition, Pergamon Press, https://books.google.co.kr/books [접근: 2019.11.07.].
- Goosse H., P.Y. Barriat, W. Lefebvre, M.F. Loutre, and V. Zunz, 2010, 『Introduction to climate dynamics and climate modeling』. Online textbook available at http://www.climate.be/textbook [접근: 2019.10.18.].
- JAMES A. SMITH, 1983, "CHAPTER 3 Matter–Energy Interaction in the Optical Region", 『MANUAL OF REMOTE SENSING』, Second Edition Volume 1, American Society of Photogrammetry, pp. 61–113.
- Jan P.G.W. CLEVERS & Raymond JONGSCHAAP, 2006, "CHAPTER 6 IMAGING SPECTROMETRY FOR AGRICULTURAL APPLICATIONS", 『Imaging Spectrometry: Basic Principles and Prospective Applications』 Edited by Freek D. van der Meer and Steven M. de Jong, Springer, pp. 157–199.
- JAY M. HAM, 2005, "23 Useful Equations and Tables in Micrometeorology", 『Micrometerology in Agricultural Systems』, Editors: J.L. Hatfield, J.M. Baker and Marian K. Viney, AGRONOMY MONOGRAPH NO. 47, pp. 533–560.
- Jean–Charles Dupont, Martial Haeffelin, Philippe Drobinski, and Thierry Besnard, 2008, "Parametric model to estimate clear–sky longwave irradiance at the surface on the basis of vertical distribution of humidity and temperature", 『Journal of Geophysical Research』, Vol. 113, D07203, doi:10.1029/2007JD009046.
- Jeff Dozier and Alan H. Strahler, 1983, "Ground Investigations in Support of Remote Sensing", 『Manual of Remote Sensing』Second Edition, Volume 1, American Society of Photogrammetry, pp. 959–986.
- Jeff Dozier and Sam I. Outcalt, 1979, "An Approach toward Energy Balance

Simulation over Rugged Terrain", 『GEOGRAPHICAL ANAYSIS』, vol. 11, no. 1, pp. 65–85.

- John C. Price, 1989, "Quantitative Aspects of Remote Sensing in the Thermal Infrared", Edited by Ghassem Asrar, 『Theory and Applications of Optical Remote Sensing』, Wiley Interscience, 578–603.
- John C. Price, 1985, "On the Analysis of Thermal Infrared Imagery: The Limited Utility of Apparent Thermal Inertia", 『REMOTE SENSING OF ENVIRONMENT』 18:59–73.
- JOHN M. BAKER, 2005, "2 Humidity", 『Micrometeorology in Agricultural Systems』, J.L. Hatfield, J.M. Baker, Marian K. Viney Editors, AGRONMOMY MONOGRAPH NO. 47, pp. 31–41.
- JOHN M. WALLACE · PETER V. HOBBS, 2006, A『TMOSPHERIC SCIENCE: AN INTRODUCTORY SURVEY』, SECOND EDITION, ACADEMIC PRESS.
- Jonathan M. Winter, Elfaith A. B. Eltahir, 2010, "The Sensitivity of Latent Heat Flux to Changes in the Radiative Forcing: A Framework for Comparing Models and Observations." 『Journal of Climate』, pp. 23, 2345–2356. http://dx.doi.org/10.1175/2009jcli3158.1[접근: 2018.06.01.].
- Keith L. Bristow and Gaylon S. Campbell, 1984, "On the Relationship between Incoming Solar Radiation and Daily Maximum and Minimum Temperature", 『Agricultural and Forest Meteorolgy』, pp. 31, 159–166.
- KRIS KARNAUSKAS, 2020, 『Physical Oceanography AND Climate』, CAMBRIDGE.

- Lalit KUMAR, Karin SCHMIDT, Steve DURY & Andrew SKIDMORE, 2006, “CHAPTER 5 IMAGING SPECTROMETRY AND VEGETATION SCIENCE”, 『Imaging Spectrometry: Basic Principles and Prospective Applications』 Edited by Freek D. van der Meer and Steven M. de Jong, Springer, pp. 111–155.
- LEO J. FRITSCHEN and CHARLES L. FRITSCHEN, 2005, “17 Bowen Ratio Energy Balance Method”, 『Micrometeorology in Agricultural Systems』, Editors: J.L. Hatfield, J.M. Baker and Marian K. Viney, AGRONOMY MONOGRAPH NO. 47, pp. 397–405.
- M. Ibanez, P.J. Perez, V. Caselles, F. Castellvi, 1998, “A Simple Method for Estimating the Latent Heat Flux over Grass from Radiative Bowen Ratio”, 『Journal of Applied Meteorology』Vol. 37, pp. 387–392.
- Marlyn L. Shelton, 2009, 『Hydroclimatology: Perspectives and Applications』 Cambridge University Press.
- Merritt R. Turetsky et al., 2020, “Carbon release through abrupt permafrost thaw’, NATURE GEOSCIENCE, VOL 13, pp. 138–143. Carbon release through abrupt permafrost thaw (nsf.gov) [접근: 2021.10.29.].
- Michael Allaby, 2007, 『Encyclopedia of Weather and Climate』Revised Edition, Volume 1, Facts On File, Bukupedia(ebook)
- Norman J. Rosenberg, Blaine L. Blad, Shashi B. Verma, 1983, 『MICROCLIMATE: The Biological Environment』, 2nd Edition, John Wiley & Sons.
- Quirijn de Jong van Lier & Angelica Durigon, 2013, “Soil thermal diffusivity estimated from data of soil temperature and single soil component properties”, R.

Bras. Ci. Solo, Vol. 37, no. 1, pp. 106–112.

- RICHARD J. CHORLEY, STANLEY A. SCHUMM, DAVID E. SUGDEN, 1985, 『Geomorphology』, METHUEN.
- Richard P. Greene & James B. Pick, 2011, 『도시의 탐색: 도시공간이론과 GIS를 활용한 공간분석』, 신정엽 등 옮김, Σ시그마프레스.
- RICHARD W. REYNOLDS, 1988, "A Real–Time Global Sea Surface Temperature Analysis", 『JOURNAL OF CLIMATE』, pp. 75–86. A Real–Time Global Sea Surface Temperature Analysis in: Journal of Climate Volume 1 Issue 1 (1988) (ametsoc.org)[접근: 2022.06.29.].
- Robert Horton and Tyson Ochsner, 2012, "9 Soil Thermal Regime", Edited by Pan Ming Huang, Yuncong Li, Malcolm E. Summer, 『HANDBOOK OF SOIL SCIENCES: PROPERTIES AND PROCESSES』, SECOND EDITION, CRC PRESS, p. 9–1 to 9–23.
- Robert W. Christopherson, 2012, 『Geosystems: 지오시스템』, EIGHTH EDITION, 윤순옥 등 옮김, Σ시그마프레스.
- Roger G. Barry and Richard J. Chorley, 2010, 『Atmosphere, Weather and Climate』, Ninth Edition, Routledge.
- R.W. Todd, S.R. Evett, T.A. Howell, 1998, "Latent heat flux of irrigated alfalfa measured by weighting lysimeter and Bowen ratio–energy balance", presented at Orlando, Florida July 12–16, 1998 Paper No. 982119, 1998 Annual International Meeting sponsored by ASAE, 2950 Niles Road, St. Joseph, MI 49085–9659 USA.
- Shaomin Liu, L. Lu, D. Mao, L. Jia., 2007, "Evaluating parameterizations of

aerodynamic resistance to heat transfer using field measurements", 『Hydrology and Earth System Sciences Discussions』, European Geosciences Union』, 11(2), pp. 769−783. Evaluating parameterizations of aerodynamic resistance to heat transfer using field measurements (archives−ouvertes.fr)[접근: 2021.12.31.].

- Shashi B. Verma, Norman J. Rosenberg and Blaine L. Blad, 1978, "Turbulent exchange coefficients for sensible heat and water vapor under advective conditions", Journal of Applied Meteorology, vol. 17. pp. 330−338.
- Steven M. DE JONG & Gerrit F. EPEMA, 2006, "CHAPTER 3 IMAGING SPECTROMETRY FOR SURVEYING AND MODELING LAND DEGRADATION", 『Imaging Spectrometry: Basic Principles and Prospective Applications』 Edited by Freek D. van der Meer and Steven M. de Jong, Springer, pp. 65−86.
- Steven R. Evett, John H. Prueger, Judy A. Tolk, 2011, "Water and Energy Balances in the Soil−Plant−Atmosphere Continuum", Edited by Pan Ming Huang, Yuncong Li, Malcolm E. Sumner, 『Handbook of Soil Sciences: Properties and Processes』 SECOND EDITION. CRC Press. p. 6−1 to 6−44. http://citeseerx.ist.psu.edu/viewdoc/download?doi=10.1.1.453.6445&rep=rep1&type=pdf [접근: 2019.11.06.].
- TAKASHI SASAMORI, 1970, "A Numerical Study of Atmospheric and Soil Boundary Layers", 『Journal of the Atmospheric Sciences』, Vol. 27, pp. 1122−1137.
- THOMAS J. SAUER and ROBERT HORTON, 2005, "7 Soil Heat Flux", 『Micrometeorology in Agricultural Systems』, editors: J.L. Hatfield, J.M. Baker, Marian K. Viney, AGRONOMY MONOGRAPH NO. 47. pp. 131−154, (PDF) Soil Heat Flux (researchgate.net); Micrometeorology in Agricultural Systems

| Agronomy Monographs (wiley.com) [접근: 2021.11.18.].

- TILDEN P. MEYERS and DENNIS D. BALDOCCHI, 2005, "16 Current Micrometeorological Flux Methodologies with Applications in Agriculture", 『Micrometeorology in Agricultural Systems』, editors: J.L. Hatfield, J.M. Baker, Marian K. Viney, AGRONOMY MONOGRAPH NO. 47. pp. 381–396, Current Micrometeorological Flux Methodologies with Applications in Agriculture (core.ac.uk)[접근: 2021.11.18.].
- William P. Krustas, Ray D. Jackson, and Ghassem Asrar, 1989, "Estimating Surface Energy–balance Components from Remotely Sensed Data", Edited by Ghassem Asrar, 『Theory and Applications of Optical Remote Sensing』, Wiley Interscience, pp. 604–627.
- Yanjun Che, Mingjun Zhang, Zhongqin Li, Yanqiang Wei, Zhuotong Nan, Huilin Li, Shengjie Wang & Bo Su, 2019, "Energy balance model of mass balance and its sensitivity to meteorological variability on Urumqi River Glacier No.1 in the Chinese Tien Shan". 『Sci Rep』 9, 13958. https://doi.org/10.1038/s41598-019-50398-4, Energy balance model of mass balance and its sensitivity to meteorological variability on Urumqi River Glacier No.1 in the Chinese Tien Shan (nature.com)[접근: 2022.06.29.].

7장 혼합화소

- Dainius Masiliūnas, Nandin–Erdene Tsendbazar, Martin Herold, Myroslava Lesiv, Marcel Buchhorn, Jan Verbesselt, 2021, "Global land characterisation using land cover fractions at 100 m resolution", Remote Sensing of Environment, Volume 259, https://doi.org/10.1016/j.rse.2021.112409.(https://www.sciencedirect.

com/science/article/pii/S0034425721001279) Global land characterisation using land cover fractions at 100 m resolution – ScienceDirect[접근: 2021.10.28.].

- Krishna K. Thakur, Raphael Vanderstichel, Jeffrey Barrell, Henrik Stryhn, Thitiwan Patanasatienkul and Crawford W. Revie, 2018, "Comparison of Remotely–Sensed Sea Surface Temperature and Salinity Products With in Situ Measurements From British Columbia, Canada", frontiers in Marine Science, Vol 5, Comparison of Remotely–Sensed Sea Surface Temperature and Salinity Products With in Situ Measurements From British Columbia, Canada (strath.ac.uk)[접근: 2021.10.28.].

- T. C. Eckmann, D. A. Roberts and C. J. Still, 2009, "Estimating subpixel fire sizes and temperatures from ASTER using multiple endmember spectral mixture analysis", 『International Journal of Remote Sensing』 30:22, pp. 5851–5864, DOI: 10.1080/01431160902748531 Estimating subpixel fire sizes and temperatures from ASTER using multiple endmember spectral mixture analysis: International Journal of Remote Sensing: Vol 30, No 22 (tandfonline.com)[접근: 2021.10.28.].

8장 정리하기 위한 문제 풀기

- 하라다 토모히로, 2020, 『만화로 쉽게 배우는 열역학』, 그림 가와모토 리에, 제작 Universal Publishing, 역자 이도희, 초판6쇄, 성안당.

- 柴田淸孝, 2002, 『대기광학과 복사학』김영섭 · 김경익 역, 시그마프레스 · 朝倉書店.

- American Society of Photogrammetry, 1983, 『Manual of Remote Sensing』 Second Edition, Volume I · II, The Sheridan Press.

- C.J. Wiesner, 2012, 『수문기상학』 보정판, 임경택 · 이영형 · 성낙창 옮김, 지구문화사.
- CRAIG F. BOHREN, 1987, 『Clouds in a Glass of Beer: Simple Experiments in Atmospheric Physics』, WILEY SCIENCE EDITIONS|JOHN WILEY & SONS, INC.
- Craig F. Bohren, 1991, 『What Light Through Yonder Window Breaks?: More Experiments in Atmospheric Physics』, DOVER PUBLICATIONS, INC.
- EUGENE HECHT, 2021, 『광학』, 조재흥 · 김규욱 · 황인각 옮김, 제5판2쇄, 자유아카데미.
- Gary E. Thomas and Knut Stamnes, 2002, 『Radiative Transfer in the Atmosphere and Ocean』, CAMBRIDGE UNIVERSITY PRESS.
- Ghassem Asrar (editor), 1989, 『Theory and Applications of Optical Remote Sensing』, Wiley Interscience.
- John R. Jensen, 2016, 『원격탐사와 디지털 영상처리』제4판, 임정호 등 옮김, 시그마프레스.
- RICHARD J. CHORLEY, STANLEY A. SCHUMM, DAVID E. SUGDEN, 1985, 『Geomorphology』, METHUEN.
- Robert W. Christopherson, 2012, 『Geosystems: 지오시스템』, 윤순옥 등 옮김, 제8판, Σ시그마프레스.
- Roger G. Barry and Richard J. Chorley, 2010, 『Atmosphere, Weather and Climate』, Ninth Edition, Routledge.

사진 상세보기

〈그림 1〉 부산항 연안여객터미널

〈그림 2〉 양산 신도시 어느 아침

〈그림 18〉 나들이

〈그림 90〉 호포역 근방의 개발사업

〈그림 101〉 제로위상기하 상황

〈그림 108〉 아름다운 전자기파 세상

〈그림 109〉 잘 보이는 먼지

〈그림 110〉 빛과 물질의 상호작용 파티현장

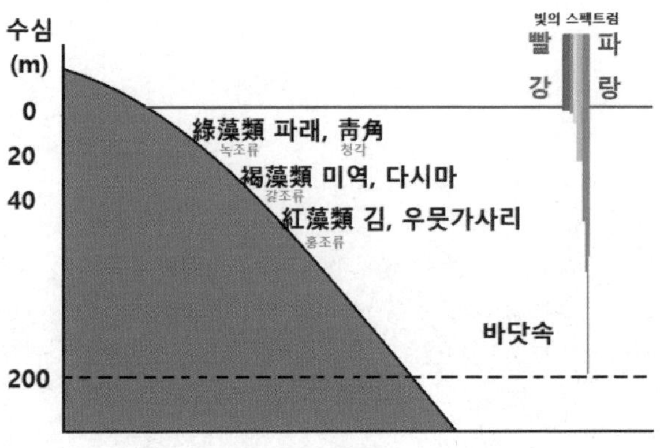

〈그림 121〉 바닷속의 빛의 도달 깊이와 해초의 색

〈**그림 129**〉 썬팅 필름 차창에서 바라본 서쪽 하늘 빛

〈**그림 130**〉 양산신도시 저녁때의 경관

〈**그림 136**〉 경남 바닷가 일몰

〈그림 137〉 양산시청, 물고기를 보는 새

〈그림 157〉 프라모델 창문의 박막간섭

1　　2

3　　4

〈그림 181〉 대기의 상태

〈그림 182〉 직달 태양복사, 산란일사의 예

〈그림 189〉 산불 화염(火焰)과 연기의 색깔 차이

〈그림 196〉 황산체육공원에서

〈그림 197〉 양산 신도시 아파트에서 오봉산으로 본 광경

〈**그림 198**〉 밀양 가인리에서 본 경관

〈**그림 199**〉 동남쪽으로 바라본 모습

〈**그림 200**〉 광포항 근처의 사천대로 상에서 바다로 본 경관

〈**그림 201**〉 양산 신도시 아파트에서 바라본 시간별 경관

〈**그림 202**〉 미세먼지

〈**그림 203**〉 좌: 한국교원대학교 저녁 경관, 우: 부산역에서 바라본 전경

〈**그림 204**〉 부산 방향의 대기 중 수증기 광학현상

〈그림 205〉 미세먼지, 소나기가 내릴 때와 대기가 깨끗한 상태

〈그림 228〉 토양식물대기연속체의 에너지 구성도

〈그림 235〉 좌: 밀양댐 두꺼비, 우: 양산시 선리마을 선리교 근처

〈그림 245〉 좌: 부산 신항 공사, 우: 어느 동해 바닷가

〈그림 246〉 광학적으로 멋진 사진들